統計ライブラリー

カウントデータの統計解析

岩崎　学
［著］

朝倉書店

まえがき

　実際のデータ解析では，ある種の事象の生起回数やある性質を持つ人数など，数を数えた結果であるカウントデータを扱うことが多い．医薬品開発で薬剤を投与した際の有効者数や逆に有害事象の生起回数，教育現場での入学試験の合格者数，ある試験問題での正答数，品質管理での不良品数，マーケティングでの商品の購買者数など，その例はあらゆる分野に渡って見られる．

　カウントデータでの確率モデルには大きく2種類のものがある．第一は，全部で n 人の被験者に対して処置を行ない，その中での有効者数をカウントするような場合で，取り得る値は 0 から n までの整数値となる．第二は，ある大都市での交通事故件数のように，取り得る値の上限を定めることができないタイプのものである．前者の代表的な確率分布は二項分布で後者ではポアソン分布となる．どちらも大学初年級で学習するものである．したがってそれらに関する統計的推測法は既に確立され研究の余地のないものに思えるが，決してそうではない．実際今でも多くの研究論文が書かれ続けている．

　本書は，カウントデータの確率モデルにつき，最新の話題を含めその理論を数学的に解説したものである．特に，ゼロカウントが観測されないゼロトランケートの場合と，ゼロ度数が通常のモデルで期待されるよりも過剰もしくは過少となる場合を詳しく扱った点が類書に見られない特徴である．これらゼロトランケートやゼロ過剰のモデルは実際問題で多く遭遇することから，それらの現象のモデル化に役立つであろう．

　本書の想定する読者は，大学初年級での確率・統計を一通り学習した学生および大学院生，ならびに実際にデータ解析に携わる実務家の方々である．内容には数式を多く含むが，カウントデータを扱うため微分積分はあまり登場せず，数学のレベルはほとんど四則演算のみである．

　各章は以下のように構成されている．最初の第1章では，カウントデータの解析を念頭に置いた確率・統計の基礎事項をコンパクトにまとめたものである．それらはまた，その後の理論展開の基礎として必要かつ十分な内容となっている．

第2章から第4章まではカウント数の上限が決まっている場合を議論する．第2章は二項分布に関する事項で，その基本的な性質から推定・検定および関連した話題を扱っている．二項確率に関する統計的推測では，分布の離散性により様々な問題が生じることから，数値計算の結果を交え詳細に述べている．第3章は2つあるいはそれ以上の二項分布の比較である．新薬開発の臨床試験などでは既存薬と新薬の有効率の比較が必須であるが，そのような二項確率の比較の問題を様々な視点から扱っている．第4章の対象はベータ二項分布である．二項確率にベータ分布を想定した分布で，たとえば試験での正答率が被験者ごとに異なるような場合での確率モデルとなっている．

　第5，6章はカウント数の上限がない場合で，第5章ではポアソン分布，第6章では負の二項分布（ガンマポアソン分布）を扱っている．ポアソン分布は稀な事象の生起に関する確率モデルで，医薬品の稀な有害事象や交通事故件数など応用範囲は広範であり，分布に関する正しい知識を持つことが実際の応用の成功の鍵となる．負の二項分布は，ポアソン分布のパラメータにガンマ分布を想定したものであり，ポアソン分布が平均と分散が同じであるのに比べよりフレクシブルなモデル化が可能であるという意味で重要な確率分布である．これらの分布に関してもゼロトランケートおよびゼロ過剰なモデルを導入し詳しく解説している．

　本書の執筆を計画してから短からぬ年月が流れた．筆者の怠慢と多忙もあるが，この分野を勉強しているうちいくつもの研究対象を発見し，論文を書く必要を感じたりしたことも執筆が遅れた理由である．当初，その種の研究結果も含める形で，あまり計画もせずに書き進めていたところかなりの分量となってしまい，最終的にはそれを三分の二程度まで削減して本書ができ上がった．割愛した話題はまた別の機会に世に問うことにする．

　筆の遅い筆者を叱咤激励してくれた朝倉書店編集部に感謝する．また，いつものことながら執筆などに時間を取られる筆者を時には暖かく時には厳しく見守ってくれる妻映子に感謝し，本書を捧げる．

　なお，本書の演習問題の解答はすべて筆者のホームページに掲載しているので参考にされたい．URL は www.seikeistat.jp/iwasaki/ である．

　2010年6月

岩　崎　　学

目　　次

第1章　確率統計の基礎 …………………………………………… 1
1.1　確率と確率分布　　1
　1.1.1　確率の定義と性質　　1
　1.1.2　1変量の確率分布　　3
　1.1.3　2変量の確率分布　　5
1.2　確率分布の特性値　　7
　1.2.1　期待値，分散，標準偏差　　7
　1.2.2　モーメントと母関数　　8
　1.2.3　確率変数の関数の期待値と分散（デルタ法）　　12
1.3　統計的推測　　13
　1.3.1　尤度関数と最尤法　　14
　1.3.2　統計的検定　　16
　1.3.3　統計的推定　　19
　1.3.4　ベイズ流の推測　　22

第2章　二 項 分 布 ………………………………………………… 24
2.1　二項分布の基本的性質　　24
　2.1.1　ベルヌーイ試行　　24
　2.1.2　二項分布の定義と特性　　25
　2.1.3　ベータ分布，F分布との関係　　29
　2.1.4　二項確率の近似　　32
　2.1.5　超幾何分布　　34
　2.1.6　多 項 分 布　　35
2.2　二項確率の検定　　38
　2.2.1　正 確 な 検 定　　38
　2.2.2　近 似 検 定　　40

2.2.3 実際の有意確率　41
2.3 二項確率の推定　43
　2.3.1 点推定量（成功率）の統計的性質　43
　2.3.2 その他の点推定量　45
　2.3.3 区間推定（正確法）　46
　2.3.4 区間推定（正規近似法）　48
　2.3.5 最短信頼区間　50
　2.3.6 区間推定法の比較　52
　2.3.7 ベイズ推定　54
　2.3.8 オッズと対数オッズ　56
2.4 ゼロトランケートとゼロ過剰　58
　2.4.1 ゼロトランケートされた二項分布　58
　2.4.2 ゼロ過剰な二項分布　61

第3章　二項分布の比較　66

3.1 比較のための基礎事項　66
　3.1.1 比較の論点　66
　3.1.2 確率分布とその性質　69
3.2 二項確率の差の検定　72
　3.2.1 フィッシャー検定　73
　3.2.2 正規近似による検定　75
　3.2.3 検定法の比較　79
3.3 二項確率の差の推定　81
　3.3.1 点　推　定　81
　3.3.2 区　間　推　定　83
　3.3.3 推定法の比較　86
3.4 オッズ比と対数オッズ比　88
　3.4.1 オッズ比の性質　88
　3.4.2 オッズ比の推定と検定　91
3.5 複数の二項分布　95
　3.5.1 確率の一様性の検定　95

3.5.2　傾向のある対立仮説　99
　3.6　対応のある二項分布　102
　　　3.6.1　基本的性質　102
　　　3.6.2　推定と検定　106
　3.7　サンプルサイズの設計　110
　　　3.7.1　独立な二項分布　110
　　　3.7.2　対応のある二項分布　114

第4章　ベータ二項分布 …………………………………………… 117
　4.1　ベータ二項分布の性質とパラメータ推定　117
　　　4.1.1　定義と性質　117
　　　4.1.2　パラメータの推定　121
　4.2　ゼロトランケートとゼロ過剰　123
　　　4.2.1　ゼロトランケートされたベータ二項分布　123
　　　4.2.2　ゼロ過剰なベータ二項分布　126

第5章　ポアソン分布 ……………………………………………… 129
　5.1　ポアソン分布の基本的性質　129
　　　5.1.1　定義と性質　129
　　　5.1.2　ガンマ分布，カイ2乗分布との関係　135
　　　5.1.3　近似と変数変換　138
　5.2　ポアソン分布における検定　140
　　　5.2.1　ポアソンλに関する検定　140
　　　5.2.2　実際の有意水準　143
　　　5.2.3　ポアソン分布の比較　145
　　　5.2.4　分布形の検定　148
　5.3　ポアソン分布における推定　149
　　　5.3.1　点推定量とその統計的性質　149
　　　5.3.2　区間推定　150
　　　5.3.3　区間推定法の比較　152
　5.4　ゼロトランケートとゼロ過剰　155

5.4.1　ゼロトランケートされたポアソン分布　155
5.4.2　パラメータの推定　158
5.4.3　ゼロ過剰なポアソン分布　161
5.4.4　ゼロ過剰モデルでの推測　164

第6章　負の二項分布　168
6.1　負の二項分布の性質とパラメータ推定　168
6.1.1　定義と性質　168
6.1.2　期待値，分散，モーメント　172
6.1.3　ガンマポアソン分布　176
6.1.4　パラメータの推定　178
6.2　ゼロトランケートおよびゼロ過剰　181
6.2.1　ゼロトランケートされた負の二項分布の性質　181
6.2.2　パラメータの推定　184
6.2.3　ゼロ過剰な負の二項分布　187

第A章　付　　録　191
A.1　ガンマ分布とカイ2乗分布　191
A.2　ベータ分布とF分布　196

参　考　文　献　203
索　　　　引　207

第1章

確率統計の基礎

確率・統計の基礎事項を,カウントデータの解析を念頭において概説する.1.1節および1.2節では確率と確率分布ならびにその性質に関する基本事項を述べ,1.3節で統計的推測の基礎概念と手法をまとめる.

1.1 確率と確率分布

確率および条件付き確率の基本的な性質,ならびに1変量および2変量の確率分布を与える.

1.1.1 確率の定義と性質

ある事象 A に対し,それが生起する確率(probability)を $\Pr(A)$ で表わす.和事象 $A \cup B$,積事象 $A \cap B$,余事象 A^c などにもそれぞれ確率が定義され,加法定理

$$\Pr(A \cup B) = \Pr(A) + \Pr(B) - \Pr(A \cap B) \tag{1.1}$$

が成り立つ. $\Pr(A \cap B) \geq 0$ であることより

$$\Pr(A \cup B) \leq \Pr(A) + \Pr(B) \tag{1.2}$$

が導かれるが,この不等式はボンフェロニの不等式と呼ばれ, $\Pr(A \cup B)$ の値は不明であるが $\Pr(A)$ および $\Pr(B)$ は既知の場合に $\Pr(A \cup B)$ の上限が与えられる.2つの事象 A, B に対し,積事象の確率が

$$\Pr(A \cap B) = \Pr(A) \cdot \Pr(B) \tag{1.3}$$

と各事象の確率の積になるとき, A と B は互いに独立であるといい,独立でないとき従属であるという.

確率計算では,対象となる事象に関連した別の事象の生起の情報によってさら

に詳しい結果が得られることがあり，その計算のもとになるのが条件付き確率である．事象 A, B に対し，$\Pr(A) \neq 0$ のとき

$$\Pr(B|A) = \Pr(A \cap B)/\Pr(A) \tag{1.4}$$

を，A が与えられたときの B の条件付き確率という．同様に A の条件付き確率 $\Pr(A|B) = \Pr(A \cap B)/\Pr(B)$ も定義される．事象 A, B が独立の場合には，(1.3) より $\Pr(B|A) = \Pr(B|A^c) = \Pr(B)$ となる．これは，A の生起の有無が B の生起確率に何ら影響を与えていないことを意味する．条件付き確率の定義式 (1.4) から確率の乗法定理

$$\Pr(A \cap B) = \Pr(B|A)\Pr(A) = \Pr(A|B)\Pr(B) \tag{1.5}$$

が導かれる．条件付き確率に関する次の定理は歴史的にも重要である．

定理 1.1（ベイズの定理）

2つの事象 A および B に対し，$\Pr(A) \neq 0$ および $\Pr(B) \neq 0$ のとき

$$\Pr(A|B) = \frac{\Pr(B|A)\Pr(A)}{\Pr(B)} = \frac{\Pr(B|A)\Pr(A)}{\Pr(B|A)\Pr(A) + \Pr(B|A^c)\Pr(A^c)} \tag{1.6}$$

が成り立つ．これをベイズの定理という．

(証明)

条件付き確率の定義より $\Pr(B|A)\Pr(A) = \Pr(A|B)\Pr(B)$ であるので，$\Pr(A|B) = \Pr(B|A)\Pr(A)/\Pr(B)$ は容易にわかる．また，事象 B は $B = (B \cap A) \cup (B \cap A^c)$ と互いに排反な事象の和事象として表わされるので，$\Pr(B) = \Pr(B \cap A) + \Pr(B \cap A^c)$ であり，条件付き確率の定義より定理が証明される．（証明終）

ベイズの定理は証明も容易で簡単な定理ではあるがその意味は重要で，次の2つの解釈ができる．

（ⅰ）事象 B を観測する前の事象 A の生起確率（事前確率）$\Pr(A)$ が，事象 B の生起により条件付き確率（事後確率）$\Pr(A|B)$ に $\Pr(B|A)/\Pr(B)$ 倍だけ変化する．すなわち，事象 B の生起が A の生起確率に及ぼす大きさを知る定理である．

（ⅱ）B を何らかの結果としたとき，結果 B の原因が A である確率 $\Pr(A|B)$ を，A が原因で B が生起する確率 $\Pr(B|A)$ および A が原因でなく B が生起する確率 $\Pr(B|A^c)$ により表現する．すなわち，結果を見てその原因を探

る定理である．

問題 1.1 事象 A に対し，その余事象 A^c の確率（A が生起しない確率）は $\Pr(A^c)=1-\Pr(A)$ となること，および事象 A, B に対し，$A \subseteq B$ のとき $\Pr(A) \leq \Pr(B)$ であることを示せ．

問題 1.2 2 つの事象 A および B に対し，$\Pr(A)=0.5$，$\Pr(B)=0.7$ であるとするとき，$\Pr(A \cap B)$ および $\Pr(A \cup B)$ の取り得る値の範囲はいくらか．また，A と B が互いに独立なとき $\Pr(A \cap B)$ および $\Pr(A \cup B)$ はいくらか．

1.1.2　1 変量の確率分布

取り得る値が離散値 $x_1, x_2, ...$ である離散型確率変数を X とし，X が x_j となる確率を

$$p(x_j) = \Pr(X = x_j) \qquad (j = 1, 2, ...) \qquad (1.7)$$

とする．このとき確率の集まり $\{p(x_j), j=1, 2, ...\}$ を X の確率分布といい，$p(x)$ を確率関数という．確率であるので，

$$p(x_j) \geq 0, \quad \sum_j p(x_j) = 1 \qquad (1.8)$$

を満足する．カウントデータでは事象の生起回数を問題とするため，X の取り得る値は $0, 1, 2, ...$ のような 0 以上の整数であることが多い．

実数 x に対し，x 以下の値を取る下側累積確率を x の関数と見たもの

$$P(x) = \Pr(X \leq x) = \sum_{x_j \leq x} p(x_j) \qquad (1.9)$$

を X の累積分布関数という．$P(x)$ は X の取り得る値 x_j でその値を取る確率 $p(x_j)$ だけジャンプする階段関数となる．(1.9) の確率の定義に等号が含まれているため，$P(x)$ の各不連続点 x_j では関数値は不連続点の上側，すなわち右から近づいたときの値となる．このことを，関数は右連続であるともいう．同様に，上側累積確率を

$$Q(x) = \Pr(x \leq X) = \sum_{x \leq x_j} p(x_j) \qquad (1.10)$$

とする．$P(x)$ および $Q(x)$ では，X の各取り得る値 $x = x_j$ 以外では $P(x) + Q(x) = 1$ となるが，各 x_j で $p(x_j) = \Pr(X = x_j)$ が両方の定義に含まれるため，$x = x_j$ においては

$$P(x_j) + Q(x_j) = 1 + p(x_j) \qquad (j = 1, 2, ...)$$

となる．不連続点 $X=x_j$ における下側累積確率および上側累積確率を

$$\text{mid-}P(x_j)=\sum_{x_k<x_j}p(x_k)+0.5p(x_j),\quad \text{mid-}Q(x_j)=\sum_{x_j<x_k}p(x_k)+0.5p(x_j) \quad (1.11)$$

と定義しておけば，すべての x で mid-$P(x)$+mid-$Q(x)$=1 が成り立つ．

連続型確率変数 X では，X が区間 (a,b) 内の値を取る確率が

$$\Pr(a<X<b)=\int_a^b f(x)dx \quad (1.12)$$

となるとき，関数 $f(x)$ を X の確率密度関数という．確率密度関数については，(1.8) に対応し，$f(x)\geq 0$，$\int_{-\infty}^{\infty} f(x)dx=1$ が成り立つ．ただし確率密度関数 $f(x)$ の関数値が 1 を超えることはある．X の累積分布関数は $F(x)=\Pr(X\leq x)=\int_{-\infty}^x f(t)dt$ となる．すなわち $F(x)$ は $f(x)$ の原始関数であり，逆に $f(x)$ は $F(x)$ の導関数となる．連続型確率変数では 1 点を取る確率は 0 であるので，(1.12) の左辺の確率の不等式に等号があってもなくても同じ確率を与える．同様の理由により，上側累積確率を (1.10) と同じく $G(x)=\Pr(x\leq X)=\int_x^{\infty} f(t)dt$ と定義すると，離散型確率分布とは異なり，すべての x に対し $F(x)+G(x)=1$ となる．

確率関数および確率密度関数は，その関数を特徴づける定数（パラメータ）を含むのが一般的である．確率分布のパラメータを明示したいときには，たとえば $p(x;\theta)$ などのようにセミコロンを用いて表示する．また，確率計算でパラメータを明示する際には $\Pr(X=x|\theta)$ のように条件付きの記号を用いて表示することもある．セミコロンと縦棒の間に本質的な差はなく，関数ではセミコロンを，確率では縦棒を主に用いるが，文脈に応じて適宜使い分けるものとする．

一般に，確率変数 X の確率（密度）関数がパラメータを θ として $p(x;\theta)$ であり $p(x;\theta)$ が

$$p(x;\theta)=\exp\{a(\theta)b(x)+c(\theta)+d(x)\} \quad (1.13)$$

の形に表わされるとき，$p(x;\theta)$ は指数型分布族に属するという．特に，(1.13) で $\phi=a(\theta)$ および $Z=b(X)$ とし，Z の確率（密度）関数が

$$p'(z;\phi)=\exp\{\phi z+c'(\phi)+d'(z)\} \quad (1.14)$$

となるとき正規形といい，ϕ を自然母数という（Cox and Hinkley, 1974；Dobson and Barnett, 2008 などを参照）．

離散型分布における確率を連続型分布での確率計算により近似することがある．X を離散確率変数とし，その分布を近似する連続型確率変数を Y とする．Y の確率密度関数が $g(y)$ であるとき，$\Pr(X=x)$ は

1.1 確率と確率分布

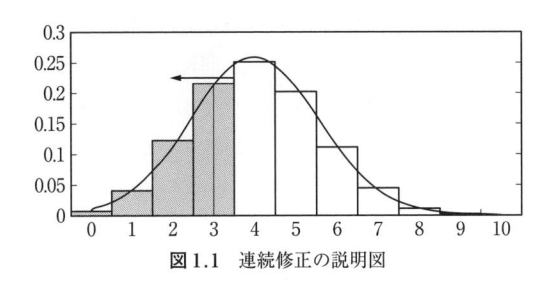

図 1.1 連続修正の説明図

$$\Pr(X=x) \approx \Pr(x-0.5 < Y \leq x+0.5) = \int_{x-0.5}^{x+0.5} g(y)dy$$

と近似される（たとえば図 1.1 で $\Pr(X=3)$ は $\Pr(2.5 < Y \leq 3.5) = \int_{2.5}^{3.5} g(y)dy$ で近似される）．すなわち，下側累積確率は単に $\Pr(X \leq x) \approx \Pr(Y \leq x)$ と近似するより

$$\Pr(X \leq x) \approx \Pr(Y \leq x+0.5) \tag{1.15}$$

としたほうが近似の精度がよい．(1.15) のように連続分布の端点を 0.5 だけ修正することを，離散分布を連続分布で近似する際の連続修正という．図 1.1 は連続修正の必要性を示したもので，求めようとする確率 $\Pr(X \leq 3)$ は図中の網掛けの部分であるが，連続変量の Y で $\Pr(Y \leq 3)$ としたのでは区間 $(3, 3.5)$ の部分の確率が考慮されない．そこで，$\Pr(Y \leq 3.5)$ とすれば求めようとする確率に近づく．上側確率の連続修正は

$$\Pr(X \geq x) \approx \Pr(Y \geq x-0.5) \tag{1.16}$$

である．いずれの場合も連続修正により確率は大きくなる．

問題 1.3 確率関数が $x = 0, 1, 2, \ldots$ に対し $P(x) = \theta(1-\theta)^x$ で与えられるとき（これをパラメータ θ の幾何分布という），上側累積確率は $Q(x) = \Pr(x \leq X) = (1-\theta)^x$ であり，全確率の和は $\sum_{x=0}^{\infty} p(x) = 1$ となることを示せ．また，下側累積確率 $P(x) = \Pr(X \leq x)$ を求め，$P(x) + Q(x) = 1 + p(x)$ となることを確かめよ．

1.1.3 2 変量の確率分布

共に離散型の 2 つの確率変数 X および Y の取り得る値はそれぞれ $x_1, x_2, \ldots$ および $y_1, y_2, \ldots$ であるとし，$X = x_i$ かつ $Y = y_j$ となる確率を

$$p(x_j, y_k) = \Pr(X = x_j, Y = y_k) \quad (j = 1, 2, \ldots; k = 1, 2, \ldots) \tag{1.17}$$

と書く．$p(x_j, y_k)$ を確率変数の組 (X, Y) の同時確率といい，それらの集まり $\{p(x_j, y_k)\}$ を (X, Y) の同時確率分布という．同時確率に対し，X もしくは Y 単独での確率 $p_1(x_j)=\Pr(X=x_j)$ および $p_2(y_k)=\Pr(Y=y_k)$ をそれぞれの確率変数の周辺確率といい，それらの確率分布を周辺確率分布という．周辺確率は

$$p_1(x_j)=\sum_k p(x_j, y_k), \quad p_2(y_k)=\sum_j p(x_j, y_k)$$

により求められる．

$X=x_j$ が与えられたときに $Y=y_k$ となる確率を

$$p_2(y_k|x_j)=\Pr(Y=y_k|X=x_j)=\frac{\Pr(X=x_j, Y=y_k)}{\Pr(X=x_j)}=\frac{p(x_j, y_k)}{p_1(x_j)} \quad (1.18)$$

と書き，Y の条件付き確率という．同様に，X の条件付き確率も

$$p_1(x_j|y_k)=\Pr(X=x_j|Y=y_k)=\frac{\Pr(X=x_j, Y=y_k)}{\Pr(Y=y_k)}=\frac{p(x_j, y_k)}{p_2(y_k)} \quad (1.19)$$

と定義される．(1.17)，(1.18) および (1.19) より

$$p(x, y)=p_2(y|x)p_1(x)=p_1(x|y)p_2(y) \quad (1.20)$$

が成り立つ．

2つの離散型確率変数 X および Y に対し，そのすべての取り得る値 (x_j, y_k) で同時確率が周辺確率の積になる，すなわち $p(x_j, y_k)=p_1(x_j)p_2(y_k)$ となるとき，X と Y は互いに独立であるという．X と Y が互いに独立であれば，(1.18) および (1.19) より

$$p_1(x_j|y_k)=p_1(x_j), \quad p_2(y_k|x_j)=p_2(y_k) \quad (1.21)$$

となる．

2つの確率変数 X および Y が共に連続型の場合には，

$$\Pr((a<X<b)\cap(c<Y<d))=\int_a^b\int_c^d f(x, y)dxdy$$

となる $f(x, y)$ を (X, Y) の同時確率密度関数といい，X もしくは Y 単独の確率密度関数

$$f_1(x)=\int_{-\infty}^{\infty} f(x, y)dy, \quad f_2(y)=\int_{-\infty}^{\infty} f(x, y)dx$$

をそれぞれ周辺確率密度関数という．そして，各条件付き確率密度関数を

$$f_1(x|y)=\frac{f(x, y)}{f_2(y)}, \quad f_2(y|x)=\frac{f(x, y)}{f_1(x)}$$

で定義する．すべての (x, y) に対し $f(x, y)=f_1(x)\cdot f_2(y)$ のとき X と Y は互いに

独立であるという．このとき，(1.21) に対応して $f_1(x|y)=f_1(x)$ および $f_2(y|x)=f_2(y)$ が成り立つ．

1.2 確率分布の特性値

確率分布の特性値について議論する．主として離散型分布について述べるが，連続型の場合でも和の記号を積分に置き換えることでほぼ同様の結果が成り立つ．

1.2.1 期待値，分散，標準偏差

離散型確率変数 X の取り得る値が $x_1, x_2, \ldots$ のとき，

$$E[X]=\sum_j x_j p(x_j)=\sum_j x_j \Pr(X=x_j) \tag{1.22}$$

で定義される定数 $E[X]$ を X の期待値（expectation）という．一般に，X のある関数 $g(X)$ の期待値は

$$E[g(X)]=\sum_j g(x_j)p(x_j) \tag{1.23}$$

で定義される．特に，期待値を $\mu=E[X]$ としたとき，$g(X)=(X-\mu)^2$ とした

$$V[X]=E[(X-\mu)^2]=\sum_j (x_j-\mu)^2 p(x_j) \tag{1.24}$$

を X の分散（variance）といい，その正の平方根

$$SD[X]=\sqrt{V[X]} \tag{1.25}$$

を X の標準偏差（standard deviation, SD）という．X が確率密度関数 $f(x)$ を持つ連続型の確率変数のときは (1.22) および (1.23) に対応して，期待値は

$$E[X]=\int_{-\infty}^{\infty} x f(x)dx, \quad E[g(X)]=\int_{-\infty}^{\infty} g(x)f(x)dx$$

と定義される．

期待値と分散については，定数 a および b に対し，

$$E[aX+b]=aE[X]+b \tag{1.26}$$

および

$$V[aX+b]=a^2 V[X], \quad SD[aX+b]=|a|SD[X] \tag{1.27}$$

$$V[X]=E[X^2]-(E[X])^2 \tag{1.28}$$

が成り立つ．特に $\mu=E[X]$，$\sigma=SD[X]$ のとき，$Z=(X-\mu)/\sigma$ なる変換を標準

化変換といい，$E[Z]=0$，$SD[Z]=1$ になる．

確率変数の組 (X, Y) の同時確率を $p(x_j, y_k)$ とするとき，$g(X, Y)$ の期待値は
$$E[g(X, Y)] = \sum_j \sum_k g(x_j, y_k) p(x_j, y_k) \qquad (1.29)$$
で定義される．ここでの和はすべての j および k にわたるものとする．これより $E[X+Y]=E[X]+E[Y]$ が示される．また，2 つの確率変数 X および Y が互いに独立なとき，それらの積 XY の期待値はそれぞれの期待値の積，すなわち $E[XY]=E[X]E[Y]$ となる．$\mu_X=E[X]$，$\mu_Y=E[Y]$ とし，(1.29) の $g(X, Y)$ として $g(X, Y)=(X-\mu_X)(Y-\mu_Y)$ としたときの
$$Cov[X,Y] = E[(X-\mu_X)(Y-\mu_Y)] = \sum_j \sum_k (x_j-\mu_X)(y_k-\mu_Y) p(x_j, y_k) \qquad (1.30)$$
を X と Y の間の共分散 (covariance) という．$Cov[X, Y]=E[XY]-E[X]E[Y]$ が示されるので（問題 1.6），共分散は X と Y の関係の強さを測る尺度であることがわかる．また，
$$R[X, Y] = \frac{Cov[X, Y]}{SD[X]\,SD[Y]} \qquad (1.31)$$
を X と Y の間の相関係数 (correlation coefficient) という．

確率変数 X と Y の和の分散は $V[X+Y]=V[X]+V[Y]+2Cov[X,Y]$ となる．特に，確率変数 X と Y が互いに独立なときは，$Cov[X, Y]=0$ であるので和の分散は分散の和すなわち $V[X+Y]=V[X]+V[Y]$ が成り立つ．互いに独立に同じ期待値 μ と分散 σ^2 を持つ分布に従う確率変数を $X_1, ..., X_n$ とし，それらの和を $W=X_1+\cdots+X_n$，標本平均を $\overline{X}=W/n$ とすると，それらの期待値と分散は，$E[W]=n\mu$，$V[W]=n\sigma^2$ および $E[\overline{X}]=\mu$，$V[\overline{X}]=\sigma^2/n$ となる．

問題 1.4 確率変数 X の分散 $V[X]$ につき $V[X]=E[X(X-1)]+E[X]-(E[X])^2$ となることを示せ．

問題 1.5 パラメータ θ の幾何分布（問題 1.3 参照）に従う確率変数 X の期待値 $E[X]$ を求めよ．

問題 1.6 確率変数 X と Y の間の共分散につき，$Cov[X,Y]=E[XY]-E[X]E[Y]$ を示せ．

1.2.2 モーメントと母関数

確率変数 X に対し，$\mu=E[X]$ としたとき，$\mu'_k=E[X^k]$，$\mu_k=E[(X-\mu)^k]$ をそ

れぞれ，X の k 次の原点まわりのモーメントおよび平均値まわりのモーメントという．μ'_1 は期待値 μ そのものであり，2 次の平均値まわりのモーメント μ_2 は分散である．低次のモーメント間には

$$\mu_2 = \mu'_2 - \mu^2, \quad \mu_3 = \mu'_3 - 3\mu\mu'_2 + 2\mu^3, \quad \mu_4 = \mu'_4 - 4\mu\mu'_3 + 6\mu^2\mu'_2 - 3\mu^4$$

のような関係がある．第 1 番目の関係式は分散の別表現 (1.28) にほかならない．μ_3 および μ_4 については問題 1.7 参照．また，$\mu_{[k]} = E[X(X-1)\cdots(X-k+1)]$ を k 次の階乗モーメントという．階乗モーメントは，確率が階乗で定義される分布での分散などの計算に用いられる．

確率変数 X の 3 次および 4 次の平均値まわりのモーメント μ_3 および μ_4 に対し，標準偏差を $\sigma = SD[X] = \sqrt{V[X]}$ として，$\beta_1 = \mu_3/\sigma^3$，$\beta_2 = (\mu_4/\sigma^4) - 3$ をそれぞれ X の歪度(わいど)および尖度(せんど)という．尖度に関しては 3 を引かない流儀もあるが，ここでは上記のように定義する．確率変数 X に対し，$a(>0)$ および b を定数として $Y = aX + b$ なる変数変換を施しても歪度および尖度の値は変わらない（問題 1.8）．歪度は X の分布が期待値を中心に左右対称のとき 0 になり，その名のとおり分布の歪み具合を表わす尺度である．尖度は正規分布のときに 0 になり，正規分布より裾が重い（両側に離れた値が出やすい）ときに正の値を取る．その意味で尖度は，その名とは異なり分布の裾の重さを表わす尺度である．

一般に，数列 $a_0, a_1, a_2, \dots$ に対し，ベキ級数 $A(t) = a_0 + a_1 t + a_2 t^2 + \cdots$ が収束するとき，$A(t)$ を数列 $\{a_0, a_1, a_2, \dots\}$ の母関数という．逆に母関数の級数展開により数列 $\{a_0, a_1, a_2, \dots\}$ が生成される．モーメントを生成する関数としてモーメント母関数がある．以下では，モーメント母関数に加え，確率母関数，キュムラント母関数を扱う．

定義 1.1（モーメント母関数）

確率関数 $p(x_j)$ を持つ離散型確率変数 X に対し，

$$M_X(t) = E[\exp(tX)] = \sum_j \exp(tx_j) p(x_j) \tag{1.32}$$

で定義される t の関数を X のモーメント母関数という．連続型の確率変数で確率密度関数が $f(x)$ のときも同様に

$$M_X(t) = E[\exp(tX)] = \int_{-\infty}^{\infty} \exp(tx) f(x) dx$$

で定義される．

われわれが通常扱う範囲内で，確率分布とモーメント母関数とは一対一に対応する．すなわち，ある確率変数 X の確率関数が $p(x)$ でモーメント母関数が $M_X(t)$ のとき，モーメント母関数が $M_X(t)$ となる確率変数の確率関数は $p(x)$ となる．

定理 1.2（モーメント母関数と原点まわりのモーメント）
確率変数 X のモーメント母関数を $M_X(t)$ とするとき，X の k 次の原点まわりのモーメント μ'_k は

$$\mu'_k = M_X^{(k)}(0) = \frac{d^k}{dt^k} M_X(t) \Big|_{t=0} \tag{1.33}$$

によって求められる．

（証明）
指数関数 $\exp(tx)$ のテーラー展開は $\exp(tx) = \sum_{k=0}^{\infty} (tx)^k / k!$ であるので，

$$M_X(t) = \sum_j \exp(tx_j) p(x_j) = \sum_j \sum_{k=0}^{\infty} \frac{(tx_j)^k}{k!} p(x_j) = \sum_{k=0}^{\infty} \frac{t^k}{k!} \sum_j x_j^k p(x_j)$$

$$= \sum_{k=0}^{\infty} \frac{t^k}{k!} E[X^k] = \sum_{k=0}^{\infty} \frac{t^k}{k!} \mu'_k$$

となる（無限級数の収束は仮定）．$M_X(t)$ を t で k 回微分すると，t の $(k-1)$ 次以下の多項式は 0 となり，k 次の多項式は $(t^k)^{(k)} = k!$ となる．また，m 次の多項式 $(m>k)$ では $(t^m)^{(k)} = m(m-1)\cdots(m-k+1)t^{m-k}$ であるので $t=0$ と置くことによりそれらは 0 となる．（証明終）

確率変数 X のモーメント母関数を $M_X(t)$ とするとき，a,b を定数として $Y = aX+b$ と変換した確率変数 Y のモーメント母関数は $M_Y(t) = e^{bt} M_X(at)$ となる．また，互いに独立な確率変数 X および Y のモーメント母関数をそれぞれ $M_X(t)$ および $M_Y(t)$ とするとき，それらの和 $W = X+Y$ のモーメント母関数 $M_W(t)$ はそれぞれのモーメント母関数の積 $M_W(t) = M_X(t) M_Y(t)$ で与えられる．

定義 1.2（確率母関数）
確率変数 X が 0 以上の整数値を取るとき，確率関数 $p(x) = \Pr(X=x)$ に対し，

$$H_X(t) = \sum_{x=0}^{\infty} p(x) t^x = E[t^X] \tag{1.34}$$

で定義される関数 $H_X(t)$ を確率分布 $\{p(x)\}$ の確率母関数という．

確率分布 $\{p(x)\}$ と確率母関数 $H_X(t)$ とは一対一に対応する．実際，モーメント母関数の定義（1.32）より，確率母関数とモーメント母関数の間には

$$M_X(t) = H_X(e^t) \tag{1.35}$$

なる関係がある．確率変数 X の確率母関数を $H_X(t)$ とするとき，X の k 次の階乗モーメント $\mu_{[k]}$ は

$$\mu_{[k]} = H_X^{(k)}(1) = \left.\frac{d^k}{dt^k} H_X(t)\right|_{t=1} \tag{1.36}$$

によって求められる．また，互いに独立に非負の整数値を取る確率変数 X および Y の確率母関数をそれぞれ $H_X(t)$ および $H_Y(t)$ とするとき，それらの和 $W = X + Y$ もまた非負の整数値を取る確率変数であり，その確率母関数 $H_W(t)$ はそれぞれの確率母関数の積

$$H_W(t) = H_X(t) H_Y(t) \tag{1.37}$$

で与えられる．

定義 1.3（キュミュラント母関数）

確率変数 X の確率分布のモーメント母関数 $M_X(t)$ に対し $\phi_X(t) = \log M_X(t)$ をキュミュラント母関数といい，その級数展開 $\phi_X(t) = \sum_{k=1}^{\infty} \kappa_k t^k / k!$ における係数 κ_k を k 次のキュミュラントという．

1 次のキュミュラント κ_1 は期待値 $\mu = E[X]$ に等しく，κ_k と平均値まわりのモーメント μ_k との間には以下のような関係があることが示される．

$$\kappa_2 = \mu_2, \quad \kappa_3 = \mu_3, \quad \kappa_4 = \mu_4 - 3\mu_2^2 \tag{1.38}$$

これより，歪度 β_1 と尖度 β_2 は

$$\beta_1 = \frac{\mu_3}{\mu_2^{3/2}} = \frac{\kappa_3}{\kappa_2^{3/2}}, \quad \beta_2 = \frac{\mu_4}{\mu_2^2} - 3 = \frac{\kappa_4}{\kappa_2^2} \tag{1.39}$$

となる．

問題 1.7 3 次および 4 次の平均値まわりのモーメント μ_3, μ_4 は

$$\mu_3 = \mu'_3 - 3\mu\mu'_2 + 2\mu^3, \quad \mu_4 = \mu'_4 - 4\mu\mu'_3 + 6\mu^2\mu'_2 - 3\mu^4$$

となることを示せ．

問題 1.8 歪度と尖度は $Y = aX + b$ の変換（ただし $a > 0$）で値が変わらないことを示せ．

問題 1.9 パラメータ θ の幾何分布 (問題 1.3 参照) に従う確率変数 X のモーメント母関数 $M_X(t)$ を導出し, その微分により期待値 $E[X]$ を求めよ. また, 確率母関数 $H_X(t)$ を求めよ.

問題 1.10 キュミュラントと平均値まわりのモーメントの関係式 (1.38) を示せ.

1.2.3 確率変数の関数の期待値と分散 (デルタ法)

確率変数 X を, 期待値が θ で, 分散 $V[X]$ は n をある程度大きな数として n^{-1} のオーダー $O(n^{-1})$ であるものとする (n は通常サンプルサイズを表わす). このとき, X を関数 g で変換した $Y=g(X)$ の期待値と分散の近似値を関数 $g(x)$ の微分に基づいて求める. これをデルタ法という.

関数 $g(x)$ の θ のまわりでの 2 次までのテーラー展開を

$$g(x)=g(\theta)+g'(\theta)(x-\theta)+g''(\theta)(x-\theta)^2/2+o(n^{-1}) \tag{1.40}$$

とする. 式 (1.40) の両辺の x を確率変数 X に置き換えて期待値を取ることにより, $E[X]-\theta=0$ および $E[(X-\theta)^2]=V[X]$ に注意すると,

$$E[g(X)]=g(\theta)+g''(\theta)V[X]/2+o(n^{-1}) \tag{1.41}$$

を得る. また,

$$V[g(X)]=E[\{g(X)-E[g(X)]\}^2]=\{g'(\theta)\}^2 V[X]+o(n^{-1}) \tag{1.42}$$

が得られる. 2 つの関数 $g(X)$ および $h(X)$ では, それらの共分散は

$$Cov[g(X),h(X)]=g'(\theta)h'(\theta)V[X]+o(n^{-1})$$

となる.

2 つの確率変数 X_1, X_2 の場合, それぞれの期待値を $\theta_1=E[X_1]$, $\theta_2=E[X_2]$ とし, 分散 $V[X_1], V[X_2]$ と共分散 $Cov[X_1, X_2]$ は共に $O(n^{-1})$ であるとする. 2 変数関数 $g(x_1, x_2)$ の $(x_1, x_2)=(\theta_1, \theta_2)$ での 1 階および 2 階の偏微分係数を

$$g'_1(\theta_1,\theta_2)=\left.\frac{\partial}{\partial x_1}g(x_1,x_2)\right|_{(x_1,x_2)=(\theta_1,\theta_2)}, \quad g'_2(\theta_1,\theta_2)=\left.\frac{\partial}{\partial x_2}g(x_1,x_2)\right|_{(x_1,x_2)=(\theta_1,\theta_2)},$$

$$g''_1(\theta_1,\theta_2)=\left.\frac{\partial^2}{\partial x_1^2}g(x_1,x_2)\right|_{(x_1,x_2)=(\theta_1,\theta_2)}, \quad g''_2(\theta_1,\theta_2)=\left.\frac{\partial^2}{\partial x_2^2}g(x_1,x_2)\right|_{(x_1,x_2)=(\theta_1,\theta_2)}$$

および

$$g''_{12}(\theta_1,\theta_2)=\left.\frac{\partial^2}{\partial x_1\partial x_2}g(x_1,x_2)\right|_{(x_1,x_2)=(\theta_1,\theta_2)}$$

とし, $(x_1,x_2)=(\theta_1,\theta_2)$ のまわりでのテーラー展開を

$$g(x_1, x_2) = g(\theta_1, \theta_2) + \sum_{j=1}^{2} g'_j(\theta_1, \theta_2)(x_j - \theta_j) + \frac{1}{2}\sum_{j=1}^{2} g''_{jj}(\theta_1, \theta_2)(x_j - \theta_j)^2$$
$$+ g''_{12}(\theta_1, \theta_2)(x_1 - \theta_1)(x_2 - \theta_2) + o(n^{-1})$$

とする．変数の (x_1, x_2) を確率変数 (X_1, X_2) に置き換えることにより

$$E[g(X_1, X_2)]$$
$$= g(\theta_1, \theta_2) + \frac{1}{2}\sum_{j=1}^{2} g''_{jj}(\theta_1, \theta_2)V[X_j] + g''_{12}(\theta_1, \theta_2)Cov[X_1, X_2] + o(n^{-1})$$
(1.43)

および

$$V[g(X_1, X_2)]$$
$$= \sum_{j=1}^{2} \{g'_j(\theta_1, \theta_2)\}^2 V[X_j] + 2g'_1(\theta_1, \theta_2)g'_2(\theta_1, \theta_2)Cov[X_1, X_2] + o(n^{-1})$$
(1.44)

が得られる．

例1.1（対数変換）

正の値を取る確率変数 X に対する対数変換 $g(X) = \log X$ の場合，$(\log x)' = 1/x$, $(\log x)'' = -1/x^2$ であるので，(1.41) および (1.42) より $E[\log X] = \log \theta - \{1/(2\theta^2)\}V[X] + o(n^{-1})$ および $V[\log X] = (1/\theta^2)V[X] + o(n^{-1})$ となる．

例1.2（平方根変換）

0 以上の値を取る確率変数 X に対する平方根変換 $g(X) = \sqrt{X}$ の場合，$(\sqrt{x})' = 1/(2\sqrt{x})$ および $(\sqrt{x})'' = -1/(4x\sqrt{x})$ であるので，(1.41) および (1.42) より $E[\sqrt{X}] = \sqrt{\theta} - (8\theta\sqrt{\theta})^{-1}V[X] + o(n^{-1})$ および $V[\sqrt{X}] = (4\theta)^{-1}V[X] + o(n^{-1})$ となる．

1.3 統計的推測

本節では母集団分布の未知パラメータに関する推定および検定の一般論を，特に離散型分布を念頭において示す．1.3.1項では尤度関数と最尤法を述べ，1.3.2項では統計的検定，1.3.3項では統計的推定を概観する．最後の1.3.4項ではベイズ流の推論について述べる．

1.3.1 尤度関数と最尤法

離散型確率変数 X の分布はパラメータ θ で特徴づけられているとし、その確率関数（連続型の場合は確率密度関数）を $p(x;\theta)$ とする。θ が統計的推論の対象である。θ はスカラー量として議論を進めるがベクトルのこともある。この分布に従う互いに独立な確率変数 $X_1,...,X_n$ の同時確率関数は

$$p(x_1,...,x_n;\theta)=\prod_{i=1}^{n}p(x_i;\theta) \qquad (1.45)$$

となる。(1.45) では、変数は $x_1,...,x_n$ であり θ は未知ではあるが定数である。ところが実際に観測値 $X_1=x_1,...,X_n=x_n$ が得られた後では、$x_1,...,x_n$ は既知の定数となるが θ は依然未知であるので、(1.45) を θ の関数と見て

$$L(\theta;x_1,...,x_n)=\prod_{i=1}^{n}p(x_i;\theta) \qquad (1.46)$$

と書き、これを θ の尤度（likelihood）あるいは尤度関数という。そしてその自然対数を取った

$$l(\theta;x_1,...,x_n)=\log L(\theta;x_1,...,x_n)=\sum_{i=1}^{n}\log p(x_i;\theta) \qquad (1.47)$$

を対数尤度関数という。これらは単に $L(\theta), l(\theta)$ と書くこともある。尤度関数および対数尤度関数は $X_1,...,X_n$ が独立とは限らない場合にも定義されるが、ここでは独立な場合を想定して議論を進める。

尤度関数 $L(\theta)$ は、観測値 $x_1,...,x_n$ が与えられたときに未知パラメータ θ のもっともらしさを表わす関数と解釈され、尤度関数の値が大きいほどそのパラメータ値はもっともらしいとする。θ_1, θ_2 を異なるパラメータ値とするとき、

$$L(\theta_1;x_1,...,x_n)/L(\theta_2;x_1,...,x_n) \qquad (1.48)$$

は θ_1 と θ_2 の相対的なもっともらしさを表わし、尤度比と呼ばれる。尤度関数および対数尤度関数は、観測値が与えられたときのパラメータ θ の関数であるが、観測値ではなく確率変数を代入して $L(\theta;X_1,...,X_n)$ もしくは $l(\theta;X_1,...,X_n)=\log L(\theta;X_1,...,X_n)$ とし、それ自身確率変数として扱うこともある。

対数尤度関数のパラメータに関する 1 階微分

$$U(\theta)=\frac{d}{d\theta}l(\theta;X_1,...,X_n)=\sum_{i=1}^{n}\frac{d}{d\theta}\log p(X_i;\theta)=\sum_{i=1}^{n}U_i(\theta) \qquad (1.49)$$

を有効スコアあるいは単にスコアという。ここで $U_i(\theta)=d\log p(X_i;\theta)/d\theta$ と置いた。スコアについて次の重要な結果が成り立つ。なお、ここでの結果は数学的

であることから結果のみを示す．証明は数理統計の書物を参照されたい．

定理 1.3（スコアの期待値と分散）

対数尤度関数 $l(\theta; x_1, ..., x_n) = \sum_{i=1}^{n} \log p(x_i; \theta)$ が正則条件

（ⅰ）　θ で 2 回以上微分可能，

（ⅱ）　微分と無限和の演算が交換可能，

（ⅲ）　分布の存在範囲が θ に依存しない，

を満たすとき，次が成り立つ．

$$E[U(\theta)] = E\left[\frac{dl(\theta; X_1, ..., X_n)}{d\theta}\right] = 0 \tag{1.50}$$

$$V[U(\theta)] = E\left[\left\{\frac{dl(\theta; X_1, ..., X_n)}{d\theta}\right\}^2\right] = -E\left[\frac{d^2 l(\theta; X_1, ..., X_n)}{d\theta^2}\right] \tag{1.51}$$

(1.51) で表わされるスコアの分散は統計的推測で重要な働きをすることから，それを，サンプルサイズ n を明記した形で

$$i_n(\theta) = V[U(\theta)] = V\left[\frac{dl(\theta; X_1, ..., X_n)}{d\theta}\right] = -E\left[\frac{d^2 l(\theta; X_1, ..., X_n)}{d\theta^2}\right] \tag{1.52}$$

と書き，(n 個のデータに基づく）フィッシャー情報量（Fisher information）という．$U_i(\theta) = d \log p(X_i; \theta)/d\theta$ とし，それらの分散を $i(\theta) = V[U_i(\theta)] = V[d \log p(X_i; \theta)/d\theta]$ と置くと，フィッシャー情報量は $i_n(\theta) = ni(\theta)$ とその n 倍となる．

確率変数 $X_1, ..., X_n$ は互いに独立であり，(1.49) より $U(\theta)$ は互いに独立な確率変数（の関数）$U_i(\theta)$ の和であるので，中心極限定理（2.1.4 項の定理 2.7）および定理 1.3 により，その分布は期待値 0，分散 $i_n(\theta)$ の正規分布 $N(0, i_n(\theta))$ で近似される．

尤度関数はパラメータのもっともらしさを表わすと述べたが，その最大値すなわち観測値が与えられたとき最ももっともらしいパラメータ値 $\hat{\theta}$ をパラメータ θ の最尤推定値という．これを確率変数と見た最尤推定量 $\hat{\theta}$ については次の定理が成り立つ．

定理 1.4（最尤推定量の漸近正規性）

互いに独立に同一分布に従う n 個の確率変数 $X_1, ..., X_n$ に基づく θ の最尤推定量 $\hat{\theta}$ は，n が大きいとき漸近的に

$$\hat{\theta} \sim N(\theta, 1/i_n(\theta)) \tag{1.53}$$

となる．ここで，$i_n(\theta)$ は式（1.52）で定義されるフィッシャー情報量である．

問題 1.11 成功の確率 θ の幾何分布（問題 1.3 参照）に従う確率変数 X の分散は $V[X]=(1-\theta)/\theta^2$ であることを示せ．

1.3.2 統計的検定

統計的検定は，母集団分布に関する仮説の真偽をデータに基づいて判断するための方法論である．ここでは，母集団分布の未知パラメータ θ に関する仮説検定を扱う．統計的検定における 3 要素は

　　　　(1) 仮説の設定，(2) 検定統計量の選択，(3) 統計的有意性の評価

である．

検定では 2 種類の仮説を置く．検定すべき仮説を帰無仮説といい，通常 H_0 と書く．パラメータ θ がある値 θ_0 に等しいという帰無仮説は

$$H_0 : \theta = \theta_0 \tag{1.54}$$

となる．帰無仮説が成り立たないときのズレの方向を示す仮説を対立仮説といい H_1 などと書く．対立仮説には，

$$H_1 : \theta > \theta_0 \quad \text{もしくは} \quad H_1 : \theta < \theta_0 \tag{1.55}$$

という片側仮説と

$$H_1 : \theta \neq \theta_0 \tag{1.56}$$

の両側仮説とがある．対立仮説が片側仮説の場合を片側検定といい，両側の場合を両側検定という．

母集団分布からの n 個の確率変数 $X_1, ..., X_n$ のある関数 $T = T(X_1, ..., X_n)$ を選択し，データからその値を計算する．これを検定統計量あるいは簡単に検定量という．検定統計量としては帰無仮説からのズレの大きさを的確に検出するものが望ましい．

そして，データと帰無仮説の間の整合性を確率的に評価する．帰無仮説の下で，「母集団から大きさ n の標本を抽出しそれらから検定統計量の値を計算する」という作業を多数回繰り返したとすると，検定統計量の値の（仮想的な）標本分布が得られる．これを検定統計量の帰無分布という．検定統計量を T とし，T の実現値を t^* としたとき，T が t^* 以上に極端な値を取る確率を P-値（P-value）

という．片側検定の場合には「極端な値」の範囲を検定統計量の実現値の片側に取る．すなわち，$H_1: \theta > \theta_0$ の場合

$$P\text{-value} = \Pr(T \geq t^* | H_0) \qquad (1.57)$$

であり，これを片側 P-値という．検定統計量 T が離散型の場合には，帰無仮説の下での確率関数を $p(t|H_0)$ として，$P\text{-value} = \sum_{t=t^*}^{\infty} p(t|H_0)$ となる．離散型の場合，両側検定における両側 P-値の定義にはいくつかの流儀がある．たとえば，

 (1) 片側 P-値を2倍する
 (2) $\Pr(T = t^* | H_0)$ 以下となる t の確率 $\Pr(T = t | H_0)$ をすべて加える

などである．統計ソフトを使う場合にはどちらの定義で計算しているのかをチェックする必要がある．

P-値が小さいとき帰無仮説が誤りであると判断する．このことを，帰無仮説を棄却する，あるいは検定は有意であったという．逆に P-値が大きいときには帰無仮説を棄却しない．これを「帰無仮説を採択する」という場合もあるが正しくない．P-値が大きいからといって帰無仮説の正しさが示されたわけではないからである．帰無仮説を棄却するだけの証拠に欠けると判断すべきである．P-値の小ささの基準としては 0.05 あるいは 0.01 とされることが多い．この P-値の小ささの基準を有意水準あるいは危険率といい α と書く．

統計的検定での誤りには2種類あり，帰無仮説が真であるにもかかわらずそれを棄却する誤りを第1種の過誤といい，帰無仮説が偽であるが棄却しない誤りを第2種の過誤という．有意水準 α をあらかじめ定めておき，P-値が α 以下のときに帰無仮説を棄却するというルールでは，α は第1種の過誤確率となる．これを有意水準 $100\alpha\%$ の検定という．P-値が α 以下となる検定統計量の範囲を棄却域という．パラメータの帰無仮説での値を θ_0 としたとき，棄却域 $C(\alpha)$ は

$$\Pr(T \in C(\alpha) | \theta = \theta_0) \leq \alpha \qquad (1.58)$$

となる領域で与えられる．検定統計量 T が連続的な場合には，(1.58) では $\Pr(T \in C(\alpha) | \theta_0) = \alpha$ と等号にできるが，T が離散的な場合には

$$\Pr(T \in C(\alpha) | \theta = \theta_0) < \alpha \qquad (1.59)$$

と不等号になるのが普通である．

第2種の過誤確率を β としたとき，帰無仮説が偽でそれを棄却する確率 $1 - \beta$ をその検定の検出力という．棄却域を $C(\alpha)$ としたとき，パラメータ値 θ における検出力は $\Pr(T \in C(\alpha) | \theta)$ と表わされ，パラメータ値 θ の関数となる．

検定では，P-値が有意水準 α 以下の場合に帰無仮説を棄却するが，このときの P-値（(1.59) の左辺）を実際の有意確率という．検定統計量が離散型の場合には，実際の有意確率が名目の有意水準 α に等しくならないのが普通である．実際の有意確率が有意水準を下回るとき検定は保守的であるという．検定が保守的でないのは望ましくないので，実際の有意確率が有意水準の名目値を下回るように棄却域を設定するが，時として実際の有意確率が名目値をかなり下回り，過度に保守的になることがある．この場合，帰無仮説が棄却されにくく，結果として検出力が低下する．

検定が過度に保守的になるという欠点を補うため mid-P 値が提案された．mid-P 値の定義は

$$\text{mid-}P = 0.5 \Pr(T = t^* | H_0) + \Pr(T > t^* | H_0) \tag{1.60}$$

である．すなわち，実際に観測された値の確率の半分のみを加えるのである．当然 mid-P < P-値であるので，P-値が α より大きくても mid-P は α 以下となるケースが生じ，mid-P のほうが帰無仮説は棄却されやすくなる．P-値および mid-P 値の期待値について次が成り立つ．

定理 1.5

連続型の検定統計量では $E[P\text{-value}|H_0] = 0.5$ が成り立つ．離散型の検定統計量では，$E[\text{mid-}P|H_0] = 0.5$ であり，$E[P\text{-value}|H_0] = 0.5\{1 + \sum_t p(t)^2\}$ となる．ここで $p(t)$ は検定統計量 T の確率関数である．

（証明）

検定統計量 T は連続型で帰無仮説の下での確率密度関数を $g(t)$ とすると，

$$E[P\text{-value}|H_0] = E[\Pr(T \geq t^*)] = E\left[\int_{t^*}^{\infty} g(t)dt\right] = \int_{-\infty}^{\infty}\left\{\int_{t^*}^{\infty} g(t)dt\right\} g(t^*) dt^*$$

であるが，これは T および T^* を互いに独立に同じ確率密度関数 $g(t)$ を持つ確率変数としたときの $\Pr(T \geq T^*)$ であるので 0.5 となる．T が離散的で帰無仮説の下での確率関数が $p(t)$ のときは，

$$E[\text{mid-}P|H_0] = \sum_{t^*} (\text{mid-}P) \, p(t^*)$$

$$= \sum_{t^*} \left\{0.5 p(t^*) + \sum_{t^* < t} p(t)\right\} p(t^*) = 0.5\left\{\sum_{t^*} p(t^*)\right\}^2 = 0.5$$

となり，P-value については

$$E[P\text{-value}|H_0]=\sum_{t^*}\{0.5p(t^*)+(\text{mid-}P)\}p(t^*)$$

$$=0.5\sum_t p(t)^2+E[\text{mid-}P]=0.5\left\{1+\sum_t p(t)^2\right\}$$

となる．(証明終)

これより，離散型の検定統計量では $E[P\text{-value}|H_0]>0.5$ となり，このことが P-値が大き過ぎることの根拠とされる．また，T が連続型の場合には，T がある特定の値をとる確率は0であるので，$T=t^*$ が観測されたときの上側および下側 P-値の和は1になる．ところが，離散型の場合には $\Pr(T\leq t^*)+\Pr(t^*\leq T)=1+p(t^*)$ と1よりも大きくなる．それに対し，mid-P では連続型と同じく1になる．

母集団分布からの観測値を表わす確率変数を $X_1,...,X_n$ としたとき，検定統計量 T をどう取るかは問題による．とはいえ一般論はあり，帰無仮説を $H_0:\theta=\theta_0$ とし，$X_1,...,X_n$ の何らかの関数を $h(X_1,...,X_n)$ としたとき，

$$T=\frac{h(X_1,...,X_n)-\theta_0}{SE[h(X_1,...,X_n)|\theta_0]} \tag{1.61}$$

の形の統計量をスコア型の統計量という．ここで $SE[h(X_1,...,X_n)|\theta_0]$ は H_0 の下での $h(X_1,...,X_n)$ の標準誤差である．それに対し，

$$T=\frac{h(X_1,...,X_n)-\theta_0}{SE[h(X_1,...,X_n)|\theta]} \tag{1.62}$$

をワルド (Wald) 型の統計量ともいう．ここで $SE[h(X_1,...,X_n)|\theta]$ は対立仮説の下での $h(X_1,...,X_n)$ の標準誤差である．

問題 1.12 あるコインを表が出るまで投げ続けるとする．何回続けて裏が出ればこのコインは表が出にくいといえるだろうか．有意水準を $\alpha=0.05$ として答えよ．そのときの実質の有意水準はいくらか．

1.3.3 統計的推定

母集団分布の未知パラメータ θ の値をデータから推し量ることを推定といい，点推定と区間推定の2種類がある．観測データ $x_1,...,x_n$ からある1つの値 $t^*=T(x_1,...,x_n)$ を計算し，それを θ の推定値とすることを点推定という．このときの t^* を θ の点推定値といい $\hat{\theta}$ とも書く．推定値は真のパラメータ値 θ に近いほ

うが望ましいが，θ は未知であるので，その近さ $|\hat{\theta}-\theta|$ は測ることができない．そこで，推定値のよさをいう代わりに推定方式のよさを議論する．

母集団からの n 個の観測値を表わす確率変数を $X_1,...,X_n$ とし，パラメータ θ の推定のために計算された $T=T(X_1,...,X_n)$ を推定量という．推定量は確率変数であり，そのひとつの実現値が推定値 $t^*=T(x_1,...,x_n)$ である．推定量は，「母集団から n 個の観測値を得て，それらから関数 T によって求めた値により θ の推定を行なう」という推定方式を表わすと解釈される．その推定方式による具体的な計算値が推定値 t^* である．推定量のばらつきが小さければ同じような推定値が一貫して得られる可能性が大きいことから，推定量の分散は推定値の精度を表わす指標となる．推定量 T の分散の平方根を標準誤差（standard error, SE）といい，$SE[T]$ と書く．$SE[T]$ も未知であることが多く，その推定値は正確には「標準誤差の推定値」であるが，通常はそれも標準誤差という．点推定では，点推定値の値 $\hat{\theta}$ のみを示すのでは不足で，その精度も共に示す必要がある．その際，$\hat{\theta} \pm SE[\hat{\theta}]$ の形でレポートされることが多い．

推定量（推定方式）T のよさの基準はいくつかある．T の期待値が推定すべきパラメータに等しい，すなわち $E[T]=\theta$ のとき，T は不偏性を持つ，もしくは T は不偏推定量であるという．また，θ の2種類の不偏推定量 T_1, T_2 に対し，すべてのパラメータ値に対し $V[T_1] \leq V[T_2]$ のとき，T_1 は T_2 より有効であるという．

点推定が1つの値で θ を推定するのに対し，区間で θ を推定する方法を区間推定という．パラメータ θ を持つ分布からの n 個の観測値を表わす確率変数を $X_1,...,X_n$ とする．α を小さな確率値とし，$X_1,...,X_n$ から $\theta_L=T_L(X_1,...,X_n)$ と $\theta_U=T_U(X_1,...,X_n)$ を

$$\Pr(\theta_L<\theta<\theta_U)=1-\alpha \tag{1.63}$$

となるように定めるとき，区間 (θ_L, θ_U) を信頼係数 $100(1-\alpha)\%$ の信頼区間あるいは単に $100(1-\alpha)\%$ 区間という．θ_L は信頼下限（lower limit），θ_U は信頼上限（upper limit）と呼ばれる．ここでは，信頼区間を開区間 $\theta_L<\theta<\theta_U$ としたが，閉区間 $\theta_L \leq \theta \leq \theta_U$ とする流儀もある．その際には，信頼区間は $[\theta_L, \theta_U]$ と閉区間の表記となるべきであろう．$X_1,...,X_n$ が離散型の場合は（1.63）の等号は一般には達成されず，条件は

$$\Pr(\theta_L<\theta<\theta_U) \geq 1-\alpha \tag{1.64}$$

となる．この場合は，「信頼係数 $100(1-\alpha)$%以上」の信頼区間と呼ぶべきであるが，単に信頼係数 $100(1-\alpha)$% の信頼区間ということが多い．このとき，$100(1-\alpha)$% を名目の信頼係数といい，(1.64) の左辺の確率を実際の信頼係数ともいう．

パラメータ値 θ を1つ特定したとき，(1.64) の左辺は θ を信頼区間が覆う確率という意味で θ の被覆確率という．被覆確率の計算の手順は以下のようである．まず，パラメータ値 θ，信頼係数 α およびサンプルサイズ n を定める．n 個の確率変数 $X_1, ..., X_n$ の実現値 $x_1, ..., x_n$ から計算式に従い信頼区間の上下限 $\theta_L = T_L(x_1, ..., x_n)$ と $\theta_U = T_U(x_1, ..., x_n)$ を求める．定義関数 $I(\theta_L, \theta_U)$ を

$$I(\theta_L, \theta_U) = \begin{cases} 1, & (\theta \in (\theta_L, \theta_U)) \\ 0, & (\theta \notin (\theta_L, \theta_U)) \end{cases}$$

とし，被覆確率（coverage probability, CP）を

$$CP(\theta) = \sum_x I(\theta_L, \theta_U) \Pr(X_1 = x_1, ..., X_n = x_n) \tag{1.65}$$

により求める．ここで和は $(x_1, ..., x_n)$ のすべての組み合わせについて取ったものである．すなわち $CP(\theta)$ は，信頼区間 (θ_L, θ_U) がパラメータ値 θ を含むものだけの確率の和になっている．離散型の確率変数では，被覆確率は θ によって変化する．

信頼区間と検定は密接な関係にある．すなわち，パラメータ θ の信頼係数 $100(1-\alpha)$% の信頼区間 (θ_L, θ_U) は，有意水準 100α% の両側検定もしくは有意水準 $100\alpha/2$% の片側検定で棄却されないパラメータ値の範囲である．この考えから，T を検定統計量とし，t^* をその実現値としたとき，信頼区間の上下限は

$$\Pr(t^* \leq T | \theta = \theta_L) \leq \alpha/2, \quad \Pr(T \leq t^* | \theta = \theta_U) \leq \alpha/2 \tag{1.66}$$

により定められる．このとき，パラメータ値 θ_0 が信頼係数 $100(1-\alpha)$% の信頼区間に含まれないことと帰無仮説 $H_0 : \theta = \theta_0$ が有意水準 100α% の両側検定（有意水準 $100\alpha/2$% の片側検定）で棄却されることとは同値である．(1.66) では右辺の確率値は共に $\alpha/2$ であるが，一般に $\alpha_1 + \alpha_2 = \alpha$ として

$$\Pr(t^* \leq T | \theta = \theta_L) \leq \alpha_1, \quad \Pr(T \leq t^* | \theta = \theta_U) \leq \alpha_2 \tag{1.67}$$

としてもよい．(1.67) で，$\alpha_1 + \alpha_2 = \alpha$ の条件の下で α_1 と α_2 をうまく選び区間幅を最小にしたものを最短信頼区間という．

問題 1.13 成功の確率が θ の試行を独立に繰り返し，初めて成功するまでの試

行回数を Y とするとき,確率関数は $p_Y(y;\theta)=\theta(1-\theta)^{y-1}$ $(y=1,2,...)$ である.この分布からの n 個の独立な観測値が $y_1,...,y_n$ であるとき,θ の最尤推定値 $\hat{\theta}$ はどうなるか.具体的に $n=3$ で $y_1=3$,$y_2=4$,$y_3=8$ のときの $\hat{\theta}$ を求めよ.

問題 1.14 当たりの確率が θ のくじを引いたところ運よく 1 回目で当たりが出た.このときの θ の点推定値および 95%信頼区間を求めよ.また,このくじを引いて何回当たりが出続ければ θ の 95%信頼区間の下限が 0.5 を超えるだろうか.

1.3.4 ベイズ流の推測

統計的推測の 1 つの考え方にベイズ流の推測がある.その語源は条件付き確率関数に対するベイズの定理(定理 1.1)である.これより,2 つの離散型確率変数 X および Y に対し,Y の条件付き確率関数は

$$p_2(y|x)=p_1(x|y)p_2(y)/p_1(x) \tag{1.68}$$

となる.ここで y を確率分布のパラメータ θ とすると,(1.68) は形式的に

$$p_2(\theta|x)=p_1(x|\theta)p_2(\theta)/p_1(x) \tag{1.69}$$

となる.(1.69) ではパラメータ θ の確率(密度)関数 $p_2(\theta)$ が登場している.通常,母集団パラメータ θ は定数であると見なされるが,その値は未知であるので,その確からしさを(連続型の)確率分布の形で表現していると解釈する.$p_2(\theta)$ はデータを観測する前のパラメータ θ の確からしさを確率分布で表現したもので,θ の事前分布という.それに対し $p_2(\theta|x)$ は観測値 $X=x$ を観測した後での θ の確からしさの分布であり,θ の事後分布という.$p_1(x|\theta)$ はパラメータが θ のときの x の通常の確率分布である.分母の $p_1(x)$ は

$$p_1(x)=\int_{-\infty}^{\infty} p_1(x|\theta)p_2(\theta)d\theta \tag{1.70}$$

で定義され,$p_2(\theta|x)$ が確率密度関数となるための基準化定数の役割を果たす.

関係式 (1.69) は

$$p_2(\theta|x)=\frac{p_1(x|\theta)}{p_1(x)}\times p_2(\theta) \tag{1.71}$$

と書き直すことができる.(1.71) は,観測値を得る前のパラメータ θ に関する知識(事前分布 $p_2(\theta)$ で表現される)が x の観測により $p_2(\theta|x)$ に更新された,と解釈される.観測値 x が得られた下でのパラメータ θ の統計的推測は事後分

布 $p_2(\theta|x)$ に基づいて行なわれる．θ の点推定値は，事後分布に関する期待値 $E[\theta|x]$ もしくは $p_2(\theta|x)$ の最大値（事後モード）で与えられる．区間推定では，小さな確率値 α に対し，

$$\Pr(\theta_L < \theta < \theta_U | x) = 1 - \alpha \tag{1.72}$$

となる区間 (θ_L, θ_U) を用いる．信頼区間では，θ は定数であり確率変数は区間の両端 θ_L および θ_U であったのに対し，(1.72) では確率変数は θ であり，区間の両端は共に定数である．その意味で，(1.72)は信頼区間ではなく確率区間となる．

ベイズ流の推測では，事前分布 $p_2(\theta)$ の選択が問題となる．θ に関する情報が何もないことを表わす事前分布を無情報事前分布という．また，事前分布と事後分布の関数形が同じとなるような分布を共役事前分布という．共役事前分布を選択したほうが後の計算が簡単になり，多くの場合望ましい結果を与える．ベイズ流の推測では (1.70) の計算が複雑なことが多く，それをうまく回避するためマルコフ連鎖・モンテカルロ法などが工夫され，実用に供されている．

第2章

二項分布

二項分布はカウントデータの最も重要なモデルである．本章では，二項分布の基本的な性質と二項確率に関する種々の統計的推測法，ならびに関連した話題を議論する．

2.1 二項分布の基本的性質

ここでは二項分布の基本的な性質を議論する．2.1.1項では二項分布のもととなるベルヌーイ試行について述べ，2.1.2項で二項分布を定義した上でその平均や分散などの基本的な性質を与える．2.1.3項では二項分布の確率とベータ分布，F分布との関係を示し，2.1.4項では二項確率の種々の近似法を与える．2.1.5項と2.1.6項では二項分布と密接な関係のある超幾何分布と多項分布の基本的な性質を示す．

2.1.1 ベルヌーイ試行

1回の試行で観測される結果は2種類のいずれかであるとし，これら2種類の結果を主として「成功」および「失敗」と称する．ただし，扱う問題によっては「有効」，「無効」など適宜それ以外の用語も用いる．成功の確率をθとし，失敗の確率を$1-\theta$とする．試行結果を表わす確率変数Rを

$$R = \begin{cases} 1, & (成功) \\ 0, & (失敗) \end{cases} \quad (2.1)$$

と定義すると，成功の確率は$\theta = \Pr(R=1)$と表わされ，失敗の確率は$1-\theta = \Pr(R=0)$となる．これらはまとめて

$$\Pr(R=r) = \theta^r (1-\theta)^{1-r} \qquad (r=0,1) \qquad (2.2)$$

と表現される．このときの R の確率分布をベルヌーイ分布という．確率母関数は $H_R(t) = E[t^R] = \theta t + (1-\theta)$ で与えられ，期待値と分散はそれぞれ

$$E[R] = \theta, \quad V[R] = \theta(1-\theta) \qquad (2.3)$$

となる．また，モーメント母関数は

$$M_R(t) = \theta e^t + (1-\theta) \qquad (2.4)$$

となる．一般に，任意の自然数 m に対し，R の原点まわりの m 次モーメントは

$$\mu'_m = E[R^m] = M_R^{(m)}(0) = \frac{d^m}{dt^m} M_R(\theta)\big|_{t=0} = \theta \exp(t)\big|_{t=0} = \theta \qquad (2.5)$$

となり，これより平均値まわりの m 次モーメント $\mu_m = E[(R-\theta)^m]$ が求められる（問題2.2）．

1回の試行結果が2種類のいずれかであるような試行の n 回の繰り返しが，(a) 成功の確率は各試行で一定，(b) 各試行は互いに独立，の2条件を満足するとき，それらをベルヌーイ試行といい，その観測系列をベルヌーイ試行列という．n 回のベルヌーイ試行は，互いに独立でそれぞれ同じ確率 θ を持つベルヌーイ分布に従う n 個の確率変数 $R_1, ..., R_n$ として表わされる．

例2.1（さいころの目）

正しいさいころを続けて n 回振り，1の目が出るかどうかを観測する試行系列は $\theta = 1/6$ のベルヌーイ試行となる．古典的な例である．

問題2.1 ベルヌーイ分布で分散が最大となるのは確率 θ がいくつのときか．それはどう解釈されるか．

問題2.2 ベルヌーイ分布に従う確率変数 R の3次および4次の平均値まわりのモーメントはそれぞれ $\mu_3 = E[(R-\theta)^3] = \theta(1-\theta)(1-2\theta)$ および $\mu_4 = E[(R-\theta)^4] = \theta(1-\theta)(1-3\theta+3\theta^2)$ となり，尖度と歪度はそれぞれ $\beta_1 = (1-2\theta)/\sqrt{\theta(1-\theta)}$，$\beta_2 = (1-6\theta+6\theta^2)/\{\theta(1-\theta)\}$ となることを示せ．

2.1.2 二項分布の定義と特性

成功の確率 θ の n 回のベルヌーイ試行における成功の回数 X は 0 から n までの整数値を取る離散型の確率変数で，その確率分布を二項分布（binomial distribution）という．以下では，試行回数 n および成功の確率 θ を明示して二項

分布を $B(n,\theta)$ で表わす．このとき θ は二項確率ともいう．そして，確率変数 X が二項分布に従うことを $X \sim B(n,\theta)$ と書く．$R_1,...,R_n$ を互いに独立に成功の確率 θ のベルヌーイ分布に従う確率変数とするとき，X はそれらの和 $X=R_1+\cdots+R_n$ となる．

定理 2.1（確率関数，確率母関数）

二項分布 $B(n,\theta)$ の確率関数 $p(x)$ は
$$p(x) = \Pr(X=x) = {}_nC_x \theta^x (1-\theta)^{n-x} \qquad (x=0,1,...,n) \qquad (2.6)$$
で与えられる．ここで ${}_nC_x = n!/\{x!(n-x)!\}$ は二項係数である．確率母関数は
$$H_X(t) = \{\theta t + (1-\theta)\}^n \qquad (2.7)$$
となる．

（証明）

n 回のベルヌーイ試行で x 回成功し $n-x$ 回失敗する特定の系列が観測される確率は，成功の確率 θ を x 回，失敗の確率 $1-\theta$ を $n-x$ 回かけて $\theta^x(1-\theta)^{n-x}$ となる．x 回の成功は n 回の試行中のどの場所で起きてもよく，その「場合の数」は n 個から x 個を選ぶ組み合わせの数 ${}_nC_x$ だけある．それらのいずれも確率は同じであるので，x 回成功する確率は $\theta^x(1-\theta)^{n-x}$ を ${}_nC_x$ 倍すればよく，(2.6) が得られる．確率母関数 $H_X(t)$ は，ベルヌーイ分布の確率母関数 $H_R(t)=\theta t+(1-\theta)$ を n 乗して得られる．（証明終）

確率関数 (2.6) は
$$p(x) = \exp[x \log\{\theta/(1-\theta)\} + n \log(1-\theta) + \log({}_nC_x)]$$
と 1.1.2 項の (1.14) の形に表現できるので，二項分布は指数型分布族の一員であり，自然母数は $\log\{\theta/(1-\theta)\}$ であることがわかる．二項分布の全確率の和が 1 になることは，二項展開 $(a+b)^n = \sum_{x=0}^n {}_nC_x a^{n-x} b^x$ を用いて $\sum_{x=0}^n \Pr(X=x) = \sum_{x=0}^n {}_nC_x \theta^x (1-\theta)^{n-x} = \{(1-\theta)+\theta\}^n = 1$ と示される．

二項分布 $B(n,\theta)$ の確率はソフトウェアにより簡単に求められる．Excel では組み込み関数 BINOMDIST を用いる．関数の設定法は
$$\text{BINOMDIST}(x,n,\theta,c)$$
であり，ここで $c=0$ とすると確率 $p(x)=\Pr(X=x)$ が得られ，$c=1$ とすると下側累積確率 $P(x)=\Pr(X \leq x)$ が得られる．

x	$\Pr(X=x)$	$\Pr(X\leq x)$
0	0.2401	0.2401
1	0.4116	0.6517
2	0.2646	0.9613
3	0.0756	0.9919
4	0.0081	1

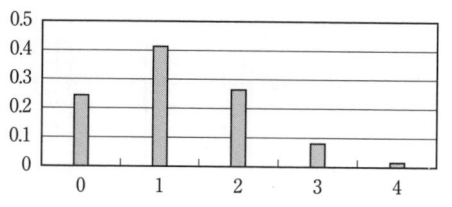

図 2.1 $B(4, 0.3)$ の確率の表とグラフ

例 2.2 (確率の計算)

二項分布 $B(4, 0.3)$ における確率は，たとえば次のように計算される：
$$\Pr(X=2) = {}_4C_2(0.3)^2(1-0.3)^2 = \frac{4!}{2! \times 2!}(0.3)^2(0.7)^2 = 6 \times 0.09 \times 0.49 = 0.2646.$$
BINOMDIST 関数を用いると
$$p(2) = \Pr(X=2) = \text{BINOMDIST}(2, 4, 0.3, 0) = 0.2646$$
$$P(2) = \Pr(X \leq 2) = \text{BINOMDIST}(2, 4, 0.3, 1) = 0.9163$$
などとなる．$B(4, 0.3)$ の各確率と累積確率ならびに確率のグラフは図 2.1 のようである．

二項分布 $B(n, \theta)$ の相続く確率の比
$$\frac{p(x+1)}{p(x)} = \frac{{}_nC_x \theta^{x+1}(1-\theta)^{n-(x+1)}}{{}_nC_x \theta^x (1-\theta)^{n-x}} = \frac{n-x}{x+1} \cdot \frac{\theta}{1-\theta} \tag{2.8}$$

より，漸化式
$$p(x+1) = \frac{n-x}{x+1} \cdot \frac{\theta}{1-\theta} \cdot p(x) \qquad (x=0, 1, \ldots, n-1)$$

が得られる．また，(2.8) より
$$\frac{p(x+1)}{p(x)} \leq (\geq) 1 \quad \Leftrightarrow \quad \frac{x+1}{n+1} \geq (\leq) \theta \tag{2.9}$$

となり (問題 2.3)，この関係式より次の定理を得る．

定理 2.2 (確率分布のモード)

二項分布 $B(n, \theta)$ における確率の最大値を与える x (モード) は，$(n+1)\theta$ が整数でない場合にはそれを超えない最大の整数で与えられる．また，$(n+1)\theta$ が整数となる場合には，$x=(n+1)\theta-1$ と $x=(n+1)\theta$ で確率は同じ最大値を取る．

(証明)
関係式 (2.9) より

図2.2 $B(4, 0.4)$の確率のグラフ

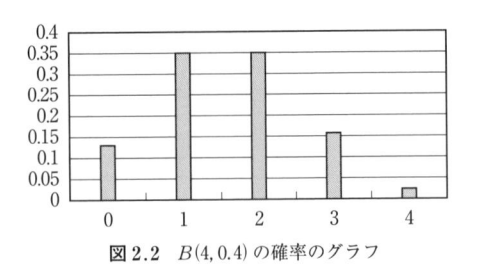

$$\frac{p(x+1)}{p(x)} \geq (\leq) 1 \quad \Leftrightarrow \quad x+1 \leq (\geq)(n+1)\theta$$

を得る．これより，$x+1$ が $(n+1)\theta$ 以下のときは $p(x+1)$ は $p(x)$ 以上であり，$x+1$ が $(n+1)\theta$ 以上になったときに $p(x+1)$ は $p(x)$ 以下となるので，$p(x)$ の最大値は $(n+1)\theta$ を超えない最大の整数で与えられる．$x=(n+1)\theta-1$ が整数のときは $p(x)$ は等しく共に確率の最大値を与える．（証明終）

例2.3（モード）

例2.2の二項分布 $B(4, 0.3)$ では $(n+1)\theta=(4+1)\times 0.3=1.5$ であるので，確率の最大値は1.5を超えない最大の整数，すなわち $x=1$ によって与えられる．二項分布 $B(4, 0.4)$ では $(n+1)\theta=(4+1)\times 0.4=2$ となるので，確率の最大値は $x=1$ および $x=2$ のときに与えられる（図2.2を参照）．

二項分布の期待値と分散を求める．

定理2.3（期待値，分散，モーメント母関数）

二項分布 $B(n, \theta)$ に従う確率変数 X の期待値と分散は

$$E[X] = n\theta, \quad V[X] = n\theta(1-\theta) \tag{2.10}$$

となり，モーメント母関数は

$$M_X(t) = E[\exp(tX)] = \{\theta e^t + (1-\theta)\}^n \tag{2.11}$$

で与えられる．

（証明）
X は n 個の互いに独立にベルヌーイ分布に従う確率変数 $R_1, \ldots, R_n$ の和 $X = R_1 + \cdots + R_n$ と表現できる．すべての i に対し $E[R_i] = \theta$, $V[R_i] = \theta(1-\theta)$ であるので X の期待値と分散は $E[X] = E[R_1 + \cdots + R_n] = n\theta$, $V[X] = V[R_1 + \cdots + R_n]$

$=n\theta(1-\theta)$ と求められる．モーメント母関数は (2.7) の確率母関数の t を e^t として得られる．（証明終）

(2.10) からわかるように，$(1-\theta)\leq 1$ であるので二項分布では常に $V[X]\leq E[X]$ となる．歪度 β_1 と尖度 β_2 はそれぞれ

$$\beta_1 = \frac{1}{\sqrt{n}} \cdot \frac{(1-2\theta)}{\sqrt{\theta(1-\theta)}}, \quad \beta_2 = \frac{1}{n} \cdot \left\{ \frac{1}{\theta(1-\theta)} - 6 \right\} \tag{2.12}$$

で与えられる．証明はモーメント母関数の微分などにより得られるが，計算は面倒であるのでここでは省略する．

確率変数 X, Y がそれぞれ独立に $B(m,\theta)$, $B(n,\theta)$ に従うとき，それらの和 $X+Y$ のモーメント母関数はそれぞれのモーメント母関数の積であるので，

$$M_{X+Y}(t) = M_X(t) \cdot M_Y(t) = \{\theta e^t + (1-\theta)\}^m \cdot \{\theta e^t + (1-\theta)\}^n = \{\theta e^t + (1-\theta)\}^{m+n}$$

となる．この $M_{X+Y}(t)$ は $B(m+n,\theta)$ のモーメント母関数であるので，和 $X+Y$ は二項分布 $B(m+n,\theta)$ に従うことがわかる．この性質を二項分布の再生性という．再生性は直接の確率計算によっても示される（問題2.6）．

問題2.3 関係式 (2.9) を示せ．

問題2.4 $B(n,\theta)$ の確率母関数 $H_X(t) = \{\theta t + (1-\theta)\}^n$ を t で2回微分して $t=1$ と置くことにより $E[X(X-1)] = n(n-1)\theta^2$ を示せ．

問題2.5 モーメント母関数 (2.11) を用いて $B(n,\theta)$ の期待値と分散を求めよ．

問題2.6 二項分布の再生性を確率計算により示せ．

2.1.3 ベータ分布，F 分布との関係

ここでは二項分布 $B(n,\theta)$ の確率関数をパラメータを明示して，$p(x;n,\theta) = \Pr(X=x|n,\theta)$ と書く．成功の確率 θ の n 回の試行で x 回成功することと，失敗の確率 $1-\theta$ の試行で $n-x$ 回失敗することとは同等であるので $p(x;n,\theta) = p(n-x;n,1-\theta)$ が成り立つ．$B(n,\theta)$ の下側累積確率および上側累積確率をそれぞれ

$$P(x;n,\theta) = \Pr(X \leq x) = \sum_{k=0}^{x} p(k;n,\theta)$$

$$Q(x;n,\theta) = \Pr(X \geq x) = \sum_{k=x}^{n} p(k;n,\theta)$$

と置く．$p(x;n,\theta)$ が両方の計算に含まれているため，$P(x;n,\theta) + Q(x;n,\theta) =$

$1+p(x;n,\theta)$ であることに注意する.

定理 2.4

上記の記号の下で $P(x;n,\theta)=Q(n-x;n,1-\theta)$ が成り立つ.

(証明)

$P(x;n,\theta)=\sum_{k=0}^{x}p(k;n,\theta)=\sum_{k=0}^{x}p(n-k;n,1-\theta)$ となるが,右辺は $K=n-k$ と置くと $\sum_{K=n-x}^{n}p(K;n,1-\theta)=Q(n-x;n,1-\theta)$ となることにより得られる.
(証明終)

二項分布の確率計算はベータ分布あるいは F 分布の確率計算に帰着できる.ベータ分布と F 分布については付録の A.2 節を参照されたい.

定理 2.5 (二項分布とベータ分布の関係)

二項分布 $B(n,\theta)$ で x 以上となる上側確率 $Q(x;n,\theta)$ はパラメータ $(x,n-x+1)$ のベータ分布 $Beta(x,n-x+1)$ の θ 以下の確率,あるいは $Beta(n-x+1,x)$ の $1-\theta$ 以上の確率に等しい.また,$B(n,\theta)$ で x 以下となる下側確率 $P(x;n,\theta)$ は $Beta(x+1,n-x)$ の θ 以上の確率,あるいは $Beta(n-x,x+1)$ の $1-\theta$ 以下の確率に等しくなる.すなわち,

$$Q(x;n,\theta)=\frac{1}{B(x,n-x+1)}\int_0^\theta t^{x-1}(1-t)^{(n-x+1)-1}dt$$
$$=\frac{1}{B(n-x+1,x)}\int_{1-\theta}^1 t^{(n-x+1)-1}(1-t)^{x-1}dt$$
$$P(x;n,\theta)=\frac{1}{B(x+1,n-x)}\int_\theta^1 t^{(x+1)-1}(1-t)^{(n-x)-1}dt$$
$$=\frac{1}{B(n-x,x+1)}\int_0^{1-\theta} t^{(n-x)-1}(1-t)^{(x+1)-1}dt$$

である.

(証明)

a および b が整数のときベータ関数は $B(a,b)=(a-1)!(b-1)!/(a+b-1)!$ となる.いま,$a=x$, $b=n-x+1$ とすると,$Beta(x,n-x+1)$ の確率密度関数は

$$f(t;x,n-x+1)=\frac{n!}{(x-1)!(n-x)!}t^{x-1}(1-t)^{n-x}$$

となる.この分布で θ 以下となる確率 $F(\theta;n,x)=\Pr(T\leq\theta)$ は,部分積分により

$$F(\theta;n,x)=\frac{n!}{(x-1)!(n-x)!}\int_0^\theta t^{x-1}(1-t)^{n-x}dt$$

2.1 二項分布の基本的性質

$$= \frac{n!}{(x-1)!(n-x)!} \left\{ \frac{\theta^x(1-\theta)^{n-x}}{x} + \frac{n-x}{x}\int_0^\theta t^x(1-t)^{n-x-1}dt \right\}$$

$$= {}_nC_x\theta^x(1-\theta)^{n-x} + F(\theta;n,x+1)$$

となり，$F(\theta;n,n)=\theta^n$ に注意すると，二項分布 $B(n,\theta)$ の x 以上の確率は

$$Q(x;n,\theta) = F(\theta;n,x) = \frac{1}{\mathrm{B}(x,n-x+1)}\int_0^\theta t^{x-1}(1-t)^{(n-x+1)-1}dt,$$

すなわち $Beta(x, n-x+1)$ の θ 以下の確率となる．ここで $s=1-t$ と置くと，$\mathrm{B}(a,b)=\mathrm{B}(b,a)$ であるので，

$$Q(x;n,\theta) = \frac{1}{\mathrm{B}(x,n-x+1)}\int_1^{1-\theta} -(1-s)^{x-1}s^{(n-x+1)-1}ds$$

$$= \frac{1}{\mathrm{B}(n-x+1,x)}\int_{1-\theta}^1 s^{(n-x+1)-1}(1-s)^{x-1}dt$$

すなわち $Beta(n-x+1, x)$ の $1-\theta$ 以上の確率と等しいことがわかる．また，$B(n,\theta)$ で x 以下となる確率は

$$P(x;n,\theta) = Q(n-x;n,1-\theta) = \frac{1}{\mathrm{B}(x+1,n-x)}\int_\theta^1 t^{(x+1)-1}(1-t)^{n-x-1}dt$$

$$= \frac{1}{\mathrm{B}(n-x,x+1)}\int_0^{1-\theta} t^{(n-x)-1}(1-t)^{(x+1)-1}dt$$

となる．(証明終)

定理 2.6（二項分布と F 分布の関係）

二項分布 $B(n,\theta)$ の下側確率 $P(x;n,\theta)$ は，

$$k_1 = 2(x+1), \quad k_2 = 2(n-x), \quad F_0 = \frac{k_2}{k_1} \cdot \frac{\theta}{1-\theta}$$

としたとき，自由度 (k_1, k_2) の F 分布における F_0 以上の確率 $\Pr(F_0 \leq F)$ に等しく，上側確率 $Q(x;n,\theta)$ は

$$l_1 = 2(n-x+1), \quad l_2 = 2x, \quad F_1 = \frac{l_2}{l_1} \cdot \frac{1-\theta}{\theta}$$

として，自由度 (l_1, l_2) の F 分布で F_1 以上となる確率 $\Pr(F_1 \leq F)$ に等しい．

(証明)

k_1, k_2 を整数として，$U \sim Beta(k_1/2, k_2/2)$ のとき，$F=(k_2/k_1)U/(1-U)$ は自由度 (k_1, k_2) の F 分布に従う (付録の定理 A.9 参照)．このとき，$U>\theta \Leftrightarrow U/(1-U) > \theta/(1-\theta)$ であるので，$Beta(k_1/2, k_2/2)$ の θ 以上の確率は，F を自由度 (k_1, k_2) の F 分布に従う確率変数としたとき $\Pr(U>\theta) = \Pr(F>(k_1/k_2)\theta/(1-\theta))$

となる．$k_1=2(x+1)$, $k_2=2(n-x)$ とすれば下側確率が得られ，$l_1=2(n-x+1)$, $l_2=2x$ とし，θ の代わりに $1-\theta$ とすれば上側確率が得られる．（証明終）

例 2.4（F 分布による累積確率の計算）

Excel には F 分布の上側確率を計算する FDIST 関数が用意されていて，自由度 (k_1, k_2) の F 分布の F_0 以上の確率は $\Pr(F_0 \leq F) = \mathrm{FDIST}(F_0, k_1, k_2)$ によって求められる．たとえば例 2.2 で扱った $B(4, 0.3)$ における下側確率 $P(2; 4, 0.3) = \Pr(X \leq 2)$ では $k_1 = 2(x+1) = 2\times(2+1) = 6$, $k_2 = 2(n-x) = 2\times(4-2) = 4$, $F_0 = (k_2/k_1)\theta/(1-\theta) = (4/6) 0.3/(1-0.3) \approx 0.2857$ であるので FDIST$(0.2857, 6, 4) = 0.9163$ となり，$\Pr(X \leq 2) = \mathrm{BINOMDIST}(2, 4, 0.3, 1) = 0.9163$ と一致する．また，上側確率 $Q(2; 4, 0.3) = \Pr(X \geq 2; 4, 0.3)$ では，$l_1 = 2(n-x+1) = 2\times(4-2+1) = 6$, $l_2 = 2x = 2\times 2 = 4$, $F_1 = (l_2/l_1)(1-\theta)/\theta = (4/6)(1-0.3)/0.3 \approx 1.5556$ となり，FDIST$(1.5556, 6, 4) = 0.3483$ が得られ，$1 - \mathrm{BINOMDIST}(1, 4, 0.3, 1) = 1 - 0.6517 = 0.3483$ と一致する．

2.1.4　二項確率の近似

まず確率統計の理論で重要な中心極限定理を述べる．証明は数理統計の書物を参照されたい．

定理 2.7（中心極限定理）

$X_1, \ldots, X_n$ を互いに独立に期待値 μ, 分散 σ^2 を持つある確率分布に従う確率変数としたとき，それらの和 $Y = X_1 + \cdots + X_n$ は，n が大きいとき近似的に正規分布 $N(n\mu, n\sigma^2)$ に従う．

二項分布はベルヌーイ分布に従う互いに独立な確率変数の和で表わされるので，中心極限定理により正規分布で近似される．重要な結果であるので定理の形にまとめておく．これはラプラスの定理とも呼ばれる．

定理 2.8（ラプラスの定理）

二項分布 $B(n, \theta)$ は，n が大きいとき正規分布 $N(n\theta, n\theta(1-\theta))$ によって近似される．すなわち，X を $B(n, \theta)$ に従う確率変数とし，Y を $N(n\theta, n\theta(1-\theta))$ に従う確率変数とするとき，

$$\Pr(X \leq x) \approx \Pr(Y \leq x) = \Pr\left(Z \leq \frac{x - n\theta}{\sqrt{n\theta(1-\theta)}}\right)$$

となる．ここで，Z は標準正規分布 $N(0,1)$ に従う確率変数である．

二項確率の近似では連続修正を施し，
$$\Pr(X \leq x) \approx \Pr(Y \leq x+0.5) = \Pr\left(Z \leq \frac{x+0.5-n\theta}{\sqrt{n\theta(1-\theta)}}\right)$$

あるいは
$$\Pr(X \geq x) \approx \Pr(Y \geq x-0.5) = \Pr\left(Z \geq \frac{x-0.5-n\theta}{\sqrt{n\theta(1-\theta)}}\right)$$

としたほうが近似の精度がよい．正規近似が働くためには $n\theta(1-\theta) \geq 5$ が目安とされているが，θ があまり 0 あるいは 1 に近くない場合には，そう大きくない n に対しても，上記の連続修正を施せば，確率の近似は実用上十分な精度を持つ．

例 2.5（二項確率の正規近似）

例 2.3 でも扱った $B(4,0.4)$ の下側確率を正規近似する．$Y \sim N(\mu, \sigma^2)$ のとき $\Pr(Y \leq a)$ は，Excel では NORMDIST$(a, \mu, \sigma, 1)$ として求められる．$B(4, 0.4)$ の期待値と標準偏差はそれぞれ $n\theta = 4 \times 0.4 = 1.6$，$\sqrt{n\theta(1-\theta)} = \sqrt{4 \times 0.4 \times 0.6} \approx 0.9798$ であるので，$x=2$ における $\Pr(X \leq 2)$ の真値，連続修正なしの正規近似，連続修正ありの正規近似はそれぞれ

    BINOMDIST $(2, 4, 0.4, 1) = 0.8208$
    NORMDIST $(2, 1.6, 0.9798, 1) = 0.6585$
    NORMDIST $(2.5, 1.6, 0.9798, 1) = 0.8208$

となる．すべての x に対する近似は表 2.1 のように与えられる．$n=4$ 程度でも連続修正を施した正規近似はきわめて精確である．

二項分布は分散も θ に依存する．一般に，確率変数 X に対しそれを変換した確率変数 $Y = h(X)$ の分散がパラメータに依存しないとき，変換 h を分散安定化変換という．二項分布の分散安定化変換は次に述べる逆正弦変換となる．

表 2.1　$B(4,0.4)$ の確率の近似

x	$\Pr(X \leq x)$	修正なし	修正あり
0	0.1296	0.0512	0.1308
1	0.4752	0.2701	0.4594
2	0.8208	0.6585	0.8208
3	0.9744	0.9235	0.9738
4	1.0000	0.9928	0.9985

定理 2.9（逆正弦変換）

二項分布 $B(n,\theta)$ に従う確率変数を X とするとき，近似的に

$$\sin^{-1}\sqrt{X/n} \sim N\left(\sin^{-1}\sqrt{\theta}, \frac{1}{4n}\right)$$

となる．

（証明）

一般に，ある種の正則条件の下で「確率変数 X_n が近似的に $N(\theta, \sigma^2(\theta)/n)$ に従うとき，微分可能なある関数 g で変換した $g(X_n)$ は，近似的に $N(g(\theta), \{g'(\theta)\}^2 \sigma^2(\theta)/n)$ に従う」が成り立つ．$X \sim B(n,\theta)$ とすると，n が大きいとき近似的に $X/n \sim N(\theta, \theta(1-\theta)/n)$ である．いま，$g(x)=\sin^{-1}\sqrt{x}$ とすると，その導関数は $g'(x)=1/\{2\sqrt{x(1-x)}\}$ であるので，$g(x)=\sin^{-1}\sqrt{X/n}$ は近似的に $N(\sin^{-1}\sqrt{\theta}, 1/(4n))$ に従うことが示される．（証明終）

2.1.5 超幾何分布

全部で N 個の個体からなる有限母集団において，ある特性 A を持つものの個数を M とし，その比率を $\theta=M/N$ とする．この母集団から復元抽出によりランダムに n 個の個体を抽出するとき，各抽出で θ は不変かつ抽出は独立であるので，特性 A を持つものの個数 X は二項分布 $B(n,\theta)$ に従う．一方，非復元抽出では抽出ごとに特性 A を持つ個体を選ぶ確率が異なるので，特性 A を持つものの個数 Y の分布は二項分布にはならず，このときの確率分布を超幾何分布（hypergeometric distribution）という．超幾何分布はパラメータを明示して $H(n,M,N)$ と書く．確率関数は

$$\Pr(Y=y) = \frac{{}_M C_y \times {}_{N-M} C_{n-y}}{{}_N C_n} \tag{2.13}$$

によって与えられる．ここで y の動く範囲は $\max(0, n-N+M)$ から $\min(n, M)$ までである（問題 2.7）．Excel による確率計算は

$$\Pr(Y=y) = \text{HYPGEOMDIST}(y, n, M, N)$$

により実行できる．たとえば，$N=10, M=3, n=4, y=2$ では

$$\Pr(Y=2) = \text{HYPGEOMDIST}(2, 4, 3, 10) = 0.3$$

となる．

超幾何分布の期待値と分散は

となる(問題2.8).特性 A を持つ個体の比率 $\theta = M/N$ を用いると,期待値と分散はそれぞれ

$$E[Y] = n\theta, \quad V[Y] = \frac{N-n}{N-1} \cdot n\theta(1-\theta) \tag{2.15}$$

と表わされる.すなわち超幾何分布の期待値は二項分布 $B(n,\theta)$ の期待値と同じになるが,分散は二項分布の分散よりも小さくなる.しかし,有限母集団の大きさ N および M が十分大きい場合には,非復元抽出であっても二項分布で近似される.たとえば,$N=1000$, $M=300$, $n=4$, $y=2$ では $(M/N=0.3)$

$$\mathrm{HYPGEOMDIST}(2, 4, 300, 1000) = 0.2649$$

と例 2.2 における $B(4, 0.3)$ の $\Pr(X=2) = 0.2646$ に近くなる.

問題 2.7 超幾何分布 $H(n, M, N)$ の確率関数は (2.13) で与えられることを示せ.

問題 2.8 超幾何分布 $H(n, M, N)$ の期待値は nM/N となることを示せ.

2.1.6 多項分布

二項分布は試行結果が2種類のみであったが,ここでは試行結果が m 種類のカテゴリー $A_1, \ldots, A_m$ のいずれかであるとする.各カテゴリーの生じる確率を $\theta_1, \ldots, \theta_m$ とし $(\theta_1 + \cdots + \theta_m = 1)$.$n$ 回の独立な試行で各カテゴリーの生じた回数を表わす確率変数を $X_1, \ldots, X_m$ としたとき,これらの同時分布をパラメータ $(n; \theta_1, \ldots, \theta_m)$ の多項分布(multinomial distribution)といい,$MN(n; \theta_1, \ldots, \theta_m)$ と書く.

定理 2.10(多項分布の確率関数)

多項分布 $MN(n; \theta_1, \ldots, \theta_m)$ に従う確率変数の組 $(X_1, \ldots, X_m)$ の同時確率関数は

$$\Pr(X_1 = x_1, \ldots, X_m = x_m) = \frac{n!}{x_1! \cdots x_m!} \theta_1^{x_1} \cdots \theta_m^{x_m} \tag{2.16}$$

で与えられる.

(証明)

n 回の試行結果の特定の系列で $X_1 = x_1, \ldots, X_m = x_m$ となる確率は,試行が独立であるので,積 $\theta_1^{x_1} \cdots \theta_m^{x_m}$ となる.こうなる場合の数は,n 個のものを $x_1, \ldots, x_m$

個ずつに分ける組み合わせの数で $n!/(x_1!\cdots x_m!)$ となる(これを多項係数といい,$m=2$ のときの二項係数 $n!/(x_1!x_2!)$ の拡張).これより (2.16) を得る.(証明終)

上記の証明は二項分布の確率関数の証明の拡張で,$m=2$ とすれば多項分布は二項分布となる.多項分布 $MN(n;\theta_1,\ldots,\theta_m)$ では,確率変数は $X_1,\ldots,X_m$ と m 個あるように見えるが,$X_1+\cdots+X_{m-1}+X_m=n$ の条件から,$X_1,\ldots,X_{m-1}$ の値が $x_1,\ldots,x_{m-1}$ と与えられれば X_m の値は $X_m=n-(x_1+\cdots+x_{m-1})$ と一意的に定まるので,実質の確率変数の個数は $m-1$ である(二項分布の場合確率変数は1つであった).

定理 2.11(多項分布の周辺分布)

$MN(n;\theta_1,\ldots,\theta_m)$ の m 個のカテゴリーのうち,$k-1$ 個の $A_1,\ldots,A_{k-1}$ は元のままとし,残りの $m-k+1$ 個のカテゴリーをまとめたカテゴリーを A_k' とする.A_k' の生じる確率を $\theta_k'=\theta_k+\cdots+\theta_m$ とし,確率変数 X_k' を $X_k'=X_k+\cdots+X_m$ と定義すると,確率変数の組 $(X_1,\ldots,X_{k-1},X_k')$ は $MN(n;\theta_1,\ldots,\theta_{k-1},\theta_k')$ に従う.特に $k=2$ とすることにより,任意の X_j は二項分布 $B(n,\theta_j)$ に従う.換言すれば,$MN(n;\theta_1,\ldots,\theta_m)$ における任意の X_j の周辺分布は二項分布 $B(n,\theta_j)$ である.

(証明)

$X_1=x_1,\ldots,X_k'=x_k'$ となる確率は,$x_k'=x_k+\cdots+x_m=n-(x_1+\cdots+x_{k-1})$ となる確率をすべて加えればよいので,

$$\Pr(X_1=x_1,\ldots,X_k'=x_k')=\sum_{x_k+\cdots+x_m=x_k'}\frac{n!}{x_1!\cdots x_m!}\theta_1^{x_1}\cdots\theta_m^{x_m}$$

$$=\frac{n!}{x_1!\cdots x_k'!}\theta_1^{x_1}\cdots\theta_k'^{x_k'}\sum_{x_k+\cdots+x_m=x_k'}\frac{x_k'!}{x_{k+1}!\cdots x_m!}\theta_{k+1}^{x_{k+1}}\cdots\theta_m^{x_m}$$

$$=\frac{n!}{x_1!\cdots x_k'!}\theta_1^{x_1}\cdots\theta_k'^{x_k'}\times 1$$

となる.最後の和は $MN(x_k';\theta_k,\ldots,\theta_m)$ の全確率より 1 となる.$k=2$ とすることにより,任意の X_j は二項分布に従うことがわかる.(証明終)

定理 2.12(和の分布)

$MN(n;\theta_1,\ldots,\theta_m)$ に従う確率変数 $X_1,\ldots,X_m$ の任意の k 個の和,たとえば $Y=X_1+\cdots+X_k$ は,対応する確率の和を $\theta^*=\theta_1+\cdots+\theta_k$ とするとき,二項分布

$B(n, \theta^*)$ に従う.

(証明)

Y は k 個のカテゴリーを併合したとしたときの併合されたカテゴリーとなった度数である. 併合したカテゴリーとなる確率は θ^* であるので, Y は二項分布 $B(n, \theta^*)$ に従うことになる. 詳しく証明するためには定理 2.11 の証明のように対応する確率をすべて加えればよい. (証明終)

定理 2.13（期待値，分散，共分散，相関係数）

$X_1, \ldots, X_m$ を多項分布 $MN(n; \theta_1, \ldots, \theta_m)$ に従う確率変数とするとき,

$$E[X_j] = n\theta_j, \quad V[X_j] = n\theta_j(1-\theta_j) \quad (j=1, \ldots, m) \qquad (2.17)$$

$$Cov[X_j, X_k] = -n\theta_j\theta_k \quad (j, k=1, \ldots, m; j \neq k) \qquad (2.18)$$

$$R[X_j, X_k] = -\sqrt{\frac{\theta_j}{1-\theta_j} \times \frac{\theta_k}{1-\theta_k}} \qquad (2.19)$$

となる.

(証明)

第 j 番目の確率変数 X_j の周辺分布は定理 2.11 より二項分布 $B(n, \theta_j)$ であるので (2.17) が示される. 共分散については, $j \neq k$ に対し,

$$E[X_j X_k] = \sum x_j x_k \frac{n!}{x_1! \cdots x_m!} \theta_1^{x_1} \cdots \theta_m^{x_m}$$

$$= n(n-1)\theta_j \theta_k \sum \frac{(n-2)!}{x_1! \cdots (x_j-1)! \cdots (x_k-1)! \cdots x_m!} \theta_1^{x_1} \cdots \theta_j^{x_j-1} \cdots \theta_k^{x_k-1} \cdots \theta_m^{x_m}$$

であるが, 最後の和は試行回数 $n-2$ の多項分布の全確率であるので 1 になり, 結局 $E[X_j X_k] = n(n-1)\theta_j \theta_k$ を得る. よって

$$Cov[X_j, X_k] = E[X_j X_k] - E[X_j]E[X_k] = n(n-1)\theta_j \theta_k - n\theta_j \times n\theta_k = -n\theta_j \theta_k$$

と (2.18) が示される. 相関係数 (2.19) は (2.17) および (2.18) より導かれる. (証明終)

共分散および相関係数は負の値を取る. これは, 第 j カテゴリー A_j の度数が多ければ, 必然的に別の第 k カテゴリー A_k の度数は少なめになるためである. なお, 相関係数は各カテゴリーにおけるオッズの積の平方根（幾何平均もしくは相乗平均）となることは興味深い.

問題 2.9 m 個のカテゴリーの各確率がすべて等しく $1/m$ であるときの $MN(n;1/m,\ldots,1/m)$ における相関係数 R の値はいくらか.また,$|R|\leq 0.2$ となるための m の条件は何か.

2.2 二項確率の検定

二項分布 $B(n,\theta)$ における二項確率 θ がある値 θ_0 に等しいかどうかは統計的仮説検定によって評価される.2.2.1 項で二項分布の確率計算に基づく検定法を述べ,2.2.2 項で正規近似による検定法を議論する.そして,各検定法の実際の有意水準の比較を 2.2.3 項で行なう.以下では,$B(n,\theta)$ に従う確率変数を X とし,その実現値 x^* とする.

2.2.1 正確な検定

帰無仮説を $H_0:\theta=\theta_0$(ある与えられた値)とする.片側検定の対立仮説は $H_1:\theta>\theta_0$ もしくは $H_1:\theta<\theta_0$ で,両側検定では $H_1:\theta\neq\theta_0$ となる.$H_1:\theta>\theta_0$ の場合,片側 P-値は観測値 x^* の上側累積確率

$$P\text{-value}=\Pr(X\geq x^*|H_0)=\sum_{x\geq x^*}{}_nC_x\theta_0^x(1-\theta_0)^{n-x}$$

で定義される($H_1:\theta<\theta_0$ では x^* の下側累積確率).P-値は Excel により容易に求められる.mid-P 値は

$$\text{mid-}P=\Pr(X>x^*|H_0)+0.5\Pr(X=x^*|H_0)$$

で与えられる.両側対立仮説 $H_1:\theta\neq\theta_0$ に対する両側 P-値の定義には何種類かが提案されているが,通常は (a) 片側 P-値を 2 倍する,(b) $\Pr(X=x^*|H_0)$ 以下の確率をすべて加える,のいずれかで計算される.

例 2.6(片側検定)

二項分布 $B(20,\theta)$ における帰無仮説および対立仮説を $H_0:\theta=0.2$ vs. $H_1:\theta>0.2$ とし,有意水準 5% で検定する.H_0 の下での確率 $p(x)=\Pr(X=x|\theta=0.2)$ は,表 2.2 のようである($x=0\sim10$).

表 2.2 $p(x)=\Pr(X=x|\theta=0.2),\quad x=0,\ldots,10$

x	0	1	2	3	4	5	6	7	8	9	10
$p(x)$	0.0115	0.0576	0.1369	0.2054	0.2182	0.1746	0.1091	0.0545	0.0222	0.0074	0.0020

いま $x^*=6$ を観測したとすると，P-値および mid-P 値の計算法は

$$P\text{-value}=\Pr(X\geq 6|\theta=0.2)=\sum_{x=6}^{20}{}_{20}C_x(0.2)^x(0.8)^{20-x}$$

$$\text{mid-}P=\sum_{x=7}^{20}{}_{20}C_x(0.2)^x(0.8)^{20-x}+0.5\times{}_{20}C_6(0.2)^6(0.8)^{14}$$

であり，Excel を用いて具体的に計算すると P-value$=1-\Pr(X\leq 5|\theta=0.2)=$ $1-$BINOMDIST$(5,20,0.2,1)=0.1958$, mid-$P=P$-value$-0.5\times\Pr(X=6|\theta=0.2)$ $=0.1958-0.5*$BINOMDIST$(6,20,0.2,0)=0.1412$ となる．P-値も mid-P 値も有意水準 $\alpha=0.05$ よりも大きいので，帰無仮説は棄却されない．$\Pr(X\geq 7|\theta=0.2)$ $=0.0867$, $\Pr(X\geq 8|\theta=0.2)=0.0321$ であるので，$x^*=8$ 以上の値が観測された場合に H_0 は棄却される．

例 2.7（両側検定）

例 2.6 と同じ設定で両側検定 $H_0:\theta=0.2$ vs. $H_1:\theta\neq 0.2$ の P-値を求める．片側 P-値を 2 倍する流儀では $P=0.1958\times 2=0.3916$ となる．一方，$\Pr(X=x^*|\theta=0.2)$ 以下の確率をすべて加える方法では，$\Pr(X=6|\theta=0.2)=0.1091$ であるので，表 2.2 より $X=6$ の下側でこの値以下の確率は $\Pr(X\leq 1|\theta=0.2)=0.0692$ であることから，これを片側 P-値に加えて $0.1958+0.0692=0.2650$ を得る．

次に，正確な検定における実際の有意確率を評価する．$H_0:\theta=\theta_0$ の名目有意水準 $100\alpha\%$ の検定において，P-値が α 以下のとき H_0 を棄却する場合，実際の有意確率はその P-値そのものとなる．上側検定の場合を示すと，θ_0 を帰無仮説での値とし，x^* を $\Pr(x^*\leq X|\theta=\theta_0)\leq\alpha$ となる最小の整数としたとき，

$$\text{実際の有意確率}=\Pr(x^*\leq X|\theta=\theta_0)=\sum_{x=x^*}^{n}\Pr(X=x|\theta=\theta_0)=\sum_{x=x^*}^{n}{}_nC_x\theta_0^x(1-\theta_0)^{n-x}$$

で与えられる．

例 2.8（実際の有意確率）

$n=10$ のとき，$\theta=0.39$ および $\theta=0.40$ の場合の確率 $\Pr(X=x)$ は右のようである．観測値 x に対し，片側検定 $H_0:\theta=\theta_0$ vs. $H_1:\theta<\theta_0$ では，P-値は $\Pr(X\leq x|\theta=\theta_0)$ により計算され，

x	$\theta=0.39$	$\theta=0.40$	x	$\theta=0.39$	$\theta=0.40$
0	0.0071	0.0060	6	0.1023	0.1115
1	0.0456	0.0403	7	0.0374	0.0425
2	0.1312	0.1209	8	0.0090	0.0106
3	0.2237	0.2150	9	0.0013	0.0016
4	0.2503	0.2508	10	0.0001	0.0001
5	0.1920	0.2007			

$\theta=0.40$ の場合には，$\Pr(X\leq 1|\theta=0.40)=0.0463$ であり，$\Pr(X\leq 2|\theta=0.40)=0.1672$ であるので，有意水準を $\alpha=0.05$ とすると，$x=1$ のとき H_0 は棄却され，実際の有意確率は 0.0463 となる．しかし，$\theta=0.39$ の場合には，$\Pr(X=0|\theta=0.39)=0.0071$ および $\Pr(X\leq 1|\theta=0.39)=0.0527$ となるので，$x=0$ のときにのみ H_0 は棄却され，そのときの実際の有意確率は 0.0071 となる．このように，帰無仮説の値により実際の有意確率は大きく異なる．mid-P 値で検定すると，$\theta=0.40$ の場合には，P-値での検定と同じ結果になるが，$\theta=0.39$ では，$\Pr(X=0|\theta=0.39)+0.5\times\Pr(X=1|\theta=0.39)=0.0071+0.0228=0.0299$ であるので，棄却域は $x\leq 1$ となる．ただしこのとき，上で示したように $\Pr(X\leq 1|\theta=0.39)=0.0527$ より第1種の過誤確率は有意水準 $\alpha=0.05$ を超える．第1種の過誤確率を遵守し過度に小さい有意確率を甘受するか，あるいは第1種の過誤確率を超えることを認めるかは議論が分かれるところである．

問題 2.10 $n=20$ のとき，$H_0:\theta=0.5$ vs. $H_1:\theta<0.5$ の検定で P-値が 0.05 以下となる最大の x はいくらか．また，mid-P 値で検定する場合はどうか．

2.2.2 近似検定

$n\theta(1-\theta)$ があまり小さくないとき，帰無仮説 $H_0:\theta=\theta_0$ の下で X の分布は期待値 $n\theta_0$，分散 $n\theta_0(1-\theta_0)$ の正規分布 $N(n\theta_0,n\theta_0(1-\theta_0))$ で近似されるので，片側仮説 $H_1:\theta>\theta_0$ に対する P-値は，Y を $N(n\theta_0,n\theta_0(1-\theta_0))$ に従う確率変数として，
$$P\text{-value}=\Pr(X\geq x^*|H_0)\approx\Pr(Y\geq x^*)$$
と近似される．あるいは連続修正を施して，
$$P\text{-value}=\Pr(X\geq x^*|H_0)\approx\Pr(Y\geq x^*-0.5)$$
とする．片側対立仮説が $H_1:\theta<\theta_0$ で下側に P-値を取る場合には，
$$P\text{-value}=\Pr(X\leq x^*|H_0)\approx\Pr(Y\leq x^*)$$
もしくは連続修正を施して
$$P\text{-value}=\Pr(X\leq x^*|H_0)\approx\Pr(Y\leq x^*+0.5)$$
である．いずれも連続修正により P-値は大きくなる．

例 2.9（例 2.6 の続き）
$B(20,\theta)$ における仮説 $H_0:\theta=0.2$ vs. $H_1:\theta>0.2$ の有意水準 5% の検定で，

$x^*=6$ を観測したとして正規近似で P-値を求める．$n\theta_0=20\times 0.2=4$，$n\theta_0(1-\theta_0)$ $=20\times 0.2\times 0.8=3.2$ であるので，Y を $N(4, 3.2)$ に従う確率変数として，連続修正を施さない場合は，$P\text{-value}=\Pr(Y\geq 6)=1-\text{NORMDIST}(6, 4, \text{SQRT}(3.2), 1)=$ 0.1318，連続修正を施すと $P\text{-value}=\Pr(Y\geq 5.5)=1-\text{NORMDIST}(5.5, 4, \text{SQRT}$ $(3.2), 1)=0.2009$ となる．真値は $P\text{-value}=1-\text{BINOMDIST}(5, 20, 0.2, 1)=0.1958$ であるので，連続修正を施した P-値の近似はきわめてよいことがわかる．連続修正を施さない P-値は mid-P 値 mid-$P=0.1958-0.5\times\text{BINOMDIST}$ $(6, 20, 0.2, 0)=0.1412$ に近い．連続修正を施さない P-値の近似は実際の P-値の過小評価になる．

問題 2.11（問題 2.10 の続き） $n=20$ のとき，$H_0:\theta=0.5$ vs. $H_1:\theta<0.5$ の検定で P-値が 0.05 以下となる最大の x を正規近似（連続修正のある場合とない場合）で求めよ．

2.2.3 実際の有意確率

二項確率の検定のように検定統計量が離散的な場合には，名目の有意水準 α と実際の有意確率との間に乖離を生じる．ここでは，2.2.1 項の正確な検定と 2.2.2 項の近似検定の実際の有意確率を求める．以下では，例として $n=10$ とし，名目の有意水準は 5%（$\alpha=0.05$）とする．

正確な検定での実際の有意確率の計算法は 2.2.1 項の最後に述べたとおりで，例 2.8 では $\theta=0.39$ および $\theta=0.40$ の場合の実際の計算例を示した．すべての θ に対し，上側および下側の片側検定ならびに両側検定の実際の有意確率をグラフ化したものを図 2.3 に示す．片側検定では実際の有意確率がちょうど 5% になる点が存在するが，両側検定ではすべての θ に対し 5% には届いていない．

次に 2.2.2 項の近似検定の実際の有意確率を調べる．上側検定の場合，名目有意水準 α での連続修正なしの近似検定の実際の有意確率は，θ を二項確率，$z(\alpha)$ を標準正規分布の上側 100α% 点とし，x^* を近似 P-値が 100α% 以下となる最大の整数，すなわち $x^*=[n\theta+z(\alpha)\sqrt{n\theta(1-\theta)}]+1$ とおくと（$[a]$ は a を超えない最大の整数），X を $B(n, \theta)$ に従う確率変数として，

$$\text{実際の有意確率}=\Pr(x^*\leq X|\theta)=\sum_{x=x^*}^{n}\Pr(X=x|\theta)=\sum_{x=x^*}^{n}{}_nC_x\theta^x(1-\theta)^{n-x}$$

(a) 上側検定

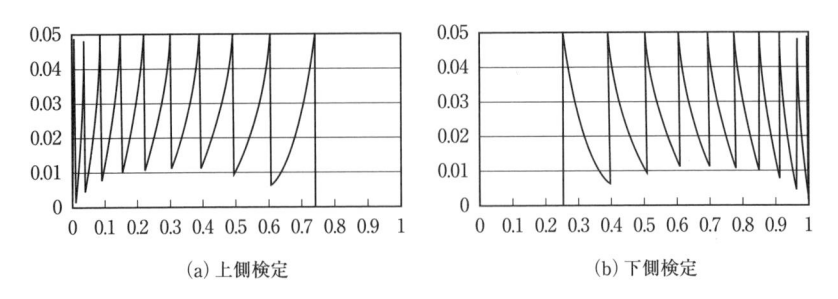

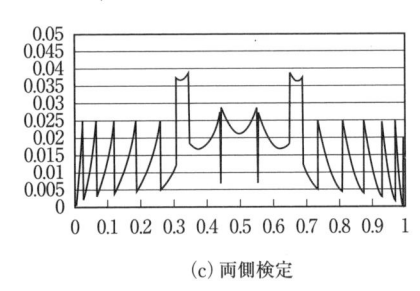

(b) 下側検定

(c) 両側検定

図 2.3　実際の有意確率 ($n=10$)

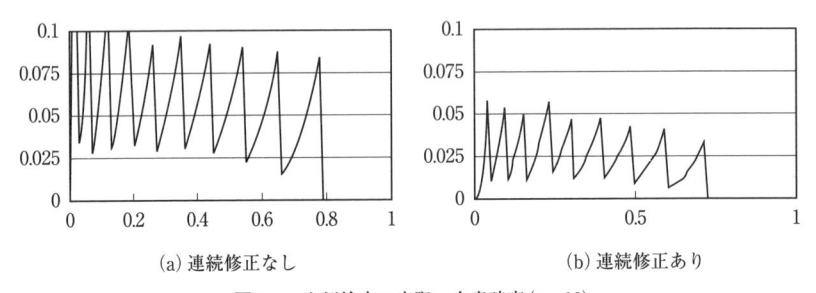

(a) 連続修正なし

(b) 連続修正あり

図 2.4　上側検定の実際の有意確率 ($n=10$)

で与えられる．連続修正を施す場合には，$x^{**}=[n\theta+z(\alpha)\sqrt{n\theta(1-\theta)}+0.5]+1$
とし，

$$実際の有意確率 = \Pr(x^{**} \leq X)$$

となる．両側検定では片側の有意水準を $100\alpha/2\%$ とする．連続修正を施さない場合と施した場合の上側検定における実際の有意確率は図 2.4 のようであり，両

(a) 連続修正なし   (b) 連続修正あり

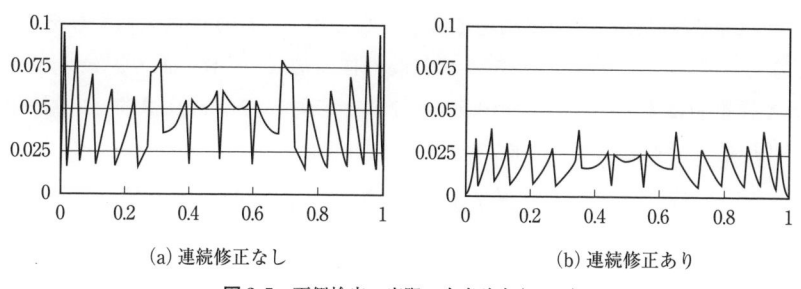

図 2.5 　両側検定の実際の有意確率 ($n=10$)

側検定の実際の有意確率は図 2.5 のようである．連続修正を施さない検定では，かなりの部分の θ では実際の有意確率が名目値の 0.05 を超えていて，名目の有意水準が保たれていない．連続修正を施すと正確検定の名目有意水準に近くなる．

2.3　二項確率の推定

二項確率 θ の推定を議論する．推定には点推定と区間推定とがあり，2.3.1 項および 2.3.2 項では点推定を議論する．2.3.3 項では二項確率の計算に基づく正確法による信頼区間，2.3.4 項では正規近似に基づく信頼区間をそれぞれ与え，2.3.5 項では区間幅が最も短い最短信頼区間を求める．そしてそれらの信頼区間の比較を 2.3.6 項で行なう．2.3.7 項ではベイズ流の区間推定を議論し，2.3.8 項ではオッズと対数オッズの推定を扱う．

2.3.1　点推定量（成功率）の統計的性質

成功の確率 θ の n 回のベルヌーイ試行で x 回の成功を観測したとき，確率 θ の自然な点推定値は観測された成功率 $\hat{\theta}=x/n$ であろう．これは θ の最尤推定値でもあることが次のように示される．二項分布 $B(n,\theta)$ の尤度関数は $L(\theta)=p(x;\theta)={}_nC_x\theta^x(1-\theta)^{n-x}$ であり，対数尤度関数は

$$l(\theta)=\log L(\theta)=\log{}_nC_x+x\log\theta+(n-x)\log(1-\theta)$$

となる．$x=0$ のとき $l(\theta)=n\log(1-\theta)$ となり，これは $0\leq\theta<1$ で θ の単調減少関数であるので，$l(\theta)$ の最大値は $\theta=0$ で与えられる．一方，$x=n$ のときの

$l(\theta) = n\log\theta$ は $0 < \theta \le 1$ で単調増加関数となるので，$l(\theta)$ の最大値を与える θ は 1 となる．よって，$x=0$ のときの θ の最尤推定値は $\hat\theta=0$ であり，$x=n$ のときの最尤推定値は $\hat\theta=1$ となる．$0<x<n$ なる x に対しては $l(\theta)$ はひと山型の関数で，$l(\theta)$ を θ で微分して 0 と置いた尤度方程式は

$$\frac{d}{d\theta}l(\theta) = \frac{x}{\theta} - \frac{n-x}{1-\theta} = 0$$

となるので，これを変形した $x(1-\theta)-(n-x)\theta=0$ より最尤推定値は $\hat\theta=x/n$ となる．これらをまとめて結局 θ の最尤推定値は $\hat\theta=x/n$ で与えられる．

二項分布 $B(n,\theta)$ に従う確率変数を X としたとき，$E[X]=n\theta$，$V[X]=n\theta(1-\theta)$ であるので，推定量 $\hat\theta=X/n$ については，$E[\hat\theta]=\theta$ および $V[\hat\theta]=\theta(1-\theta)/n$ が成り立つ．すなわち $\hat\theta=X/n$ は θ の不偏推定量であり，その標準誤差は $SE[\hat\theta]=\sqrt{\theta(1-\theta)/n}$ となる．標準誤差は未知パラメータの θ を含むため，通常は

$$SE[\hat\theta] = \sqrt{\frac{\hat\theta(1-\hat\theta)}{n}} = \sqrt{\frac{x}{n}\left(1-\frac{x}{n}\right)/n} \qquad (2.20)$$

を標準誤差として用いる．推定結果は通常 $\hat\theta \pm SE[\hat\theta]$ の形でレポートされる．

例 2.10（薬剤の有効率）

ある薬剤を $n=16$ 人の患者に投与したところ $x=12$ 人で有効であった．この薬剤の有効率 θ の点推定値は $\hat\theta=12/16=3/4=0.75$ と求められ，標準誤差は $SE[\hat\theta]=\sqrt{(3/4)(1/4)/16}=\sqrt{3}/16\approx 0.108$ である．

分散 $V[X]=n\theta(1-\theta)$ そのものの推定について述べておく．簡単のため n を省き $\theta(1-\theta)$ の推定を考える．θ の自然な推定量は $\hat\theta=X/n$ であるので，$\theta(1-\theta)$ の推定量は通常 $\hat\theta(1-\hat\theta)$ とされる．ところが，

$$E\left[\frac{X}{n}\left(1-\frac{X}{n}\right)\right] = \frac{n-1}{n}\theta(1-\theta) \qquad (2.21)$$

となる（問題 2.13）．すなわち $\hat\theta(1-\hat\theta)$ は $\theta(1-\theta)$ の不偏推定量でなく，不偏推定量は $\{n/(n-1)\}\hat\theta(1-\hat\theta)$ で与えられる．よって $V[\hat\theta]=\theta(1-\theta)/n$ の不偏推定量は $\hat\theta(1-\hat\theta)/(n-1)$ となる．正規分布の分散の不偏推定量の除数が $n-1$ であることを思い起こさせる．

問題 2.12 $n=16$，$x=4$ のときの θ の点推定値 $\hat\theta$ およびその標準誤差 $SE[\hat\theta]$ を

求めよ.

問題 2.13 (2.21) を示せ.

2.3.2 その他の点推定量

二項確率 θ の自然な推定値は成功率 x/n である. しかし成功率は $x=0$ のとき 0 となり, 絶対成功しない場合ならばともかく, 成功の確率がきわめて小さい事象ではたまたま成功が観測されなかっただけで, θ を 0 と推定するのは望ましくないかもしれない. 逆に $x=n$ のとき推定値は 1 となるが, その場合でも常に成功が観測されるとは限らないであろう.

ここでは, θ の推定値としてまず

$$\tilde{\theta} = \frac{x+a}{n+b} \qquad (2.22)$$

の形を考える. ここで a および b は 0 以上の定数である. 成功の回数は x であるので, 失敗の回数は $n-x$ である. 失敗の確率を $\theta' = 1-\theta$ とすると, (2.22) の形での θ' の推定値は $\tilde{\theta}' = \{(n-x)+a\}/(n+b)$ となる. 当然 $\tilde{\theta} + \tilde{\theta}' = 1$ でなくてはならず,

$$\tilde{\theta} + \tilde{\theta}' = \frac{x+a}{n+b} + \frac{n-x+a}{n+b} = \frac{n+2a}{n+b} = 1$$

より $b=2a$ が成り立つ必要がある. したがって以下では (2.22) ではなく, $b=2a$ とした推定値

$$\tilde{\theta}_a = \frac{x+a}{n+2a} \qquad (2.23)$$

を考察する. (2.23) の a は一般には整数である必要がないが, 整数の場合には, 成功および失敗の回数をそれぞれ a 個ずつ仮想的に加え, 試行回数が $n+2a$ であったとすることに相当する.

$B(n,\theta)$ に従う確率変数を X とし, (2.23) に対応した推定量 $\tilde{\theta}_a = (X+a)/(n+2a)$ の期待値, 分散, 平均 2 乗誤差を求める. 期待値は, $E[X] = n\theta$ より

$$E[\tilde{\theta}_a] = E\left[\frac{X+a}{n+2a}\right] = \frac{E[X]+a}{n+2a} = \frac{n\theta+a}{n+2a}$$

となる. したがって $\tilde{\theta}_a$ は, $\theta=0.5$ 以外では θ の不偏推定量ではなく, その偏り (bias) は

$$\text{bias} = E[\tilde{\theta}_a] - \theta = \frac{n\theta+a}{n+2a} - \theta = \frac{a(1-2\theta)}{n+2a} = -\frac{2a(\theta-0.5)}{(n+2a)}$$

図 2.6 $MSE[\widetilde{\theta}_a]$ と $V[\widehat{\theta}]$ の比較 ($n=10$, $a=1$)

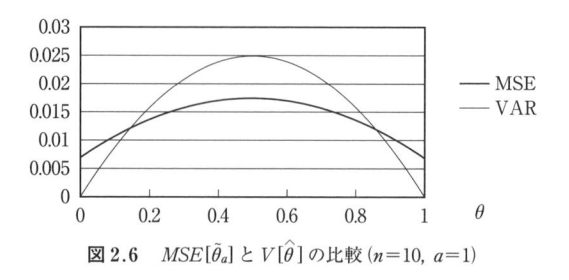

となる（$\widetilde{\theta}_a$ のほうが $\widehat{\theta}=x/n$ より期待値が 0.5 に近い）．a を大きくすると推定値 $\widetilde{\theta}_a$ は 0.5 に近づき，偏りは大きくなる．分散は，$V[X]=n\theta(1-\theta)$ より

$$V[\widetilde{\theta}_a]=V\left[\frac{X+a}{n+2a}\right]=\frac{V[X]}{(n+2a)^2}=\frac{n\theta(1-\theta)}{(n+2a)^2}$$

となる．分散は，期待値とは逆に a の増加と共に減少する．平均 2 乗誤差 (mean square error, MSE) は

$$MSE[\widetilde{\theta}_a]=E[(\widetilde{\theta}_a-\theta)^2]=E[(\widetilde{\theta}_a-E[\widetilde{\theta}_a])^2]+(E[\widetilde{\theta}_a]-\theta)^2=V[\widetilde{\theta}_a]+(\text{bias})^2$$
$$=\frac{n\theta(1-\theta)}{(n+2a)^2}+\left\{\frac{2a(\theta-0.5)}{n+2a}\right\}^2=\frac{n\theta(1-\theta)+a^2(2\theta-1)^2}{(n+2a)^2}$$

である．通常の推定量 $\widehat{\theta}=X/n$ の分散 $V[\widehat{\theta}]$ と $MSE[\widetilde{\theta}_a]$ の比較は興味ある問題である．大雑把にいえば，θ が 0.5 に近い場合には $MSE[\widetilde{\theta}_a]$ のほうが $V[\widehat{\theta}]$ よりも小さく，$\widetilde{\theta}_a$ のほうが $\widehat{\theta}$ よりも推定値としての性能は勝る．逆に，θ が 0 または 1 に近い場合には $\widehat{\theta}$ のほうがよい．図 2.6 は $n=10$ で $a=1$ の場合に $MSE[\widetilde{\theta}_a]$ と $V[\widehat{\theta}]$ を比較したものである（横軸：θ）．$MSE[\widetilde{\theta}_a]$ が小さくなる θ の範囲はかなり広い．

問題 2.14 $n=16$, $x=4$ のとき，(2.23) で $a=1$ とした $\widetilde{\theta}_1$ および $a=2$ とした $\widetilde{\theta}_2$ を求めよ．

2.3.3 区間推定（正確法）

二項分布 $B(n,\theta)$ に従う確率変数 X の実現値 x に基づき，二項確率 θ の信頼係数 $100(1-\alpha)\%$ の信頼区間を求める．すなわち，

$$\Pr(\theta_L<\theta<\theta_U)\geq 1-\alpha \tag{2.24}$$

となる区間 (θ_L, θ_U) を求める．X は離散型の確率変数であるため，(2.24) で等

号 $\Pr(\theta_L<\theta<\theta_U)=1-\alpha$ の達成は一般にはできない.

まず二項確率の計算に基づく正確法による信頼区間を求める．この方法は，検定と区間推定の関係「信頼係数 $100(1-\alpha)$% の信頼区間は，有意水準 $100\alpha/2$% の片側検定により棄却されないパラメータの範囲である」に基づく．すなわち，n 回の試行で事象の生起が x 回観測されたとき，信頼係数 $100(1-\alpha)$% の信頼区間の信頼下限は，片側検定 $H_0: \theta=\theta_L$ vs. $H_1: \theta>\theta_L$ の P-値が

$$Q(x; n, \theta_L) = \Pr(X \geq x | \theta=\theta_L) = \sum_{k=x}^{n} {}_nC_k \theta_L^k (1-\theta_L)^{n-k} = \alpha/2$$

を満たす θ_L で与えられ，信頼上限は $H_0: \theta=\theta_U$ vs. $H_1: \theta<\theta_U$ の P-値が

$$P(x; n, \theta_U) = \Pr(X \leq x | \theta=\theta_U) = \sum_{k=0}^{x} {}_nC_k \theta_U^k (1-\theta_U)^{n-k} = \alpha/2$$

を満たす θ_U となる.

これらの限界値は，定理 2.6 の二項確率と F 分布の関係を用いて求められる．定理 2.6 より，二項分布 $B(n, \theta)$ の上側確率 $Q(x; n, \theta)$ は $l_1=2(n-x+1)$, $l_2=2x$, $F_1=(l_2/l_1)(1-\theta)$ として，自由度 (l_1, l_2) の F 分布で F_1 以上となる確率 $\Pr(F_1 \leq F)$ に等しい．これより，自由度 (m_1, m_2) の F 分布の上側 $100\alpha/2$% 点を $F_{m_1, m_2}(\alpha/2)$ と書くと，

$$\theta_L = \frac{l_2}{l_2+l_1 F_1} = \frac{x}{x+(n-x+1)F_{2(n-x+1), 2x}(\alpha/2)} \quad (2.25)$$

となる．一方，$B(n, \theta)$ の下側確率 $P(x; n, \theta)$ は，$k_1=2(x+1)$, $k_2=2(n-x)$, $F_0=(k_2/k_1)\theta/(1-\theta)$ としたとき，自由度 (k_1, k_2) の F 分布における F_0 以上の確率 $\Pr(F_0 \leq F)$ に等しいので，

$$\theta_U = \frac{k_1}{k_1+k_2/F_0} = \frac{x+1}{x+1+(n-x)/F_{2(x+1), 2(n-x)}(\alpha/2)} \quad (2.26)$$

を得る．F 分布の上側パーセント点は，Excel の関数 $F_{m_1, m_2}(\alpha/2)=$FINV$(\alpha/2, m_1, m_2)$ により容易に求められる．この信頼区間は Clopper-Pearson 型とも呼ばれる (Clopper and Pearson, 1934).

例 2.11（例 2.10 の続き）

$n=16$, $x=12$ とすると，信頼下限を求める際の F 分布の自由度は，$l_1=2(n-x+1)=2\times(16-12+1)=10$, $l_2=2x=2\times12=24$ であり，$\alpha=0.05$ とすると $F_{10, 24}(0.025)=$FINV$(0.025, 10, 24) \approx 2.640$ であるので，(2.25) より $\theta_L=$

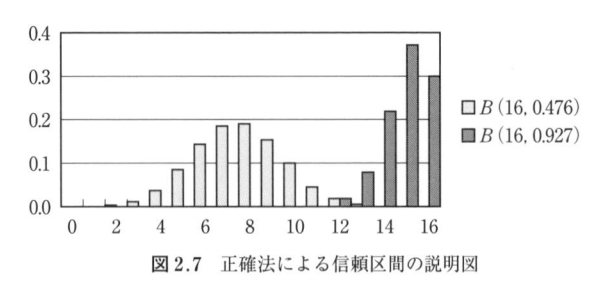

図 2.7 正確法による信頼区間の説明図

$12/(12+5\times 2.640)=0.476$ となる．上限については $k_1=2(x+1)=2\times(12+1)=26$, $k_2=2(n-x)=2\times 4=8$ であり，$F_{26,8}(0.025)=\text{FINV}(0.025,26,8)\approx 3.927$ であるので，(2.26) より $\theta_U=13/(13+4/3.927)=0.927$ を得る．よって，θ の 95% 信頼区間は $(0.476, 0.927)$ となる．$\Pr(X\geq 12|\theta=0.476)=\Pr(X\leq 12|\theta=0.927)=0.025$ である（図 2.7）．

問題 2.15 $n=16$, $x=4$ のとき，(2.25) および (2.26) により θ の 95% 信頼区間 (θ_L, θ_U) を求めよ．

問題 2.16 $n=16$, $x=0$ のとき θ の 95% 信頼区間 (θ_L, θ_U) を求めよ．

2.3.4　区間推定（正規近似法）

成功率 $\hat{\theta}=X/n$ が近似的に正規分布 $N(\theta,\theta(1-\theta)/n)$ に従うことを用いて信頼区間が構成できる．$\hat{\theta}$ を標準化した $Z=(\hat{\theta}-\theta)/\sqrt{\theta(1-\theta)/n}$ は近似的に標準正規分布 $N(0,1)$ に従うので，$z(\alpha/2)$ を $N(0,1)$ の上側 $100\alpha/2$% 点とすると，

$$\Pr\left(-z(\alpha/2)<\frac{\hat{\theta}-\theta}{\sqrt{\theta(1-\theta)/n}}<z(\alpha/2)\right)=1-\alpha \tag{2.27}$$

となる．(2.27) のカッコの中身を 2 乗して整理すると

$$(\hat{\theta}-\theta)^2<(z(\alpha/2))^2\{\theta(1-\theta)/n\}$$

と θ の 2 次不等式になるので，これを θ について解くことにより信頼区間の下限と上限が得られる．具体的には $c=z(\alpha/2)$ とし，2 次方程式の解の公式より

$$\theta_L=\frac{2n\hat{\theta}+c^2-\sqrt{4nc^2\hat{\theta}(1-\hat{\theta})+c^4}}{2(n+c^2)}, \quad \theta_U=\frac{2n\hat{\theta}+c^2+\sqrt{4nc^2\hat{\theta}(1-\hat{\theta})+c^4}}{2(n+c^2)}$$

$$\tag{2.28}$$

となる．この信頼区間の計算法は，スコア法あるいはウィルソン法とも呼ばれる

(Wilson, 1927).

一方，(2.27) の分母の θ に成功率 $\hat{\theta}$ を代入すると

$$-z(\alpha/2)\sqrt{\hat{\theta}(1-\hat{\theta})/n} < \hat{\theta}-\theta < z(\alpha/2)\sqrt{\hat{\theta}(1-\hat{\theta})/n}$$

となり，これより

$$\theta_L = \hat{\theta} - z(\alpha/2)\sqrt{\hat{\theta}(1-\hat{\theta})/n}, \quad \theta_U = \hat{\theta} + z(\alpha/2)\sqrt{\hat{\theta}(1-\hat{\theta})/n} \quad (2.29)$$

が得られる．この信頼区間の導出法はワルド法と呼ばれることもある．(2.29) の近似区間は計算が簡単なため実際上は多く用いられるが，成功率 $\hat{\theta}$ が 0 または 1 に近い場合には信頼区間の端が 0 以下になったり 1 を超えたりして具合が悪い．また，被覆確率が名目の信頼係数より小さくなるという欠点もある．

最も多く用いられる 95% 信頼区間 ($\alpha=0.05$) では $c=z(\alpha/2)\approx1.96$ であるので，これを $c\approx2$ と近似すると上述の各公式がやや簡単になる．定数を 1.96 から 2 にすることで信頼区間はやや広くなるので，実用上の問題はない．スコア型の信頼区間の中点は $(x+2)/(n+4)$ となる ((2.23) の記号では $\tilde{\theta}_2$)．また，$\tilde{\theta}_2$ を用い，$c=2$ としてワルド法により $\theta_L = \tilde{\theta}_2 - 2\sqrt{\tilde{\theta}_2(1-\tilde{\theta}_2)/n}$, $\theta_U = \tilde{\theta}_2 + 2\sqrt{\tilde{\theta}_2(1-\tilde{\theta}_2)/n}$ のように作った信頼区間はスコア法による信頼区間によく近似する（Agresti and Coull, 1998; Agresti and Caffo, 2000 を参照）．

例 2.12（例 2.10 の続き）

$n=16$, $x=12$ として二項確率 θ の近似的な 95% 信頼区間を $c=z(0.025)\approx1.96$ として上記の 2 種類の方法で求めると，

スコア法 (2.28)：(0.505, 0.898)，ワルド法 (2.29)：(0.537, 0.962)

となる．$c=z(0.025)$ を 2 と近似すると

スコア法 (2.28)：(0.5, 0.9)，ワルド法 (2.29)：(0.533, 0.967)

となる．$\tilde{\theta}_2 = (x+2)/(n+4) = 14/20 = 0.7$ に基づくワルド法による信頼区間は

$$\theta_L = \tilde{\theta}_2 - 2\sqrt{\tilde{\theta}_2(1-\tilde{\theta}_2)/n} = 0.495, \quad \theta_U = \tilde{\theta}_2 + 2\sqrt{\tilde{\theta}_2(1-\tilde{\theta}_2)/n} = 0.905$$

となり，スコア法による信頼区間 (0.5, 0.9) に近い．図 2.8 に $\theta_L=0.5$, $\theta_U=0.9$ とした場合の二項確率，およびスコア法ならびにワルド法に対応した正規近似のグラフを示す．スコア法では，信頼下限に対応して期待値 $\mu_L=16\times0.5=8$, 分散 $\sigma_L^2=16\times0.5\times(1-0.5)=4=2^2$ の正規分布 $N(8,2^2)$，ならびに信頼上限に対応して期待値 $\mu_U=16\times0.9=14.4$ および分散 $\sigma_L^2=16\times0.9\times(1-0.9)=$

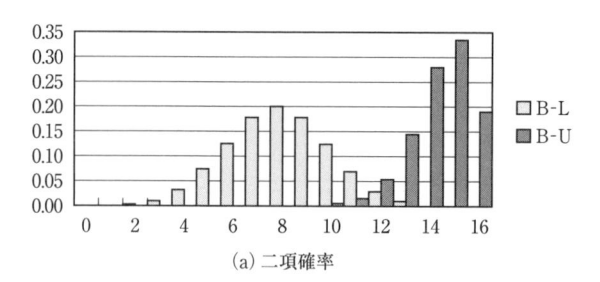

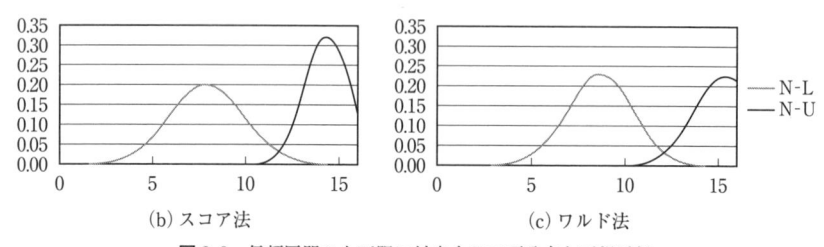

図2.8 信頼区間の上下限に対応する二項分布と正規近似

$1.44 = (1.2)^2$ の正規分布 $N(14.4, (1.2)^2)$ である．ワルド法では，期待値は $\mu_L = 16 \times 0.533 = 8.528$ および $\mu_U = 16 \times 0.967 = 15.472$ であるが，分散は共通で $\sigma^2 = 16 \times 0.75 \times (1-0.75) = 3$ の正規分布となる．目視でもスコア法の正規近似はうまくいっているがワルド法の近似はよくないことがわかる．

問題 2.17 $n=16, x=4$ の場合の例 2.12 で求めた各手法による θ の 95% 信頼区間を求めよ．

問題 2.18 与えられた n に対し，$x=0$ のときのスコア法による 95% 信頼区間の式を求めよ．$n=16$ のときは具体的にどうなるか．

2.3.5 最短信頼区間

二項確率 θ の $100(1-\alpha)$% 信頼区間は，θ の被覆確率の条件 (2.24) を満たす区間 (θ_L, θ_U) であり，2.3.3 項では $\alpha_1 = \Pr(X \geq x | \theta = \theta_L)$ と $\alpha_2 = \Pr(x \geq X | \theta = \theta_U)$ が等しく共に $\alpha/2$ となるように求められた．ここでは，$\alpha_1 + \alpha_2 = \alpha$ の条件の下で α_1 と α_2 をうまく選んで区間幅を最小にした最短信頼区間を導出する．

成功の回数 x が 0 または 1 のときは，$\alpha_1 = 0$ および $\alpha_2 = \alpha$ として区間 $[0, \theta_U)$ を得る．逆に $x = n-1$ もしくは n のときは $\alpha_1 = \alpha$ および $\alpha_2 = 0$ とし，区間 $(\theta_L, 1]$

を得る(詳細は Wardell, 1997 を参照).さらに Wardell (1997) は,それ以外の x における最短信頼区間を Excel の SOLVER を用いて求める方法を提案した.以下ではそれとは別の求め方として Iwasaki and Hidaka (2001) で提案された反復法による解法を示す.

最短信頼区間 (θ_L, θ_U) は,与えられた α に対し条件式

$$Q = (\theta_U - \theta_L) - \lambda(\alpha_1 + \alpha_2 - \alpha) \tag{2.30}$$

を満たすものとして定式化できる.ここで λ はラグランジュの未定乗数である.(2.30) の Q を θ_L および θ_U で偏微分して 0 と置いた連立方程式

$$\frac{\partial Q}{\partial \theta_L} = -1 - \lambda \frac{\partial \alpha_1}{\partial \theta_L} = 0, \quad \frac{\partial Q}{\partial \theta_U} = 1 - \lambda \frac{\partial \alpha_2}{\partial \theta_U} = 0$$

を λ について解いて整理することにより条件

$$\frac{\partial \alpha_1}{\partial \theta_L} + \frac{\partial \alpha_2}{\partial \theta_U} = 0 \tag{2.31}$$

が得られる.ここで,$(\partial/\partial\theta)_n C_k \theta^k (1-\theta)^{n-k} = n\{_{n-1}C_{k-1}\theta^{k-1}(1-\theta)^{n-k} - _{n-1}C_k \theta^k \cdot (1-\theta)^{n-k-1}\}$ に注意すると

$$\frac{\partial \alpha_1}{\partial \theta_L} = \frac{n!}{(x-1)!(n-x)!} \theta_L^{x-1}(1-\theta_L)^{n-x}$$

および

$$\frac{\partial \alpha_2}{\partial \theta_U} = -\frac{n!}{x!(n-x-1)!} \theta_U^x (1-\theta_U)^{n-x-1}$$

を得る.よって,(2.31) は $x\theta_L^{x-1}(1-\theta_L)^{n-x} - (n-x)\theta_U^x(1-\theta_U)^{n-x-1} = 0$ となり,これより

$$\theta_L = \left\{ \frac{(n-x)\theta_U^x(1-\theta_U)^{n-x-1}}{x(1-\theta_L)^{n-x}} \right\}^{1/(x-1)}$$

なる関係式を得る.

以上より次の反復法が得られる.まず,$\Pr(x \leq X | \theta = \theta_L^{(0)}) < \alpha$ を満足する初期値 $\theta_L^{(0)}$ を選ぶ.次に,$t = 1, 2, \ldots$ に対し,

$$\alpha_1^{(t)} = \Pr(x \leq X | \theta = \theta_L^{(t)}) = 1 - \text{BINOMDIST}(x-1, n, \theta_L^{(t)}, 1)$$

$$\alpha_2^{(t)} = \alpha - \alpha_1^{(t)}$$

$$\theta_U^{(t)} = \frac{x+1}{x+1+(n-x)/F_{l_1,l_2}(\alpha_2^{(t)})}$$

$$\theta_L{}^{(t+1)} = \left\{\frac{(n-x)(\theta_U{}^{(t)})^x(1-\theta_U{}^{(t)})^{n-x-1}}{x(1-\theta_L{}^{(t)})^{n-x}}\right\}^{1/(x-1)}$$

を収束が得られるまで繰り返す．ここで自由度 l_1 および l_2 は2.3.3項で与えられた値で，$F_{l_1,l_2}(\alpha_2{}^{(t)})$ は自由度 (l_1, l_2) の F 分布の上側 $100\alpha_2{}^{(t)}$ %点である．この反復法は経験上 $2 \leq x \leq (n+1)/2$ なる x に対し，うまく働く．$(n+1)/2$ より大きな x に対しては，失敗の回数 $n-x$ を x に置き換えて計算すればよい．計算の精度は Excel の FINV 関数の精度に依存していておおむね小数点以下4桁程度である．

例 2.13（例 2.10 の続き）

$n=16$, $x=12$ のときの最短信頼区間を上述の反復計算によって求めたところ，5回の反復の後 $\alpha_1=0.039$, $\alpha_2=0.011$ で $\theta_L=0.501$, $\theta_U=0.943$ と求められた．また，$n=16$, $x=4$ では，同じく5回の反復の後 $\alpha_1=0.011$, $\alpha_2=0.039$ で $\theta_L=0.057$, $\theta_U=0.499$ と求められた．これらの区間は $\theta=0.5$ を中心に左右対称になっている．

2.3.6 区間推定法の比較

これまで紹介した各推定法を比較する．まず，数値例の結果をまとめておく．

例 2.14（例 2.11～例 2.13 のまとめ）

$n=16$, $x=12$ のときの二項確率 θ の95%信頼区間の上下限，中点，区間幅は表2.3のようである（点推定値は $12/16=0.75$）．ワルド法の中点は θ の点推定値 0.75 に一致するが，θ の信頼区間は点推定値の両側で左右対称であるより中央が広いほうが自然であり，実際，ワルド法以外の推定法ではそうなっている．正確法による信頼区間の区間幅は最も広い．これらの特徴は n および x のほか

表2.3　$n=16$, $x=12$ のときの θ の95%信頼区間

95%区間	下限	上限	中点	区間幅
正確法	0.476	0.927	0.702	0.451
ワルド型	0.538	0.962	0.750	0.424
スコア型	0.505	0.898	0.702	0.393
最短区間	0.501	0.943	0.722	0.442

の設定でもおおむね成り立つ.

信頼区間の特性を判断する尺度の1つに，求めた信頼区間が真の二項確率 θ をその中に含む被覆確率（coverage probability）があり，ここでは $CP(\theta)$ と書く. $CP(\theta)$ は真の二項確率が θ であるときの信頼区間の実際の信頼係数とも解釈される．二項分布 $B(n,\theta)$ の θ の信頼区間を (θ_L, θ_U) とし，定義関数 $I(\theta_L, \theta_U)$ を

$$I(\theta_L, \theta_U) = \begin{cases} 1, & (\theta_L < \theta < \theta_U) \\ 0, & (その他) \end{cases} \qquad (2.32)$$

とするとき，$CP(\theta)$ は

$$CP(\theta) = \Pr(\theta_L \leq \theta \leq \theta_U) = \sum_{x=0}^{n} I(\theta_L \leq \theta \leq \theta_U) {}_nC_x \theta^x (1-\theta)^{n-x} \qquad (2.33)$$

により定義される．

以下では，前項までで求めた4種類（2.3.3項の正確法（exact），2.3.4項の正規近似によるスコア法（score）およびワルド法（Wald），2.3.5項の最短区間法（shortest））の信頼区間の被覆確率を比較する．$n=10$ とし名目の信頼係数を95%とした場合の被覆確率は図2.9のようになる（横軸：θ）．正確法による信頼区間の被覆確率は常に名目の信頼係数0.95を上回るが，時としてかなり大きく

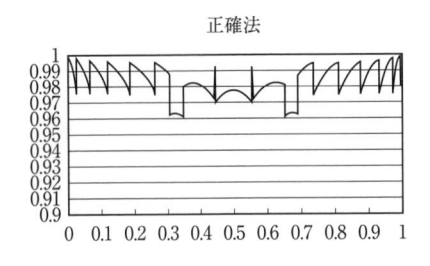

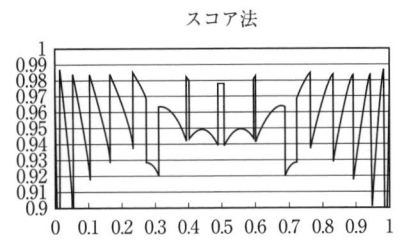

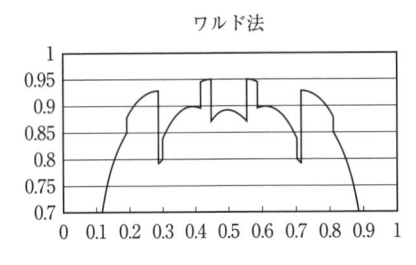

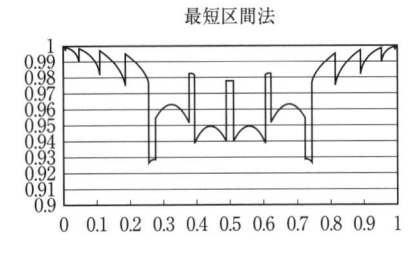

図 2.9 $n=10$ のときの4種類の信頼区間の被覆確率

なることがある．それに対し，ワルド法の信頼区間の被覆確率はすべての θ に対し名目値を下回っている．スコア法と最短区間法では，θ の値により被覆確率は 0.95 を上下している．$n=10$ とサンプルサイズが小さい場合であるが，n を変えても，上下幅は小さくなるがほぼ同じ傾向を示す．ワルド法による信頼区間は被覆確率が名目値を下回り望ましくない．被覆確率が名目値を下回ってはならないとした場合の唯一の選択肢は正確法であるが，θ の値によっては名目値を大きく上回り，過度に保守的な信頼区間であるといえよう．スコア法と最短区間法はその中庸をいっている．なお，Newcombe (1998a) ではここで取り上げたものを含め7種類の区間推定法を比較検討している．

2.3.7 ベイズ推定

これまで述べてきた二項確率 θ の推定では，データ取得以前に θ の値に関する事前の情報はないとしてきた．ところが実際のデータ解析では，θ に関する何がしかの事前情報があるのが普通であろう．たとえば，ある薬剤の有効率を調べる臨床試験では，その薬剤を用いた別の試験，もしくは同種同効薬の有効率などの情報があるはずである．そのような事前情報を取り入れ，それをパラメータの確率分布の形で表現した解析法がベイズ流の推測である．

ここでは，二項確率 θ に関する事前情報をパラメータ (a, b) のベータ分布 $Beta(a, b)$ で表現する．$Beta(a, b)$ は二項確率に関する共役事前分布である．ベータ分布に関する詳細は付録の A.2 節参照．$Beta(a, b)$ の確率密度関数は

$$f(\theta;a,b) = \begin{cases} \dfrac{1}{B(a,b)} \theta^{a-1}(1-\theta)^{b-1}, & (0 \leq \theta \leq 1) \\ 0, & (その他) \end{cases} \quad (2.34)$$

である．特に $a=b=1$ のときは区間 $(0,1)$ 上の一様分布となり，θ に関する事前情報が何もないことに対応する（無情報事前分布）．n 回の試行で x 回の成功が得られたとすると，θ の事後分布は

$$f(\theta|x;a,b) = \frac{1}{B(x+a, n-x+b)} \theta^{x+a-1}(1-\theta)^{n-x+b-1} \quad (2.35)$$

となる．すなわち θ の事後分布は $Beta(x+a, n-x+b)$ である．

二項確率 θ の点推定値として事後分布の最頻値を取ると，定理 A.5 より

$$\tilde{\theta}_{\mathrm{mode}} = \frac{(x+a)-1}{(x+a)+(n-x+b)-2} = \frac{x+a-1}{n+a+b-2} \quad (2.36)$$

を得る．無情報事前分布すなわち $a=b=1$ の想定では，(2.36) の推定値は通常の成功率 $\hat{\theta}=x/n$ となる．a および b が 1 よりも大きな整数値の場合は，n 回の試行中 x 回の成功と $(n-x)$ 回の失敗という実際の観測データに対し，$(a-1)$ 回の成功および $(b-1)$ 回の失敗を仮想的に加えて全体の試行回数を $n+a+b-2$ とした場合に相当する．逆にいえば，事前分布としての $Beta(a,b)$ の想定は，実際の試行以前における仮想的な成功と失敗の個数を定めていることにほかならず，このことが事前分布の選択のヒントとなる．点推定値として事後平均を採用すると，定理 A.5 より

$$\tilde{\theta}_{\mathrm{mean}} = \frac{x+a}{(x+a)+(n-x+b)} = \frac{x+a}{n+a+b} \quad (2.37)$$

となる．この場合は，観測データに仮想的に加えるデータ数を a および b とした場合に相当し，無情報事前分布の場合であっても推定値は $\tilde{\theta}_1=(x+1)/(n+2)$ となる．この推定値は，2.3.2 項で議論した推定値 $\tilde{\theta}_a=(x+a)/(n+2a)$ で $a=1$ とした場合に一致する（それゆえ同じ記号を用いた）．

二項確率 θ の区間推定は事後分布 $Beta(x+a, n-x+b)$ を用いて行なう．すなわち，α を小さな確率値とした $100(1-\alpha)\%$ 区間 $(\tilde{\theta}_L, \tilde{\theta}_U)$ は，θ の事後分布において

$$\mathrm{Pr}(\tilde{\theta}_L < \theta < \tilde{\theta}_U) = \int_{\tilde{\theta}_L}^{\tilde{\theta}_U} f(\theta|x;a,b) d\theta = 1-\alpha \quad (2.38)$$

となる区間として求められる．通常は区間の外側の確率を $\alpha/2$ ずつとする．この区間は θ の確率分布に関する区間である．前項までの信頼区間とは異なり，$1-\alpha$ は θ がその区間内に入る確率である．具体的な計算は Excel の BETAINV 関数を用いる．設定法は

$$\tilde{\theta}_L = \mathrm{BETAINV}(\alpha/2, x+a, n-x+b, 0, 1)$$
$$\tilde{\theta}_U = \mathrm{BETAINV}(1-\alpha/2, x+a, n-x+b, 0, 1)$$

である．

例 2.15（例 2.10 の続き）

事前分布が $a=b=2$ とした $Beta(2,2)$ であり，$n=16$ で $x=12$ が観測されたとすると，事後分布は $Beta(14,6)$ となる（$Beta(2,2)$ および $Beta(14,6)$ の確率密度関数のグラフは図 2.10 参照）．

事後モード（θ の点推定値）は $\tilde{\theta}_{\mathrm{mode}}=13/18 \approx 0.722$ となる．$\alpha=0.05$ とした 95%

図 2.10 事前分布と事後分布

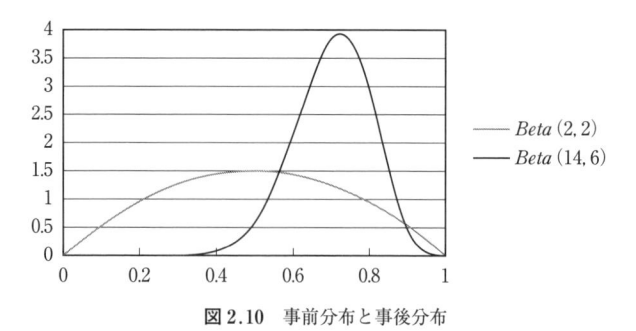

表 2.4 事前分布のパラメータと確立区間 ($n=16$, $x=12$)

a	1	2	3	4	5
b	1	2	3	4	5
下限	0.501	0.488	0.478	0.471	0.465
上限	0.897	0.874	0.854	0.836	0.820

確率区間は BETAINV($0.025, 14, 6, 0, 1$)≈0.488, BETAINV($0.975, 14, 6, 0, 1$)≈0.874 より ($0.488, 0.874$) となる．事前分布のパラメータを $a=b=k;k=1,\ldots,5$ と動かした場合の確率区間の下限および上限は表 2.4 のようである．k の値が大きい，すなわち $\theta=0.5$ という事前情報が強い場合には区間が中ほどに寄ってきている．

問題 2.19 事前分布のパラメータが $a=b=2$ で，観測値が $n=16$, $x=4$ の場合の θ の点推定値（事後モード）および 95%確率区間を求めよ．

2.3.8 オッズと対数オッズ

前節まででは成功の確率 θ そのものの推定を考えたが，ここではオッズおよび対数オッズの推定を議論する．成功の確率 θ に対し，成功の確率と失敗の確率の比 $\omega=\theta/(1-\theta)$ をオッズといい，その自然対数を取った

$$\phi=\log\omega=\log\{\theta/(1-\theta)\}=\log\theta-\log(1-\theta) \quad (2.39)$$

を対数オッズという．対数オッズは二項分布の自然母数でもある．そして，確率 θ から対数オッズ ϕ を求める (2.39) の変換をロジット変換 (logit transform) といい，$\phi=\text{logit}(\theta)$ と書く．θ の取り得る値は 0 から 1 までであるが，ω は 0 から ∞ までの値を取り，ϕ はすべての実数値を取り得る．特に，$\theta=0.5$ のとき

2.3 二項確率の推定

は $\omega=1$ および $\phi=0$ となる．

確率とオッズもしくは対数オッズとは一対一の関係にある．オッズ ω から確率 θ を求める式は $\theta=\omega/(1+\omega)$ であり，対数オッズ ϕ から確率を求める式（ロジット変換の逆変換）は $\theta=1/(1+e^{-\phi})$ である（問題 2.20）．これをロジスティック関数ともいう．

n 回の独立試行で成功が X 回得られたとき，確率 θ の自然な推定量は $\hat{\theta}=X/n$ であり，このときのオッズの推定量は $\hat{\omega}=\hat{\theta}/(1-\hat{\theta})=X/(n-X)$，対数オッズの推定量は $\hat{\phi}=\log\hat{\omega}=\log\{X/(n-X)\}$ となる．$X=0$ のとき $\hat{\omega}=0$ であるが $X=n$ では $\hat{\omega}$ は無限大に発散する．また，$X=0$ もしくは n のいずれの場合も $\hat{\phi}$ は発散する．そのため，θ の推定では 2.3.2 項のような工夫が必要となる．一般に $\tilde{\theta}_{0.5}=(X+0.5)/(n+1)$ が用いられることが多い．

試行回数 n （および成功の回数 x）がある程度大きいとして，オッズ ω および対数オッズ ϕ の近似的な信頼区間を求める．1.2.3 項のデルタ法を用いる．まず対数オッズについて考察する．$g(t)=\log\{t/(1-t)\}=\log t-\log(1-t)$ とすると，$\hat{\phi}=g(\hat{\theta})$ であり，$g'(t)=1/t+1/(1-t)$ および $V[\hat{\theta}]=\theta(1-\theta)/n$ であるので，1.2.3 項の（1.42）より近似的に

$$V[\hat{\phi}]=V[g(\hat{\theta})]\approx\{g'(\theta)\}^2 V[\hat{\theta}]=\left(\frac{1}{\theta}+\frac{1}{1-\theta}\right)^2\times\frac{\theta(1-\theta)}{n}$$
$$=\frac{1}{n}\left(\frac{1}{\theta}+\frac{1}{1-\theta}\right)=\frac{1}{n\theta}+\frac{1}{n(1-\theta)} \qquad (2.40)$$

を得る．ここで θ は未知であることから，その推定値 x/n を代入して，$\hat{\phi}$ の分散は $1/x+1/(n-x)$ と推定される．$\hat{\phi}$ は近似的に正規分布に従うことから，ϕ の $100\alpha\%$ 信頼区間 (ϕ_L,ϕ_U) の限界値 ϕ_L,ϕ_U は，$c=z(\alpha/2)$ を標準正規分布の上側 $100\alpha/2\%$ 点として

$$(\phi_L,\phi_U)=\hat{\phi}\pm c\times\sqrt{\frac{1}{x}+\frac{1}{n-x}}=\log\left(\frac{x}{n-x}\right)\pm c\times\sqrt{\frac{1}{x}+\frac{1}{n-x}} \qquad (2.41)$$

と求められる．オッズ ω の信頼区間は，$\omega=e^{\phi}$ であるので (e^{ϕ_L},e^{ϕ_U}) となる．

例 2.16（例 2.10 の続き）

$n=16$, $x=12$ とすると，オッズ ω の推定値は $\hat{\omega}=12/(16-12)=3.0$ となり，対数オッズ ϕ の推定値は $\hat{\phi}=\log\hat{\omega}=\log 3.0\approx 1.099$ となる．$\hat{\phi}$ の分散の推定値は $1/12+1/4=1/3$ であるので，ϕ の近似的な 95% 信頼区間は（2.41）より

$1.099 \pm 1.96\sqrt{1/3} = (-0.033, 2.230)$ となる．オッズ ω の 95% 信頼区間は，$(e^{-0.033}, e^{2.230}) \approx (0.968, 9.302)$ となる．オッズの点推定値は 3.0 であったので，オッズの信頼区間は右側に長くなっていることがわかる．

問題 2.20 オッズ ω から確率 θ を求める式は $\theta = \omega/(1+\omega)$ であり，対数オッズ ϕ から確率を求める式は $\theta = 1/(1+e^{-\phi})$ であることを示せ．

問題 2.21 $n=16$, $x=4$ のときのオッズと対数オッズの点推定値ならびにそれらの 95% 信頼区間を求めよ．

2.4 ゼロトランケートとゼロ過剰

二項分布でゼロ度数が観測されない場合およびゼロ度数が過剰（もしくは過少）な場合を，それぞれ 2.4.1 項および 2.4.2 項で議論する．

2.4.1 ゼロトランケートされた二項分布

二項分布 $B(n, \theta)$ に従う X の取り得る値は 0 以上 n 以下の整数である．ここでは，$X=0$ のときはそれが報告されず，$X \geq 1$ のときのみ成功の回数のデータが得られる場合を扱う．このときの成功の回数を Y とする．すなわち Y は 1 以上 n 以下の値を取る確率変数である（Johnson, et al., 2005, Section 3.11 参照）．これをゼロトランケートされた二項分布（zero-truncated binomial (ZTB) distribution）といい $ZTB(n, \theta)$ と書く．これは取り得る値が 1 以上という条件付き二項分布でもある．$ZTB(n, \theta)$ に従う確率変数 Y の確率は，$X \sim B(n, \theta)$ では $\Pr(X \geq 1) = 1 - (1-\theta)^n$ であるので

$$\Pr(Y=y) = \Pr(X=y|X \geq 1) = \frac{{}_nC_y \theta^y (1-\theta)^{n-y}}{1-(1-\theta)^n} \quad (y=1, 2, \ldots, n) \quad (2.42)$$

となる．たとえば $ZTB(5, 0.4)$ の確率は図 2.11 のようになる．

ゼロトランケートされた二項分布 $ZTB(n, \theta)$ の期待値と分散は次のようになる（証明は問題 2.22）．

定理 2.14（期待値と分散）

$ZTB(n, \theta)$ に従う確率変数 Y の期待値と分散はそれぞれ

2.4 ゼロトランケートとゼロ過剰

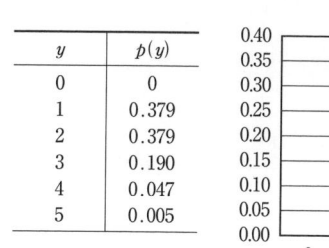

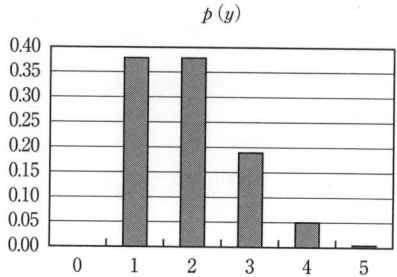

y	$p(y)$
0	0
1	0.379
2	0.379
3	0.190
4	0.047
5	0.005

図 2.11　$ZTB(5, 0.4)$ の確率の数表とグラフ

$$E[Y] = \frac{n\theta}{1-(1-\theta)^n} \tag{2.43}$$

$$V[Y] = \frac{n\theta(1-\theta)}{1-(1-\theta)^n} - \frac{(n\theta)^2(1-\theta)^n}{\{1-(1-\theta)^n\}^2} \tag{2.44}$$

で与えられる.

Y は値 0 を取らないので，$E[X] \leq E[Y]$ である（等号は $\theta=1$ のときのみ）．また，$E[Y]$ は θ の単調増加関数であり，$\theta \to 0$ の極限はロピタルの定理より

$$\lim_{\theta \to 0} \frac{n\theta}{1-(1-\theta)^n} = \lim_{\theta \to 0} \frac{(n\theta)'}{\{1-(1-\theta)^n\}'} = \lim_{\theta \to 0} \frac{n}{n(1-\theta)^{n-1}} = 1 \tag{2.45}$$

となる．よって，$0 < \theta \leq 1$ に対し $1 < E[Y]$ であることがわかる．分散については，Y は値 0 を取らないことから $V[Y] \leq V[X]$ となる．θ が 1 に近いときには $B(n,\theta)$ で $X=0$ となる確率は小さく，$B(n,\theta)$ と $ZTB(n,\theta)$ との違いがほとんどなくなるので，θ が 1 に近づくにつれ $ZTB(n,\theta)$ の期待値も分散も $B(n,\theta)$ との差は小さくなる．

例 2.17（期待値と分散）

$n=10$ のゼロトランケートされた二項分布 $ZTB(10,\theta)$ に従う確率変数 Y に対し，$\theta=0.1 \sim 0.9$ とした場合の期待値 $E[Y]$ (2.43) と分散 $V[Y]$ (2.44) は右のようである（比

θ	$E[Y]$	$V[Y]$	$E[X]$	$V[X]$
0.1	1.535340	0.559877	1.0	0.9
0.2	2.240580	1.253424	2.0	1.6
0.3	3.087206	1.891821	3.0	2.1
0.4	4.024334	2.316674	4.0	2.4
0.5	5.004888	2.477982	5.0	2.5
0.6	6.000629	2.396476	6.0	2.4
0.7	7.000041	2.099723	7.0	2.1
0.8	8.000001	1.599994	8.0	1.6
0.9	9.000000	0.900000	9.0	0.9

較のため $X \sim B(10, \theta)$ のときの期待値 $E[X]$ と分散 $V[X]$ も示した）.

次に，n 回の試行で y 回 $(y \geq 1)$ の成功が得られたときの θ の最尤推定値 $\hat{\theta}$ を求める．$Y=y$ が与えられたときの θ の対数尤度関数は

$$l(\theta) = \log L(\theta) = \log\left\{\frac{1}{1-(1-\theta)^n} \times {}_nC_y \theta^y (1-\theta)^{n-y}\right\}$$

$$= -\log\{1-(1-\theta)^n\} + \log {}_nC_y + y\log\theta + (n-y)\log(1-\theta)$$

であるので，これを θ で微分して0と置き，尤度方程式

$$l'(\theta) = -\frac{n(1-\theta)^{n-1}}{1-(1-\theta)^n} + \frac{y}{\theta} - \frac{n-y}{1-\theta} = \frac{(y-n\theta)\{1-(1-\theta)^n\} - n\theta(1-\theta)^n}{\theta(1-\theta)\{1-(1-\theta)^n\}}$$

$$= \frac{y\{1-(1-\theta)^n\} - n\theta}{\theta(1-\theta)\{1-(1-\theta)^n\}} = 0$$

を得る．最後の式の分母は $0<\theta<1$ で正なので，分子を0と置くことにより関係式

$$n\theta = y\{1-(1-\theta)^n\} \tag{2.46}$$

が導かれ，これを満足する θ が最尤推定値となる．(2.46) を変形すると

$$y = \frac{n\theta}{1-(1-\theta)^n} \tag{2.47}$$

となり，(2.47) は Y の期待値の式 (2.43) の左辺の期待値を観測値 y で置き換えたものになっている．すなわち，この場合の最尤推定値はモーメント法による推定値でもある．関係式 (2.46) より $\theta = (y/n)\{1-(1-\theta)^n\}$ となるので，最尤推定値の具体的な値は，$\theta^{(0)}$ を初期値とした反復計算

$$\theta^{(t+1)} = \frac{y}{n}\{1-(1-\theta^{(t)})^n\} \tag{2.48}$$

により求められる．初期値 $\theta^{(0)}$ としては y/n を取ればよいであろう．経験的に (2.48) の反復は $y \geq 2$ で容易に収束する．$y=1$ では (2.46) を満足する θ は0であるが（問題 2.24），$\theta = 0$ では成功が得られないのであるから推定値にはなり得ず，この場合，最尤推定値は存在しないことになる（限りなく0に近い値ともいえる）．$y=1$ のとき最尤推定値は限りなく0に近いため最尤推定量は負の偏りを持つ，すなわち，$0<\theta<1$ なる θ に対し $E[\hat{\theta}] < \theta$ となる（岩崎・吉田，2007 を参照）．岩崎・吉田（2007）では，$y=1$ のとき最尤推定値が0に近づき負の偏りを持つ問題を回避するため，新たな推定値として $\tilde{\theta} = (y/n)(1-e^{-y})$ を提案し，

その統計的性質を調べている．

例 2.18（最尤推定）

$n=10$ で $y=3$ とすると，(2.48) の反復計算は右のような推移をたどり，$\hat{\theta}=0.290272$ に収束する．$n=20$, $y=3$ では右のような推移で $\hat{\theta}=0.143178$ となる．いずれも推定値は y/n より小さな値となる．

ITE	θ	ITE	θ
0	0.30	0	0.15
1	0.291526	1	0.144186
2	0.290442	2	0.143337
3	0.290295	3	0.143203
4	0.290275	4	0.143182
5	0.290272	5	0.143179
6	0.290272	6	0.143178
7	0.290272	7	0.143178
8	0.290272	8	0.143178
9	0.290272	9	0.143178
10	0.290272	10	0.143178

問題 2.22 定理 2.14 の $ZTB(n,\theta)$ の期待値と分散を求めよ．

問題 2.23 ゼロトランケートされた二項分布 $ZTB(n,\theta)$ の確率が単調減少，すなわち $\Pr(Y=y) \geq \Pr(Y=y+1)$, $y=1,\ldots,n-1$ となるための条件を求めよ．

問題 2.24 関係式 (2.46) で $y=1$ としたときの $n\theta = 1-(1-\theta)^n$ を満足する θ は 0 であることを示せ．

2.4.2 ゼロ過剰な二項分布

実際問題では二項分布 $B(n,\theta)$ で期待されるより 0 となった度数（ゼロ度数）が多くなったりあるいは少なくなったりすることがある．試験で解答時間が足りなくて適当に解答したり，あるいはマーク試験でのマークのし損ないで誤答とされる場合などがその例である．ここでは，その種の現象に対するモデルとパラメータの推定法を論じる．

0 から n までの整数値を取る確率変数 Y の確率分布が $\omega(0 \leq \omega < 1)$ をある定数として

$$\Pr(Y=y) = \begin{cases} \omega + (1-\omega)(1-\theta)^n, & (y=0) \\ (1-\omega)\,{}_nC_y\theta^y(1-\theta)^{n-y}, & (y \geq 1) \end{cases} \quad (2.49)$$

と表わされるとき，Y の確率分布をゼロ過剰な二項分布（zero-inflated binomial (ZIB) distribution）といい $ZIB(n,\theta,\omega)$ と書く．ゼロ過剰な二項分布 $ZIB(n,\theta,\omega)$ は二項分布 $B(n,\theta)$ と値 0 のみを確率 1 で取る 1 点分布との混合分布であり，ω がゼロ度数の過剰分を表わす．実は ω は 0 未満でもよく $(-(1-\theta)^n/\{1-(1-\theta)^n\}$

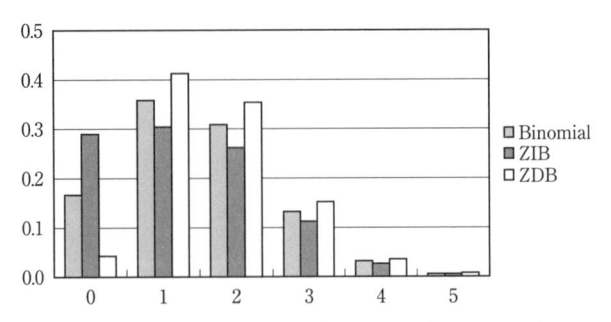

図 2.12 $B(5, 0.3)$ と $ZIB(5, 0.3, 0.15)$ および $ZIB(5, 0.3, -0.15)$

$\leq \omega < 0$），その場合はゼロ過少な二項分布（zero-deflated binomial（ZDB）distribution）という（問題 2.25）．しかし，実際例ではゼロ過剰なことがほとんどであるので，ここではゼロ過剰な二項分布を主に扱う．特に ω が下限 $-(1-\theta)^n/\{1-(1-\theta)^n\}$ に等しい場合はゼロトランケートされた二項分布になる．

例 2.19（$ZIB(n, \theta, \omega)$ の形状）

図 2.12 に $n=5$，$\theta=0.3$ のときの二項分布 $B(5, 0.3)$ と $\omega=0.15$ としたゼロ過剰な二項分布（ZIB）および $\omega=-0.15$ としたゼロ過少な二項分布（ZDB）の確率のグラフを示す．ω の下限は $-(1-0.3)^5/\{1-(1-0.3)^5\} \approx -0.202$ である．

定理 2.15（期待値と分散）

$ZIB(n, \theta, \omega)$ に従う確率変数 Y の期待値と分散はそれぞれ

$$E[Y] = (1-\omega)n\theta \tag{2.50}$$

および

$$V[Y] = (1-\omega)n\theta(1-\theta) + \omega(1-\omega)(n\theta)^2 \tag{2.51}$$

で与えられる．

（証明）

期待値は

$$E[Y] = \sum_{y=0}^{n} y \Pr(Y=y) = (1-\omega)\sum_{y=1}^{n} y \Pr(Y=y) = (1-\omega)n\theta$$

となる．分散は，

$$E[Y^2] = \sum_{y=0}^{n} y^2 \Pr(Y=y) = (1-\omega)\sum_{y=1}^{n} y^2 \Pr(Y=y) = (1-\omega)\{n\theta(1-\theta) + (n\theta)^2\}$$

より

$$V[Y]=E[Y^2]-(E[Y])^2=(1-\omega)\{n\theta(1-\theta)+(n\theta)^2\}-(1-\omega)^2(n\theta)^2$$
$$=(1-\omega)n\theta(1-\theta)+\omega(1-\omega)(n\theta)^2$$

と得られる．（証明終）

期待値 (2.50) は二項分布部分のみの期待値であり，ω の単調減少関数である．分散 (2.51) は二項分布部分の分散 $(1-\omega)n\theta(1-\theta)$ と $\omega(1-\omega)(n\theta)^2$ の和になっていて ω の 2 次関数であり，$\omega=\{1-(1-\theta)/(n\theta)\}/2$ で最大値を取る．また，ω が下限 $-(1-\theta)^n/\{1-(1-\theta)^n\}$ に一致する場合はゼロトランケートされた二項分布の期待値と分散に一致する（問題 2.26）．

次に，$ZIB(n,\theta,\omega)$ における θ および ω の最尤推定値を EM アルゴリズムにより求める．$ZIB(n,\theta,\omega)$ からの独立な N 個の観測値を $y_1,\ldots,y_N$ とし，二項分布の部分のみの（未知の）観測値数を M とすると，$y_1,\ldots,y_N$ が与えられたときの尤度関数は

$$L(n,\theta,\omega)=\omega^{N-M}\prod_{i=1}^{M}\{(1-\omega)\,_nC_{y_i}\theta^{y_i}(1-\theta)^{n-y_i}\}$$
$$=\omega^{N-M}(1-\omega)^M\theta^{\sum_{i=1}^{M}y_i}(1-\theta)^{Mn-\sum_{i=1}^{M}y_i}\prod_{i=1}^{M}{}_nC_{y_i}$$

である．よって対数尤度関数は，$A=\sum_{i=1}^{M}y_i=\sum_{y_i\geq1}y_i$ とすると（これは観測される値）

$$l(n,\theta,\omega)=\log L(n,\theta,\omega)$$
$$=(n-M)\log\omega+M\log(1-\omega)+A\log\theta$$
$$+(Mn-A)\log(1-\theta)+\log\prod_{i=1}^{M}{}_nC_{y_i} \tag{2.52}$$

となる．対数尤度関数 (2.52) を θ および ω で微分して 0 と置くことにより，尤度方程式

$$\frac{\partial l(n,\theta,\omega)}{\partial\theta}=\frac{A}{\theta}-\frac{Mn-A}{1-\theta}=0$$

および

$$\frac{\partial l(n,\theta,\omega)}{\partial\omega}=\frac{N-M}{\omega}-\frac{M}{1-\omega}=0$$

を得る．これらより，θ と ω の最尤推定値は

$$\hat{\theta}=\frac{A}{Mn},\quad \hat{\omega}=1-\frac{M}{N} \tag{2.53}$$

となる（Mステップ）．θ が与えられたとき，$Y \geq 1$ となった度数を m とすると，二項分布部分のゼロ度数の期待値は $M(1-\theta)^n$ であるので，$M = m + M(1-\theta)^n$ より

$$\hat{M} = \frac{m}{1-(1-\theta)^n} \tag{2.54}$$

を得る（Eステップ）．よって，M の適当な初期値 $M^{(0)}$ を選択し，(2.53) および (2.54) を繰り返すという EM アルゴリズムが得られる．初期値 $M^{(0)}$ としては全データ数 N を取ればよいであろう．なお，この反復計算は $\omega<0$ となるゼロ過少な二項分布でも有効である．

例 2.20（最尤推定）

$n=5$, $N=20$ で右のようなデータが得られたとする．1 以上の観測値数は $m=14$ で，観測値の和は $A=26$ である．初期値を $M^{(0)}=N=20$ とすると，(2.53) より $\theta^{(0)}=A/(M^{(0)}n)=26/(20\times 5)=0.26$, $\omega^{(0)}=1-M^{(0)}/N=1-20/20=0$ となる（Mステップ）．次に (2.54) より $M^{(1)}=m/\{1-(1-\theta^{(0)})^n\}=14/\{1-(1-0.26)^5\} \approx 17.9926$ を得る（Eステップ）．これより，最初のパラメータの更新値は $\theta^{(1)}=A/(M^{(1)}n) \approx 26/(17.9926\times 5) =$

y	度数
0	6
1	6
2	5
3	2
4	1
5	0
計	20

0.2890, $\omega^{(1)}=1-M^{(1)}/N=1-17.9926/20=0.1004$ となる．よって，再度 (2.54) より更新値 $M^{(2)}=m/\{1-(1-\theta^{(1)})^n\}=14/\{1-(1-0.2890)^5\} \approx 17.1084$ を得る．以下，この反復計算を続けると下のような推移をたどり，$\hat{\theta}=0.3157$, $\hat{\omega}=0.1764$, $\hat{M}=16.4717$ に収束する．収束は θ の値が大きいほど速い．

問題 2.25 ゼロ過少な二項分布における ω の下限は $-(1-\theta)^n/\{1-(1-\theta)^n\}$ であることを示せ．

ITE	M	θ	ω	ITE	M	θ	ω
0	20.0000	0.2600	0.0000	8	16.4746	0.3156	0.1763
1	17.9926	0.2890	0.1004	9	16.4729	0.3157	0.1764
2	17.1084	0.3039	0.1446	10	16.4722	0.3157	0.1764
3	16.7341	0.3107	0.1633	11	16.4719	0.3157	0.1764
4	16.5791	0.3136	0.1710	12	16.4718	0.3157	0.1764
5	16.5155	0.3149	0.1742	13	16.4717	0.3157	0.1764
6	16.4895	0.3154	0.1755	14	16.4717	0.3157	0.1764
7	16.4790	0.3156	0.1761				

問題 2.26 $ZIB(n,\theta,\omega)$ の分散は $\omega=\{1-(1-\theta)/(n\theta)\}/2$ で最大値を取ることを示せ．また，ω が下限 $-(1-\theta)^n/\{1-(1-\theta)^n\}$ に等しいとき，$ZIB(n,\theta,\omega)$ の期待値と分散はゼロトランケートされた二項分布 $ZTB(n,\theta)$ の期待値と分散に等しいことを示せ．

問題 2.27 $n=5$，$N=20$ で右のようなデータが得られたとする．θ,ω の最尤推定値および M の値を求めよ．

y	度数
0	3
1	2
2	4
3	6
4	4
5	1
計	20

第3章

二項分布の比較

　実際のデータ解析では，2つもしくはそれ以上の二項分布間の比較が問題となることが多い．本章では二項確率の比較に関する議論を行なう．最初の3.1節で比較のための論点と確率分布の基礎的な性質をまとめる．3.2節および3.3節では，実際上最も多く用いられる二項確率の差の検定および推定法を述べる．3.4節ではオッズ比に関する推測法を議論し，3.5節では3つ以上の二項確率の比較法を述べる．3.6節では対応のある二項確率の比較法を扱い，最後の3.7節ではサンプルサイズの設計法を議論する．第2章では二項確率θを「成功の確率」としていたが，本章では処置効果の比較を念頭にθを有効率と呼ぶなど状況によって使い分ける．

3.1　比較のための基礎事項

　2つ（もしくはそれ以上）の二項分布間に違いがあるかどうか，あるとしたらどの程度かという問題を扱う．3.1.1項では二項確率の比較のための論点について整理する．3.1.2項では2つの二項確率に関する確率分布の性質をまとめておく．

3.1.1　比較の論点

　2つの二項確率θ_1, θ_2間の比較では，独立な二項分布と対応のある二項分布との区別が重要である．処置が2つあり，処置1および処置2の有効率がそれぞれθ_1, θ_2で，処置1をm人に施し，処置2を別のn人に施した場合の各有効者数XおよびYはそれぞれ二項分布$B(m, \theta_1)$，$B(n, \theta_2)$に従う．これは独立な二項分布の比較である．一方，同じ被験者に2度別の処置を施す場合，あるいは年齢や性

別などの背景因子でマッチングさせた被験者の組のそれぞれの被験者に異なる処置を施す場合などは,対応のある二項分布の比較となる.このとき,被験者数(被験者の組)を n とすると,想定される分布は $B(n, \theta_1)$ および $B(n, \theta_2)$ と被験者数が同じ二項分布となるがそれらは独立ではない.以降,主として独立な二項分布の比較を扱い,対応のある二項分布は 3.6 節で議論する.

2つの二項確率 θ_1, θ_2 の比較のための指標としては,差 $\delta = \theta_1 - \theta_2$,比 $r = \theta_1/\theta_2$ あるいはオッズ比 $\phi = \{\theta_1/(1-\theta_1)\}/\{\theta_2/(1-\theta_2)\}$ が一般に用いられる.相対差 $(\theta_1 - \theta_2)/\theta_2$ が用いられることもあるが,これは $\theta_1/\theta_2 - 1$ と変形できるので比の一種である.比およびオッズ比に関してはそれらの対数を取った $\log r = \log \theta_1 - \log \theta_2$, $\log \phi = \log \{\theta_1/(1-\theta_1)\} - \log \{\theta_2/(1-\theta_2)\}$ も考察対象となる.オッズ比では対数オッズ比とするほうが一般的である.以下では差 $\delta = \theta_1 - \theta_2$ を主に扱い,オッズ比および対数オッズ比は 3.4 節で議論する.比較対象の二項確率は θ_1, θ_2 と 2 つあるが,比較の指標となるパラメータは,差でもオッズ比でも 1 つである.すなわちパラメータが 1 つ余分になっている.推論の対象でないパラメータを攪乱母数と呼ぶが,二項確率の比較ではこの攪乱母数の扱いが厄介である.

例 3.1(二項確率とパラメータ)

二項確率 θ_1 および θ_2 のいくつかの想定値と各パラメータの値との関係を見る.表 3.1 はいくつかの θ_1 および θ_2 の値と差 $\delta = \theta_1 - \theta_2$ およびオッズ比 $\phi = \{\theta_1/(1-\theta_1)\}/\{\theta_2/(1-\theta_2)\}$ ならびに対数オッズ比 $\log \phi$ の具体的な値である.

$(\theta_1 = 0.6, \theta_2 = 0.4)$ 以外では差 δ はすべて 0.1 であるが,オッズ比 ϕ は θ_1 の値が 0.5 から離れる程大きくなっている.差は同じであっても $(\theta_1 = 0.99, \theta_2 = 0.89)$ と $(\theta_1 = 0.55, \theta_2 = 0.45)$ とでは実際的な意味は大きく異なる.医薬品の有効率の場合,$\theta_1 = 0.99$ はほぼ確実に有効であるのに比べ,$\theta_2 = 0.89$ では明らかに見劣りがする.それに対し $(\theta_1 = 0.55, \theta_2 = 0.45)$ ではそこまでの差異は感じられない.逆に医薬品の有害事象とすると $\theta_2 = 0.01$ は許容範囲であったとしても $\theta_1 = 0.11$

表 3.1 二項確率の値と各パラメータ値

θ_1	0.11	0.2	0.55	0.6	0.9	0.99
θ_2	0.01	0.1	0.45	0.4	0.8	0.89
δ	0.1	0.1	0.1	0.2	0.1	0.1
ϕ	12.236	2.250	1.494	2.250	2.250	12.236
$\log \phi$	2.504	0.811	0.401	0.811	0.811	2.504

は見過ごせない発現率である．また，$(\theta_1=0.6, \theta_2=0.4)$ では差は $\delta=0.2$ であるがオッズ比は $(\theta_1=0.2, \theta_2=0.1)$ および $(\theta_1=0.9, \theta_2=0.8)$ と同じになっている．オッズ比の観点からは $(\theta_1=0.6, \theta_2=0.4)$ と $(\theta_1=0.2, \theta_2=0.1)$ ないしは $(\theta_1=0.9, \theta_2=0.8)$ とが同等であることを示していて，オッズ比は確率の大きさを加味した上での二項確率間の違いを表現していると解釈される．

二項確率の比較を形式的な回帰モデルとして見ることにする．二項確率を θ とし，処置を表わすダミー変数 z を

$$z = \begin{cases} 1, & (\text{処置 1}) \\ 0, & (\text{処置 2}) \end{cases} \tag{3.1}$$

とする．このとき，形式的に

$$\theta = \alpha + \beta z \tag{3.2}$$

とすると，(3.1) より $z=1$ のとき $\theta=\theta_1$, $z=0$ のとき $\theta=\theta_2$ であるので，

処置 1：$\theta_1 = \alpha + \beta$, 処置 2：$\theta_2 = \alpha$

となり，「回帰係数」は $\beta = \theta_1 - \theta_2$ となる．また，

$$\log \theta = \alpha + \beta z \tag{3.3}$$

とすると，

処置 1：$\log \theta_1 = \alpha + \beta$, 処置 2：$\log \theta_2 = \alpha$

となり，回帰係数は $\beta = \log \theta_1 - \log \theta_2 = \log(\theta_1/\theta_2)$ となる．さらに，

$$\mathrm{logit}(\theta) = \log\left(\frac{\theta}{1-\theta}\right) = \alpha + \beta z \tag{3.4}$$

では

処置 1：$\mathrm{logit}(\theta_1) = \alpha + \beta$, 処置 2：$\mathrm{logit}(\theta_2) = \alpha$

となるので，回帰係数は $\beta = \mathrm{logit}(\theta_1) - \mathrm{logit}(\theta_2) = \log[\{\theta_1/(1-\theta_1)\}/\{\theta_2/(1-\theta_2)\}]$ と対数オッズ比になる．処置の違いを表わす z のほかに何らかの共変量（説明変数）x をモデルに取り入れる場合，θ および $\log \theta$ では $0<\theta<1$, $-\infty<\log\theta<0$ と取り得る値に制限があるのに対し $\mathrm{logit}(\theta)$ では $-\infty<\mathrm{logit}(\theta)<\infty$ と制限がないので，たとえば

$$\mathrm{logit}(\theta) = \log\left(\frac{\theta}{1-\theta}\right) = \alpha + \beta z + \gamma x \tag{3.5}$$

のようなモデルは取り扱いが容易であるとの利点がある．(3.4) や (3.5) のモ

デルはロジスティック回帰と呼ばれる．その意味では対数オッズを指標とすることに妥当性がある．

3.1.2 確率分布とその性質

3.2 節以降で述べる 2 つの独立な二項分布 $B(m, \theta_1)$ および $B(n, \theta_2)$ での二項確率の差 $\delta = \theta_1 - \theta_2$ に関する推測では，それぞれ $X \sim B(m, \theta_1)$ および $Y \sim B(n, \theta_2)$ となる互いに独立な確率変数 X, Y に対し，$X/m - Y/n$ の形のような統計量を扱う．ここでは X, Y に基づく統計量の分布の統計的性質をまとめておく．

互いに独立な二項確率変数の組 (X, Y) の同時確率関数はそれぞれの確率関数の積であり，

$$p(x, y; \theta_1, \theta_2) = {}_mC_x \theta_1^x (1-\theta_1)^{m-x} \cdot {}_nC_y \theta_2^y (1-\theta_2)^{n-y}$$
$$= {}_mC_x \cdot {}_nC_y \cdot \left(\frac{\theta_1}{1-\theta_1}\right)^x \left(\frac{\theta_2}{1-\theta_2}\right)^y (1-\theta_1)^m (1-\theta_2)^n \quad (3.6)$$

となる．これを二項確率の差 $\delta = \theta_1 - \theta_2$ と θ_1 により表現すると，(3.6) の最後の式は

$$p(x, y; \delta, \theta_1) = {}_mC_x \cdot {}_nC_y \cdot \theta_1^x (1-\theta_1)^{m-x} (\theta_1 - \delta)^y (1-\theta_1 + \delta)^{n-y} \quad (3.7)$$

となる．$\delta = \theta_1 - \theta_2$ に加えて $\xi = (\theta_1 + \theta_2)/2$ と置くと $\theta_1 = (2\xi + \delta)/2$, $\theta_2 = (2\xi - \delta)/2$ であるので，(3.6) の最後の式は δ と ξ により

$$p(x, y; \delta, \xi)$$
$$= \left(\frac{1}{2}\right)^{m+n} {}_mC_x \cdot {}_nC_y \cdot (2\xi + \delta)^x \{2 - (2\xi + \delta)\}^{m-x} (2\xi - \delta)^y \{2 - (2\xi - \delta)\}^{n-y} \quad (3.8)$$

と表わされる．これらの式表現は，興味あるパラメータ δ に加え，攪乱母数を θ_1 とした場合 (3.7) および ξ とした場合 (3.8) に相当する．このように，問題とする確率関数はパラメータ δ のほかに別のパラメータを含む形となる．

確率関数 (3.6) の別表現として，θ_2 のオッズを $\omega = \theta_2/(1-\theta_2)$ としオッズ比を

$$\psi = \frac{\theta_1/(1-\theta_1)}{\theta_2/(1-\theta_2)} \quad (3.9)$$

とした上で，和を $s = x + y$ と置いて変形すると (3.6) の最後の式より

$$g(x, s; \psi, \omega) = {}_mC_x \cdot {}_nC_{s-x} \cdot \psi^x \omega^s \left(\frac{1}{1+\omega\psi}\right)^m \left(\frac{1}{1+\omega}\right)^n \quad (3.10)$$

を得る．ここでのパラメータは ψ と ω であるが，$X + Y = s$ が与えられたときの

X の条件付き確率関数は

$$g_1(x|s;\phi) = {}_mC_x \cdot {}_nC_{s-x} \cdot \phi^x \Big/ \sum_k {}_mC_k \cdot {}_nC_{s-k} \cdot \phi^k \tag{3.11}$$

と ω に無関係なオッズ比 ϕ のみの関数となる．ここで x の動く範囲は，max $(0, s-n)$ から $\min(m,n)$ までである．この確率分布は非心超幾何分布と呼ばれる．特に $\phi=1$, すなわち $\theta_1=\theta_2$ のときは

$$g_1(x|s) = {}_mC_x \cdot {}_nC_{s-x} / {}_{m+n}C_s \tag{3.12}$$

と 2.1.5 項の通常の超幾何分布 $H(m, s, m+n)$ になる．

例 3.2（超幾何分布と非心超幾何分布）

超幾何分布および非心超幾何分布の確率の比較のため，$m=10$, $n=8$, $s=12$ とし，オッズ比（OR）を $\phi=0.5, 1, 2$ とする．この設定は右のような度数表に対応している．この場合 $s-n=12-8=4$

	有効	無効	計
処置 1	x	$10-x$	10
処置 2	$12-x$	$x-4$	8
計	12	6	18

であるので，X の取り得る値は 4 から 10 までである．この設定で各確率を計算すると図 3.1 のようになる．$\phi=1$ が通常の超幾何分布 $H(10,12,18)$ になる．$\phi=0.5$ は処置 1 の有効率が処置 2 に比べ低いことを意味するので，X が小さい値を取る確率が大きく，逆に $\phi=2$ では X は大きな値を取りやすくなる．X の期待値はそれぞれ $E[X|\phi=0.5]=5.963$, $E[X|\phi=1]=6.667(=20/3)$, $E[X|\phi=2]=7.392$ である．

次節以降の議論のため統計量 $X/m - Y/n$ の 4 次までのモーメントを求めておく．結果は以下のようである（たとえば岩崎・橋垣, 2004 を参照）．3 次および 4 次のモーメントの計算はかなり厄介であるが，チャレンジされたい．

・期待値：$E\left[\dfrac{X}{m} - \dfrac{Y}{n}\right] = \theta_1 - \theta_2$

X	OR=0.5	OR=1	OR=2
4	0.056	0.011	0.001
5	0.269	0.109	0.027
6	0.393	0.317	0.155
7	0.224	0.362	0.355
8	0.053	0.170	0.332
9	0.005	0.030	0.118
10	0.000	0.002	0.012

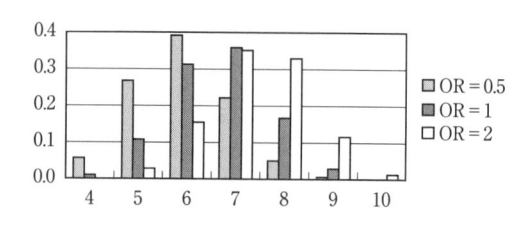

図 3.1　各オッズ比に対する確率の値

・分　散：$V\left[\dfrac{X}{m}-\dfrac{Y}{n}\right]=\dfrac{\theta_1(1-\theta_1)}{m}+\dfrac{\theta_2(1-\theta_2)}{n}$

・平均値まわりの3次モーメント：

$$E\left[\left\{\left(\dfrac{X}{m}-\dfrac{Y}{n}\right)-(\theta_1-\theta_2)\right\}^3\right]=\dfrac{\theta_1(1-\theta_1)(1-2\theta_1)}{m^2}-\dfrac{\theta_2(1-\theta_2)(1-2\theta_2)}{n^2}$$

・平均値まわりの4次モーメント：

$$E\left[\left\{\left(\dfrac{X}{m}-\dfrac{Y}{n}\right)-(\theta_1-\theta_2)\right\}^4\right]=3\left\{\dfrac{\theta_1(1-\theta_1)}{m}+\dfrac{\theta_2(1-\theta_2)}{n}\right\}^2$$
$$+\dfrac{\theta_1(1-\theta_1)\{1-6\theta_1(1-\theta_1)\}}{m^3}+\dfrac{\theta_2(1-\theta_2)\{1-6\theta_2(1-\theta_2)\}}{n^3}$$

特に $\theta_1=\theta_2=\theta$ のときは

$$E\left[\dfrac{X}{m}-\dfrac{Y}{n}\,\middle|\,\theta_1=\theta_2=\theta\right]=0$$

$$V\left[\dfrac{X}{m}-\dfrac{Y}{n}\,\middle|\,\theta_1=\theta_2=\theta\right]=\left(\dfrac{1}{m}+\dfrac{1}{n}\right)\theta(1-\theta)$$

$$E\left[\left\{\left(\dfrac{X}{m}-\dfrac{Y}{n}\right)-(\theta_1-\theta_2)\right\}^3\,\middle|\,\theta_1=\theta_2=\theta\right]=\left(\dfrac{1}{m^2}-\dfrac{1}{n^2}\right)\theta(1-\theta)(1-2\theta)$$

$$E\left[\left\{\left(\dfrac{X}{m}-\dfrac{Y}{n}\right)-(\theta_1-\theta_2)\right\}^4\,\middle|\,\theta_1=\theta_2=\theta\right]$$
$$=3\left\{\left(\dfrac{1}{m}+\dfrac{1}{n}\right)\theta(1-\theta)\right\}^2+\left(\dfrac{1}{m^3}+\dfrac{1}{n^3}\right)\theta(1-\theta)\{1-6\theta(1-\theta)\}$$

となる．加えてさらに $m=n$ では，3次モーメントは恒等的に0で，4次モーメントは

$$E\left[\left\{\left(\dfrac{X}{n}-\dfrac{Y}{n}\right)-2\theta\right\}^4\,\middle|\,\theta_1=\theta_2=\theta\right]=3\left\{\dfrac{2}{n}\theta(1-\theta)\right\}^2+\dfrac{2}{n^3}\theta(1-\theta)\{1-6\theta(1-\theta)\}$$

となる．歪度 $\beta_1[X/m-Y/n]$ と尖度 $\beta_2[X/m-Y/n]$ は上記の結果より求められるが，応用上重要な $\theta_1=\theta_2=\theta$ の場合の具体的な形は

$$\beta_1\left[\dfrac{X}{m}-\dfrac{Y}{n}\,\middle|\,\theta_1=\theta_2=\theta\right]=\dfrac{n-m}{\sqrt{mn(m+n)}}\cdot\dfrac{(1-2\theta)}{\sqrt{\theta(1-\theta)}} \tag{3.13}$$

および

$$\beta_2\left[\dfrac{X}{m}-\dfrac{Y}{n}\,\middle|\,\theta_1=\theta_2=\theta\right]=\dfrac{m^3+n^3}{mn(m+n)^2}\left\{\dfrac{1}{\theta(1-\theta)}-6\right\} \tag{3.14}$$

である（問題3.2）．2.1.2項で求めた1つの二項分布の場合（2.12）とは標本数

図 3.2 差 $X/m - Y/n$ の分布と X/m 単独の分布 $(m=n=20,\ \theta_1=\theta_2=0.9)$

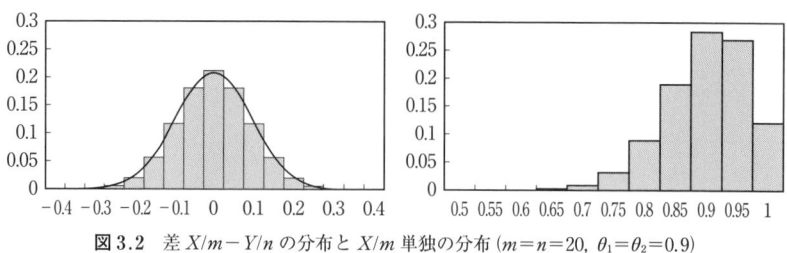

で定義される係数部分のみが異なる．(3.13) より $m \approx n$ であれば $\beta_1 \approx 0$ で θ の値にかかわらずその分布は左右対称に近くなり，正規分布への近似がよくなる．また，$m=n$ のとき尖度 (3.14) は

$$\beta_2\left[\frac{X}{m} - \frac{Y}{n}\bigg|\theta_1=\theta_2=\theta\right] = \frac{1}{2n}\left\{\frac{1}{\theta(1-\theta)} - 6\right\}$$

と (2.12) の 1 つの二項分布で試行回数が $2n$ になった場合と一致する．図 3.2 は $m=n=20$, $\theta_1=\theta_2=0.9$ の場合の $X/m-Y/n$ の分布とその正規近似ならびに $B(20, 0.9)$ 単独の分布である．1 つの二項分布に比較して 2 つの二項確率の差の場合，それぞれの二項確率が 1 に近くても差の分布の正規近似はかなりよいことがわかる．

問題 3.1 式 (3.10)，(3.11) および (3.12) を示せ．

問題 3.2 本文中の 3 次および 4 次のモーメントを用いて歪度 (3.13)，尖度 (3.14) を求めよ．

3.2 二項確率の差の検定

2 つの独立な二項分布における二項確率 θ_1 および θ_2 が等しいかどうかの検定を議論する．帰無仮説は $H_0 : \theta_1 = \theta_2 (=\theta)$ である．ここで等しいとしたときの値 θ は未知で，このことが統計的推論を難しくする．片側対立仮説は $H_1 : \theta_1 > \theta_2$ (もしくは $\theta_1 < \theta_2$) であり，両側対立仮説は $H_1 : \theta_1 \neq \theta_2$ となる．3.2.1 項ではフィッシャー検定と呼ばれる超幾何分布に基づく検定法を述べ，3.2.2 項では二項分布の正規近似に基づく検定法を述べる．3.2.3 項ではそれらの比較を行なう．

3.2.1 フィッシャー検定

2つの処置の有効率（二項確率）を θ_1, θ_2 とする．処置1を m 人の被験者に施して a 人が有効で b 人が無効，処置2を別の n 人の被験者に施して c 人が有効で d 人が無効であったとする．このとき，a は二項分布 $B(m, \theta_1)$ からの実現値，c は二項分布 $B(n, \theta_2)$ からの実現値と見なされる．全体の被験者数を $N=m+n$，有効者数を $s=a+c$，無効者数を $t=b+d$ とすると，観測結果は表3.2のようにまとめられ，有効を○で，無効を×で表わすと被験者全体の観測結果は図3.3のようになる．

2つの処置間に差がなければ（$\theta_1=\theta_2$ であれば），観測された処置1の有効者数 a は，有効者数が s 人であるような被験者 N 人の母集団からランダムに m 人を抽出したときの有効者数の分布に従う．それに対し，処置1がより有効であれば s 人の有効者の大半が処置1に偏っていよう．上記の「N 人中 s 人が有効」の母集団からランダムに m 人抽出したときの有効者数を表わす確率変数を X とすると，その分布は2.1.5項の超幾何分布 $H(m, s, N)$ に従い，確率は

$$\Pr(X=x) = \frac{{}_sC_x \times {}_tC_{m-x}}{{}_NC_m} \tag{3.15}$$

となる．この確率は Excel の HYPGEOMDIST 関数を用いて

$$\Pr(X=x) = \text{HYPGEOMDIST}(x, m, s, N)$$

により容易に求められる．X の実現値を a としたとき，片側対立仮説 $H_1: \theta_1 > \theta_2$ に対する検定の P-値は

$$P_{\text{Fisher}} = \Pr(X \geq a) = \sum_{x \geq a} \Pr(X=x) \tag{3.16}$$

となる．逆向きの片側対立仮説 $H_1: \theta_1 < \theta_2$ に対しては $P_{\text{Fisher}} = \Pr(X \leq a)$ とすればよい．この検定は，英国の統計学者 R. A. Fisher が最初に用いたことから，フィッシャーの直接確率法あるいはフィッシャーの正確検定（略してフィッシャー検定）という．この検定では，帰無仮説で等しいとされた $\theta(=\theta_1=\theta_2)$ の値を用いていないことに注意する．また，表3.2の度数表の各周辺度数を固定した確率

表3.2 2つの処置の比較のデータ

	有効	無効	計
処置1	a	b	m
処置2	c	d	n
計	s	t	N

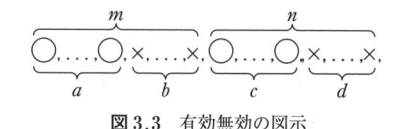

図3.3 有効無効の図示

計算となっている．(3.15) の P-値は片側であり，両側 P-値はそれを2倍して求める．両側 P-値の別の定義として，実際に観測された表の得られる確率以下となる確率をすべて加える流儀もある（以下の例3.3参照）．ただし，$m=n$ の場合にはこれら2つの両側 P-値の結果は一致する（問題3.4）．

フィッシャー検定は，有効者の合計 s を固定したという条件の下での検定であることから，条件付き検定といわれる検定法に属する．標本空間の中で s が同じである部分集合のことを参照集合ともいう．また，図3.3に示したように観測結果の並べ替え（組み合わせ）に基づく検定であることから，並べ替え検定と呼ばれる検定の1つである．ただし，各群の被験者数 m および n を固定した確率計算は当然としても，データを取った後でないとわからない有効者数の合計 s をも固定して検定していて，この点に関する検定の妥当性について統計学者の間でも論争がある (Yates, 1984 などを参照)．フィッシャー検定は P-値が大きくなり，検定が保守的に過ぎるという批判がある．そのため，mid-P 値を用いた検定も推奨されることがある．片側 mid-P 値は

$$\text{mid-}P = 0.5\Pr(X=a) + \sum_{x \geq a+1} \Pr(X=x) \tag{3.17}$$

により計算される．

例 3.3（2 群の比較）

2種類の処置を $N=18$ の被験者に施し表3.3の結果を得たとする．帰無仮説 $H_0 : \theta_1 = \theta_2$ の下での処置1の有効者数 X の分布は超幾何分布 $H(10, 12, 18)$ であり，$X=4,...,10$ のそれぞれの確率は，$\Pr(X=x)=\text{HYPGEOMDIST}(x, 10, 12, 18)$ により計算され下のようになる．片側対立仮説 $H_1 : \theta_1 > \theta_2$ に対する片側 P-値は

$$P_{\text{Fisher}} = \Pr(X \geq 8) = 0.1697 + 0.0302 + 0.0015 = 0.2014$$

となる．mid-P 値は

$$\text{mid-}P = 0.5 \times 0.1697 + 0.0302 + 0.0015 = 0.1165$$

表3.3 2つの処置の比較の表

	有効	無効	計
処置1	8	2	10
処置2	4	4	8
計	12	6	18

x	$P(X=x)$	x	$P(X=x)$
4	0.0113	8	0.1697
5	0.1086	9	0.0302
6	0.3167	10	0.0015
7	0.3620		

である．両側対立仮説 $H_1: \theta_1 \neq \theta_2$ に対する両側 P-値は，片側 P-値を 2 倍する流儀では $0.2014 \times 2 = 0.4028$ となり，実現値の確率 $\Pr(X=8) = 0.1697$ 以下の確率をすべて加える流儀では $\Pr(X \geq 8) + \Pr(X=4) + \Pr(X=5) = 0.3213$ となる．

問題 3.3 2 種類の処置を $N=20$ 人の被験者に施し，右の結果を得たとする．このとき，片側対立仮説 $H_1: \theta_1 > \theta_2$ に対する片側 P-値と mid-P 値，および両側対立仮説 $H_1: \theta_1 \neq \theta_2$ に対する両側 P-値を求めよ．

	有効	無効	計
処置 1	8	2	10
処置 2	5	5	10
計	13	7	20

問題 3.4 表 3.3 で両群のデータ数が等しい $(m=n)$ とき，超幾何分布の確率 (3.15) は左右対称すなわち $\Pr(X=x) = \Pr(X=s-x)$ であることを示せ．

3.2.2 正規近似による検定

互いに独立な確率変数 X および Y はそれぞれ二項分布 $B(m, \theta_1)$, $B(n, \theta_2)$ に従うとする．X, Y は m および n がある程度大きいとき，それぞれ近似的に正規分布 $N(m\theta_1, m\theta_1(1-\theta_1))$ および $N(n\theta_2, n\theta_2(1-\theta_2))$ に従う．よって，各二項確率の推定量 $\hat{\theta}_1 = X/m$ と $\hat{\theta}_2 = Y/n$ の差 $\hat{\theta}_1 - \hat{\theta}_2$ は近似的に正規分布 $N(\theta_1 - \theta_2, \theta_1(1-\theta_1)/m + \theta_2(1-\theta_2)/n)$ に従う．帰無仮説 $H_0: \theta_1 = \theta_2 (= \theta)$ の下では近似的に

$$\hat{\theta}_1 - \hat{\theta}_2 \sim N\left(0, \left(\frac{1}{m} + \frac{1}{n}\right)\theta(1-\theta)\right)$$

であり，標準化して

$$Z' = \frac{\hat{\theta}_1 - \hat{\theta}_2}{SE[\hat{\theta}_1 - \hat{\theta}_2]} = \frac{\hat{\theta}_1 - \hat{\theta}_2}{\sqrt{\left(\frac{1}{m} + \frac{1}{n}\right)\theta(1-\theta)}} \tag{3.18}$$

は標準正規分布 $N(0,1)$ に従う．H_0 の下で $X+Y$ は二項分布の再生性（2.1.2 項参照）より $B(m+n, \theta)$ に従うので，共通の θ の推定量は $\hat{\theta} = (X+Y)/(m+n)$ となる．これを (3.18) の分母の θ に代入して結局

$$Z = \frac{\hat{\theta}_1 - \hat{\theta}_2}{\sqrt{\left(\frac{1}{m} + \frac{1}{n}\right)\hat{\theta}(1-\hat{\theta})}} \tag{3.19}$$

は近似的に $N(0,1)$ に従い，その 2 乗

$$W = Z^2 = \frac{(\hat{\theta}_1 - \hat{\theta}_2)^2}{\left(\frac{1}{m} + \frac{1}{n}\right)\hat{\theta}(1-\hat{\theta})} = \frac{mn}{m+n} \cdot \frac{(\hat{\theta}_1 - \hat{\theta}_2)^2}{\hat{\theta}(1-\hat{\theta})} \quad (3.20)$$

は自由度1のカイ2乗分布に従う．その意味でWをカイ2乗統計量もしくはこの種の統計量を最初に提案した K. Pearson の名を取りピアソンカイ2乗統計量という．観測データが表3.2のように与えられたとすると，各推定値は$\hat{\theta}_1 = a/m$，$\hat{\theta}_2 = c/n$ および $\hat{\theta} = s/N$ であり，(3.20)のWの実現値をw^*とするとき，

$$P_{\text{Pearson}} = \Pr(W \geq w^*) \quad (3.21)$$

によって検定する．この検定は $H_0 : \theta_1 = \theta_2$ vs. $H_1 : \theta_1 \neq \theta_2$ の両側検定である．

(3.20)のWに関してはいくつかの同値な表現が得られる．まず，

$$W = \frac{m(\hat{\theta}_1 - \hat{\theta})^2}{\hat{\theta}(1-\hat{\theta})} + \frac{n(\hat{\theta}_2 - \hat{\theta})^2}{\hat{\theta}(1-\hat{\theta})} = \frac{1}{\hat{\theta}(1-\hat{\theta})}\{m(\hat{\theta}_1 - \hat{\theta})^2 + n(\hat{\theta}_2 - \hat{\theta})^2\} \quad (3.22)$$

となる．この形にしておくと，処置群の数が3以上の場合の検定統計量への拡張が容易である．さらに(3.22)は

$$W = \frac{(X - m\hat{\theta})^2}{m\hat{\theta}} + \frac{\{(m-X) - m(1-\hat{\theta})\}^2}{m(1-\hat{\theta})} + \frac{(Y - n\hat{\theta})^2}{n\hat{\theta}} + \frac{\{(n-Y) - n(1-\hat{\theta})\}^2}{n(1-\hat{\theta})} \quad (3.23)$$

と変形される．(3.23)は$(X - E[X])^2/E[X]$の形の項の和となっている．表3.2の記号ではw^*は

$$w^* = \frac{N(ad-bc)^2}{mnst} \quad (3.24)$$

となる．(3.24)の右辺の分子の( )の中身は表3.2の観測結果を2×2行列と見たときの行列式になっている．これにより，行の度数（もしくは列の度数）が比例し（すなわち$a:b = c:d$であり），観測された有効率a/mとc/nが等しい場合に統計量の値は0になるというきわめて明快な解釈ができる．3.2.1項のフィッシャー検定ではこのような構造を見て取るのは難しい．

フィッシャー検定は超幾何分布$H(m,s,N)$の確率計算に基づく検定であった．超幾何分布もNおよびsが大きいとき正規分布で近似される．$H(m,s,N)$の期待値と分散はそれぞれms/N, $mnst/\{N^2(N-1)\}$であり（2.1.5項），超幾何分布はこれらの平均と分散を持つ正規分布で近似される．処置1での有効者数X

は H_0 の下で $H(m, s, N)$ に従うので,観測値が a であるときの P-値は,$Z \sim N(0, 1)$ として

$$\Pr(X \geq a) = \Pr\left(\frac{X - ms/N}{\sqrt{mnst/\{N^2(N-1)\}}} \geq \frac{a - ms/N}{\sqrt{mnst/\{N^2(N-1)\}}}\right) \approx \Pr(Z \geq z^*)$$

となる.このとき,

$$w^* = \frac{(a - ms/N)^2}{mnst/\{N^2(N-1)\}} = \frac{(N-1)(Na - ms)^2}{mnst}$$

$$= \frac{(N-1)\{(a+b+c+d)a - (a+b)(a+c)\}^2}{mnst} = \frac{(N-1)(ad - bc)^2}{mnst}$$

であるので,$N-1$ を N に置き換えることにより (3.24) と同じ表現が得られる.この超幾何分布の正規近似に対して連続修正(イェーツの補正)を施すと w^* に相当する値は

$$w' = \frac{N(|ad - bc| - N/2)^2}{mnst} \tag{3.25}$$

となる.そして P-値を $P_{\text{Yates}} = \Pr(W \geq w')$ により求める.(3.19) の形でのイェーツの補正は

$$z' = \frac{|\hat{\theta}_1 - \hat{\theta}_2| - \frac{1}{2}\left(\frac{1}{m} + \frac{1}{n}\right)}{\sqrt{\left(\frac{1}{m} + \frac{1}{n}\right)\hat{\theta}(1 - \hat{\theta})}} \tag{3.26}$$

となる.特に $m = n$ の場合には

$$z' = \frac{|\hat{\theta}_1 - \hat{\theta}_2| - \frac{1}{n}}{\sqrt{\frac{2}{n}\hat{\theta}(1 - \hat{\theta})}} \tag{3.27}$$

となる.

 フィッシャー検定が容易にできる現在となっては,その近似としてのイェーツの補正を施したカイ 2 乗検定の意味は薄れている.イェーツの補正を施すと補正を施さない (3.24) の w^* に基づくカイ 2 乗検定より P-値が大きくなることがほとんどで,w' のほうが有意になりにくいという性質を持つ.イェーツの補正および関連した議論について詳しくは Yates (1984) を見られたい.

例 3.4(2 群の比較.例 3.3 の続き)

2種類の処置を $N=18$ 人の被験者に施し，例3.3の表3.3の結果を得たとする．各処置での有効率はそれぞれ $\hat{\theta}_1=8/10=0.8$，$\hat{\theta}_2=4/8=0.5$ であり，$H_0: \theta_1=\theta_2(=\theta)$ の下での θ の推定値は $\hat{\theta}=(8+4)/(10+8)=12/18=2/3$ である．よって，(3.19) の Z の実現値 z^* は

$$z^* = \frac{0.8-0.5}{\sqrt{\left(\frac{1}{10}+\frac{1}{8}\right)\frac{2}{3}\left(1-\frac{2}{3}\right)}} = \frac{0.3}{\sqrt{0.05}} = 0.6\sqrt{5}$$

となり，$w^*=(z^*)^2=1.8$ である．よって P-値は (3.21) より $P_{\text{Pearson}}=\Pr(W \geq 1.8)$ $=$CHIDIST$(1.8, 1)\approx 0.1797$ となる．$(z^*)^2=1.8$ となることを (3.22)，(3.23)，(3.24) の各公式から導いて確認する．(3.22) より

$$\frac{10\times(0.8-2/3)^2}{(2/3)(1/3)} + \frac{8\times(0.5-2/3)^2}{(2/3)(1/3)} = 0.8+1 = 1.8$$

となり，(3.23) より

$$\frac{\{8-10(2/3)\}^2}{10(2/3)} + \frac{\{2-10(1/3)\}^2}{10(1/3)} + \frac{\{4-8(2/3)\}^2}{8(2/3)} + \frac{\{4-8(2/3)\}^2}{8(1/3)} = \frac{4}{15}+\frac{8}{15}+\frac{1}{3}+\frac{2}{3} = 1.8$$

となる．また，(3.24) より

$$w^* = \frac{18(8\times 4-2\times 4)^2}{10\times 8\times 12\times 6} = \frac{18\times(24)^2}{10\times 8\times 12\times 6} = 1.8$$

と計算される．イェーツの補正を施した (3.25) の w' は

$$w' = \frac{18(|8\times 4-2\times 4|-18/2)^2}{10\times 8\times 12\times 6} = \frac{18\times(24-9)^2}{10\times 8\times 12\times 6} = 0.7031$$

となり，(3.26) の z' は

$$z' = \frac{|\hat{\theta}_1-\hat{\theta}_2|-\frac{1}{2}\left(\frac{1}{m}+\frac{1}{n}\right)}{\sqrt{\left(\frac{1}{m}+\frac{1}{n}\right)\hat{\theta}(1-\hat{\theta})}} = \frac{|0.8-0.5|-(1/10+1/8)/2}{\sqrt{(1/10+1/8)(2/3)(1/3)}} = \frac{0.3-9/80}{\sqrt{(9/40)(2/3)(1/3)}}$$

$$= \frac{0.1875}{\sqrt{1/20}} \approx 0.8385 \approx \sqrt{0.7031}$$

となる．自由度1のカイ2乗分布での P-値は $P_{\text{Yates}}=\Pr(Y\geq 0.7031)=$CHIDIST$(0.7031, 1)\approx 0.4017$ となる．イェーツの補正を施さないカイ2乗検定の P-値は $P_{\text{Pearson}}=0.1797$ であったので，補正を施した場合の P-値は大きくなる．

フィッシャー検定での P-値は，例3.3 より $P_{\text{Fisher}}=0.2014$ であった．これは

片側 P-値であるので 2 倍すると 0.4028 となる．P_{Yates} はフィッシャー検定の両側 P-値にきわめて近い．フィッシャー検定での mid-P 値は mid-P=0.1165 であったが，その 2 倍は P_{Pearson} に近い．

問題 3.5 (3.22), (3.23), (3.24), (3.25), (3.26) をそれぞれ示せ．
問題 3.6 3.2.1 項の問題 3.2 のデータを用いて例 3.4 で示した検定を実行せよ．

3.2.3 検定法の比較

前の 2 項では二項確率の差の検定法として，3.2.1 項で P-値ないしは mid-P 値を用いたフィッシャー検定，3.2.2 項でイェーツの補正を施した場合と施さない場合のカイ 2 乗検定を扱った．ここでは実際の有意水準の観点からそれらの比較を行なう．検定統計量および P-値の計算法を表 3.2 の記号を用いていま一度整理しておく．帰無仮説は $H_0 : \theta_1 = \theta_2$ であり，片側対立仮説は $H_1 : \theta_1 > \theta_2$（もしくは $\theta_1 < \theta_2$），両側対立仮説は $H_1 : \theta_1 \neq \theta_2$ である．また，数値例も示しておく．

・フィッシャー検定

検定統計量は処置 1 の有効者数 X で，X が H_0 の下で超幾何分布 $H(m, s, N)$ に従うことを用いて P-値の確率計算を行なう．片側対立仮説 $H_1 : \theta_1 > \theta_2$ に対する片側 P-値は，X の実現値が a のとき，

$$P_{\text{Fisher}} = \Pr(X \geq a) = \sum_{x \geq a} \Pr(X=x) \tag{3.28}$$

であり，両側対立仮説 $H_1 : \theta_1 \neq \theta_2$ に対する両側 P-値は (3.28) の P_{Fisher} を 2 倍するか，$\Pr(X=a)$ 以下となる確率を全部加える．また，(片側) mid-P 値は

$$\text{mid-}P = 0.5\Pr(X=a) + \sum_{x \geq a+1} \Pr(X=x) \tag{3.29}$$

により計算される．

・カイ 2 乗検定

検定統計量は

$$w^* = \frac{N(ad-bc)^2}{mnst} \tag{3.30}$$

であり，両側対立仮説 $H_1 : \theta_1 \neq \theta_2$ に対し，W を自由度 1 のカイ 2 乗分布に従う確率変数として両側 P-値を

$$P_{\text{Pearson}} = \Pr(W \geq w^*) \tag{3.31}$$

により計算する．イェーツの補正を施した検定統計量は

$$w' = \frac{N(|ad-bc|-N/2)^2}{mnst} \tag{3.32}$$

であり，両側対立仮説 $H_1: \theta_1 \neq \theta_2$ に対し，同じく W を自由度1のカイ2乗分布に従う確率変数として両側 P-値を

$$P_{\text{Yates}} = \Pr(W \geq w') \tag{3.33}$$

により計算する．

例 3.5（例 3.3 および例 3.4 のまとめ）

$N=18$, $m=10$, $n=12$, $s=12$, $t=6$, $a=8$, $b=2$, $c=4$, $d=4$ であるので，
・フィッシャー検定：$P_{\text{Fisher}}=0.2014$, $2P_{\text{Fisher}}=0.4028$, mid-$P=0.1165$
・ピアソンカイ2乗検定：$w^*=1.8$, $P_{\text{Pearson}}=0.1797$

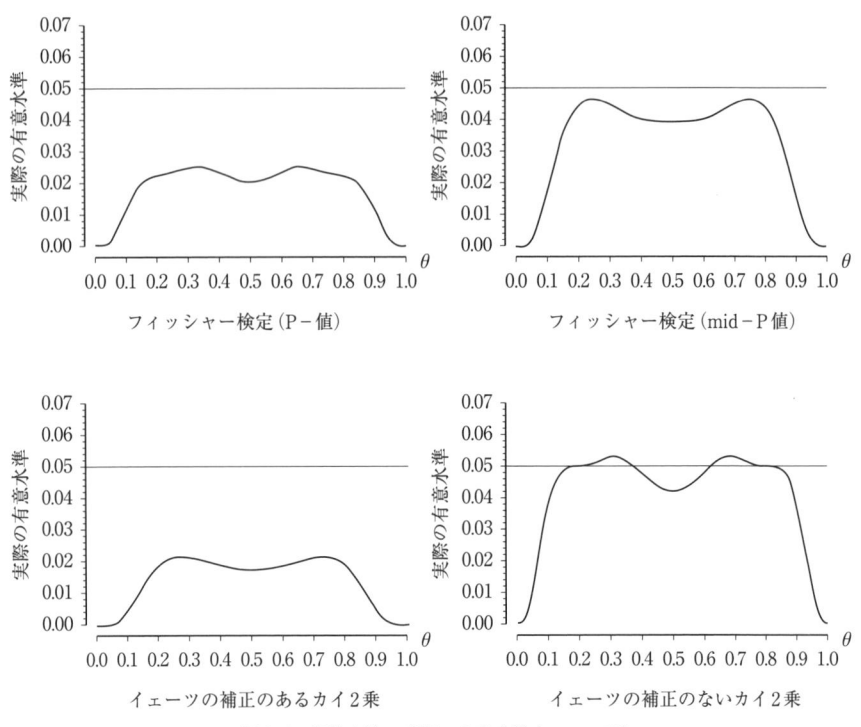

図 3.4 各検定法の実際の有意水準 ($m=n=20$)

・イェーツの補正を施したカイ 2 乗検定：$w'=0.7031$, $P_{\text{Yates}}=0.4017$

となる．ピアソンカイ 2 乗検定の P-値 P_{Pearson} はフィッシャー検定の（片側）P-値の 2 倍 $2P_{\text{Fisher}}$ よりもかなり小さい．イェーツの補正を施したときの P-値 P_{Yates} は $2P_{\text{Fisher}}$ に近い．

1 つの二項確率の検定の際には検定統計量の離散性により実際の有意水準は名目値には一致しない．同じことが二項確率の差の場合にもいえる．図 3.4 は $m=n=20$ の場合の上述の 4 種類の検定法の名目の有意水準が 5% のときの実際の有意確率を計算したものである．（横軸：$\theta(=\theta_1=\theta_2)$）例 3.5 で見た数値上の類似性がここでも現れている．

3.3 二項確率の差の推定

2 つの独立な二項分布 $B(m,\theta_1)$, $B(n,\theta_2)$ における二項確率の差 $\delta=\theta_1-\theta_2$ の推定を議論する．3.3.1 項では点推定を，3.3.2 項では区間推定を議論し，3.3.3 項で区間推定法の比較を行なう．

3.3.1 点推定

二項分布 $B(m,\theta_1)$ および $B(n,\theta_2)$ に従う互いに独立な確率変数をそれぞれ X および Y とするとき，各二項確率 θ_1, θ_2 の自然な推定量はそれぞれの標本比率 $\hat{\theta}_1=X/m$, $\hat{\theta}_2=Y/n$ であり，確率の差 $\delta=\theta_1-\theta_2$ の自然な点推定量はそれらの差 $\hat{\delta}=\hat{\theta}_1-\hat{\theta}_2$ となる．X,Y の実現値がそれぞれ x,y のとき δ の推定値は $d=x/m-x/n$ となる（これは δ の最尤推定値でもある）．$E[\hat{\theta}_1]=\theta_1$ および $E[\hat{\theta}_2]=\theta_2$ より $E[\hat{\delta}]=E[\hat{\theta}_1-\hat{\theta}_2]=\theta_1-\theta_2=\delta$ となり $\hat{\delta}$ は δ の不偏推定量であることがわかる．$\hat{\delta}$ の分散は $V[\hat{\delta}]=V[\hat{\theta}_1-\hat{\theta}_2]=\theta_1(1-\theta_1)/m+\theta_2(1-\theta_2)/n$ であり $\hat{\delta}$ の標準誤差は

$$SE[\hat{\delta}]=\sqrt{\theta_1(1-\theta_1)/m+\theta_2(1-\theta_2)/n} \tag{3.34}$$

となる．(3.34) の標準誤差は未知パラメータ θ_1, θ_2 を含むので，実際はそれぞれの推定値を代入した

$$SE[d]=\sqrt{\hat{\theta}_1(1-\hat{\theta}_1)/m+\hat{\theta}_2(1-\hat{\theta}_2)/n} \tag{3.35}$$

を標準誤差とする（正確には標準誤差の推定値である）．3.1.2 項で述べたように，確率の差の推定量 $\hat{\delta} = \hat{\theta}_1 - \hat{\theta}_2$ の分布は正規分布にかなり近い．

二項確率の推定量を標本比率 X/m ではなく 2.3.2 項の (2.23) の $\tilde{\theta}_a = (X+a)/(m+2a)$ の形とすると，差の推定量は

$$\tilde{\delta}_a = \frac{X+a}{m+2a} - \frac{Y+a}{n+2a} \tag{3.36}$$

となる．期待値は，$1/m^2$ および $1/n^2$ のオーダー以下の項を無視すると

$$E[\tilde{\delta}_a] = \frac{m\theta_1 + a}{m+2a} - \frac{n\theta_2 + a}{n+2a} = \frac{\theta_1 + a/m}{1 + 2a/m} - \frac{\theta_2 + a/n}{1 + 2a/n}$$
$$\approx \left(\theta_1 + \frac{a}{m}\right)\left(1 - \frac{2a}{m}\right) - \left(\theta_2 + \frac{a}{n}\right)\left(1 - \frac{2a}{n}\right) \approx \left(\theta_1 - \frac{a}{m}\right) - \left(\theta_2 - \frac{a}{n}\right)$$
$$= \theta_1 - \theta_2 - \left(\frac{1}{m} - \frac{1}{n}\right)a$$

となり，$\hat{\delta}_a$ は δ の不偏推定量ではないものの偏りはきわめて小さく，特に $m = n$ であればそのオーダーは $1/n^2$ 以下となる．

(3.36) の確率変数 X および Y にそれぞれの実現値 $x,\ y$ を代入したものを $\tilde{d}_a$ とする．定数 a の選択は任意であるが，$a = 1$ が推奨されている（Agresti and Caffo, 2000）．$a = 1$ とした

$$\tilde{d}_1 = \frac{x+1}{m+2} - \frac{y+1}{n+2} \tag{3.37}$$

は，各処置での有効と無効の観測度数に 1 つずつの観測値を擬似的に加えたことに相当し，二項確率のベイズ推定で無情報事前分布を採用し，推定を事後平均とした場合になる（2.3.7 項参照）．このときの標準誤差を形式的に計算すると，

$$SE[\tilde{d}_1] = \sqrt{\tilde{\theta}_1(1-\tilde{\theta}_1)/(m+2) + \tilde{\theta}_2(1-\tilde{\theta}_2)/(n+2)} \tag{3.38}$$

となる．

例 3.6（例 3.3 の続き）

$m = 10,\ n = 8$ で各処置での有効者数がそれぞれ $x = 8$ および $y = 4$ であるとすると，有効率の差 $\delta = \theta_1 - \theta_2$ の推定値は $d = 8/10 - 4/8 = 0.8 - 0.5 = 0.3$ であり，標準誤差は

$$SE[d] = \sqrt{0.8(1-0.8)/10 + 0.5(1-0.5)/8} = \sqrt{0.04725} \approx 0.2174$$

となる．また，(3.37) より $\tilde{d}_1 = \dfrac{8+1}{10+2} - \dfrac{4+1}{8+2} = \dfrac{9}{12} - \dfrac{5}{10} = 0.75 - 0.5 = 0.25$ であり，

形式的に計算した標準誤差 (3.38) は
$$SE[\tilde{d}_1]=\sqrt{0.75(1-0.75)/12+0.5(1-0.5)/10}\approx\sqrt{0.0406}\approx 0.2016$$
となる．

問題 3.7（問題 3.3 の続き） 問題 3.3 のデータ，すなわち $m=n=10$, $x=8$, $y=5$ を用いて，確率の差の推定値 d, $\tilde{d}_1$ およびそれらの標準誤差を求めよ．

3.3.2 区間推定

二項確率の差 $\delta=\theta_1-\theta_2$ の信頼区間の導出法としては，1 つの二項分布の場合と同様，正確法と正規近似に基づく近似法とがある．しかし，2 つの二項確率の差の場合の正確な信頼区間はきわめて複雑であるので，ここでは正規近似法についてのみ述べる．

$X \sim B(m, \theta_1)$, $Y \sim B(n, \theta_2)$ で X と Y は独立のとき，標本比率の差 $\hat{\delta}=\hat{\theta}_1-\hat{\theta}_2=X/m-Y/n$ は m, n がある程度大きいとき近似的に期待値 δ, 分散 $\theta_1(1-\theta_1)/m+\theta_2(1-\theta_2)/n$ の正規分布に従う．よって，近似的に

$$\frac{\hat{\delta}-\delta}{SE[\hat{\delta}]}=\frac{\hat{\delta}-\delta}{\sqrt{\theta_1(1-\theta_1)/m+\theta_2(1-\theta_2)/n}} \tag{3.39}$$

は $N(0,1)$ に従う．これより δ の信頼係数 $100(1-\alpha)\%$ の信頼区間は，$z(\alpha/2)$ を $N(0,1)$ の上側 $100\alpha/2\%$ 点として，$\hat{\delta} \pm z(\alpha/2) SE[\hat{\delta}]$ のように構成される．しかし，$SE[\hat{\delta}]$ には未知パラメータ（推定すべき確率）θ_1, θ_2 が含まれているので，$SE[\hat{\delta}]$ の何らかの推定値を用意しなければならない．

X, Y の実現値をそれぞれ x, y とし，δ の推定値を $d=x/m-y/n$ とするとき，(3.35) と同じく

$$SE_{\text{Wald}}[d]=\sqrt{\hat{\theta}_1(1-\hat{\theta}_1)/m+\hat{\theta}_2(1-\hat{\theta}_2)/n} \tag{3.40}$$

を d の標準誤差として，δ の $100(1-\alpha)\%$ 信頼区間を

$$d \pm z(\alpha/2) SE_{\text{Wald}}[d] \tag{3.41}$$

とすることが考えられる．この信頼区間をワルド型の信頼区間と呼ぶ．一方，$100(1-\alpha)\%$ 信頼区間は，有意水準 $100\alpha\%$ の両側検定 $H_0: \delta=0$ vs. $H_1: \delta \neq 0$ ($H_0: \theta_1=\theta_2(=\theta)$ vs. $H_1: \theta_1 \neq \theta_2$) で棄却されないパラメータ値の範囲であるので，共通の θ の推定値を $\hat{\theta}=(x+y)/(m+n)$ として

$$SE_{\text{Score}}[d] = \sqrt{\left(\frac{1}{m}+\frac{1}{n}\right)\hat{\theta}(1-\hat{\theta})} \qquad (3.42)$$

とし，

$$d \pm z(\alpha/2) SE_{\text{Score}}[d] \qquad (3.43)$$

の形の信頼区間を構成することもできる．これをスコア型の信頼区間と呼ぶ．

ワルド型の信頼区間（3.41）とスコア型の信頼区間（3.43）の違いは（3.40）の $SE_{\text{Wald}}[d]$ と（3.42）の $SE_{\text{Score}}[d]$ の違いである．以下ではこれらの比較を行なう．$\gamma = m/(m+n)$ と置く（$0 < \gamma < 1$）．このとき $\hat{\theta} = \gamma\hat{\theta}_1 + (1-\gamma)\hat{\theta}_2$ である．若干の式の変形により

$$\begin{aligned}\frac{mn}{m+n}(SE^2_{\text{Score}} - SE^2_{\text{Wald}}) \\ = \gamma(1-\gamma)(\hat{\theta}_1 - \hat{\theta}_2)^2 + (1-2\gamma)\{\hat{\theta}_2(1-\hat{\theta}_2) - \hat{\theta}_1(1-\hat{\theta}_1)\}\end{aligned} \qquad (3.44)$$

が得られる（問題 3.8）．したがって，$\gamma = 1/2$ すなわち $m = n$ の場合には常に $SE_{\text{Score}} \geq SE_{\text{Wald}}$ である．$m \neq n$ では逆に $SE_{\text{Score}} < SE_{\text{Wald}}$ となることもあり得る（問題 3.9）．しかしながら，おおむね $SE_{\text{Score}} \geq SE_{\text{Wald}}$ であり，SE_{Score} で標準誤差を計算したほうが信頼区間の区間幅が広くなる．このことは，次節の被覆確率の比較の結果に現れてくる．また，SE_{Score} を用いたほうが正規近似がよいという研究もある（岩崎・橋垣，2004 を参照）．

例 3.7（例 3.6 の続き）

$m = 10$, $n = 8$ および $x = 8$, $y = 4$ とすると，$d = 8/10 - 4/8 = 0.8 - 0.5 = 0.3$ であり，$z(0.025) \approx 1.96$ および

$$SE_{\text{Wald}}[d] = \sqrt{0.8(1-0.8)/10 + 0.5(1-0.5)/8} = \sqrt{0.04725} \approx 0.2174$$

であるので（例 3.6 参照），ワルド型の 95% 信頼区間は

$$0.3 \pm 1.96 \times 0.2174 = (-0.1260,\ 0.7260)$$

となる．スコア型の信頼区間は，$\hat{\theta} = (8+4)/(10+8) = 12/18 = 2/3$ より

$$SE_{\text{Score}}[d] = \sqrt{\left(\frac{1}{10}+\frac{1}{8}\right)\frac{2}{3}\left(1-\frac{2}{3}\right)} = \sqrt{0.05} \approx 0.2236$$

であるので（例 3.4 参照）

$$0.3 \pm 1.96 \times 0.2236 = (-0.1383,\ 0.7383)$$

と求められる．スコア型の信頼区間が 0 を区間内に含むことと例 3.4 での両側検

定が 5% 有意にならないことが対応している.

(3.39) の分母の $SE[\hat{\delta}]$ の計算法として次のような提案もある.2.3.4 項で述べたように,両処置それぞれの 1 変量の場合の二項確率のスコア型の $100 \cdot (1-\alpha)\%$ 信頼区間 (l_1, u_1), (l_2, u_2) の上下限はそれぞれ

$$\frac{|\hat{\theta}_1 - \theta_1|}{\sqrt{\theta_1(1-\theta_1)/m}} = z(\alpha/2)$$

ないしは

$$\frac{|\hat{\theta}_2 - \theta_2|}{\sqrt{\theta_2(1-\theta_2)/n}} = z(\alpha/2)$$

の解として求められる(これらの具体的な式表現は 2.3.4 項の (2.28) で与えられている).そして,δ の $100(1-\alpha)\%$ 信頼区間の両端を

$$\delta_L = d - z(\alpha/2)\sqrt{\frac{l_1(1-l_1)}{m} + \frac{u_2(1-u_2)}{n}} \tag{3.45}$$

および

$$\delta_U = d + z(\alpha/2)\sqrt{\frac{u_1(1-u_1)}{m} + \frac{l_2(1-l_2)}{n}} \tag{3.46}$$

とする.これはハイブリッドスコア型区間と呼ばれる.ここでは下限 (3.45) で l_1 と u_2 を,上限 (3.46) で u_1 と l_2 を用いているが,この選択はある意味で任意であり,$\hat{\theta}_1$ と $\hat{\theta}_2$ の大小関係に応じて使い分けるとの提案もなされている.しかし,使い分けをしないほうが被覆確率が名目の信頼係数に近いという研究もあることから,一貫して (3.45) および (3.46) の端点を採用すればよい.

Agresti and Caffo (2000) は,1 変量の場合の観測度数に仮想的データを加えたワルド型の区間に類似し,実際の観測度数 $x, y, m-x, n-y$ に 1 つずつの擬似データを加えた 3.3.1 項の (3.37) の推定値 $\tilde{d}_1$ および (3.38) の $SE[\tilde{d}_1]$ を用いたワルド型の信頼区間

$$\tilde{d}_1 \pm z(\alpha/2) SE[\tilde{d}_1] \tag{3.47}$$

を提案した.この区間は,1 標本の場合のようなスコア型区間の近似といった意味はないが,Agresti and Caffo (2000) は各度数に加えるデータ数として 1 以外にもいくつかの場合を考察した上で種々の理由から 1 を選択している.また,Newcombe (1998b) はここで取り上げたものを含め 11 種類の区間推定法を比

較している．

例 3.8（例 3.6 および 3.7 の続き）

二項確率の差のスコア型およびハイブリッド型の 95% 信頼区間を具体的に求める．$m=10,\ n=8$ および $x=8,\ y=4$ とすると，処置 1 および処置 2 単独でのスコア型の 95% 信頼区間はそれぞれ $(0.4902, 0.9433)$，$(0.2152, 0.7848)$ となる．よって，標準誤差部分は（3.45）より

$$\sqrt{\frac{l_1(1-l_1)}{n_1}+\frac{u_2(1-u_2)}{n_2}}=\sqrt{\frac{0.4902(1-0.4902)}{10}+\frac{0.7848(1-0.7848)}{8}}\approx 0.2147$$

（3.46）より

$$\sqrt{\frac{u_1(1-u_1)}{n_1}+\frac{l_2(1-l_2)}{n_2}}=\sqrt{\frac{0.9433(1-0.9433)}{10}+\frac{0.2152(1-0.2152)}{8}}\approx 0.1627$$

となる．これより，95% 信頼区間の上下限は（3.45）および（3.46）を用いて

$$\delta_L=0.3-1.96\times 0.2147\approx -0.1208,\quad \delta_U=0.3+1.96\times 0.1627\approx 0.6188$$

と求められる．各度数に仮想的に 1 ずつを加える Agresti-Caffo の方法では，例 3.6 より $\tilde{d}_1=0.25$ であり，標準誤差は $SE[\tilde{d}_1]\approx 0.2016$ であるので，95% 信頼区間は（3.47）より

$$\tilde{d}_1\pm z(\alpha/2)SE[\tilde{d}_1]=0.25\pm 1.96\times 0.2016=(-0.1450,\ 0.6450)$$

となる．

問題 3.8 関係式（3.44）を示せ．

問題 3.9 $SE_{\text{Score}}<SE_{\text{Wald}}$ となる数値例を 1 つ示せ．

問題 3.10（問題 3.7 の続き） $m=n=10,\ x=8,\ y=5$ のとき，δ のワルド型およびスコア型の 95% 信頼区間を求めよ．また，ハイブリッド型信頼区間と各度数に 1 ずつを加える方法での信頼区間を求めよ．

3.3.3 推定法の比較

1 つの二項確率の区間推定のときと同様，統計量の離散性により信頼区間の被覆確率は名目の信頼係数には一致しない．ここでは 3.3.2 項で述べた各区間推定法の実際の被覆確率を吟味する．図 3.5 では $m=n=20$，信頼係数 95%，$\theta_2=0.1,\ 0.3,\ 0.5$ の場合につき，θ_1 を 0 から 1 まで動かしたときの被覆確率を与える．取り上げた区間推定法は（a）（3.40）の標準誤差を用いたワルド型の信頼

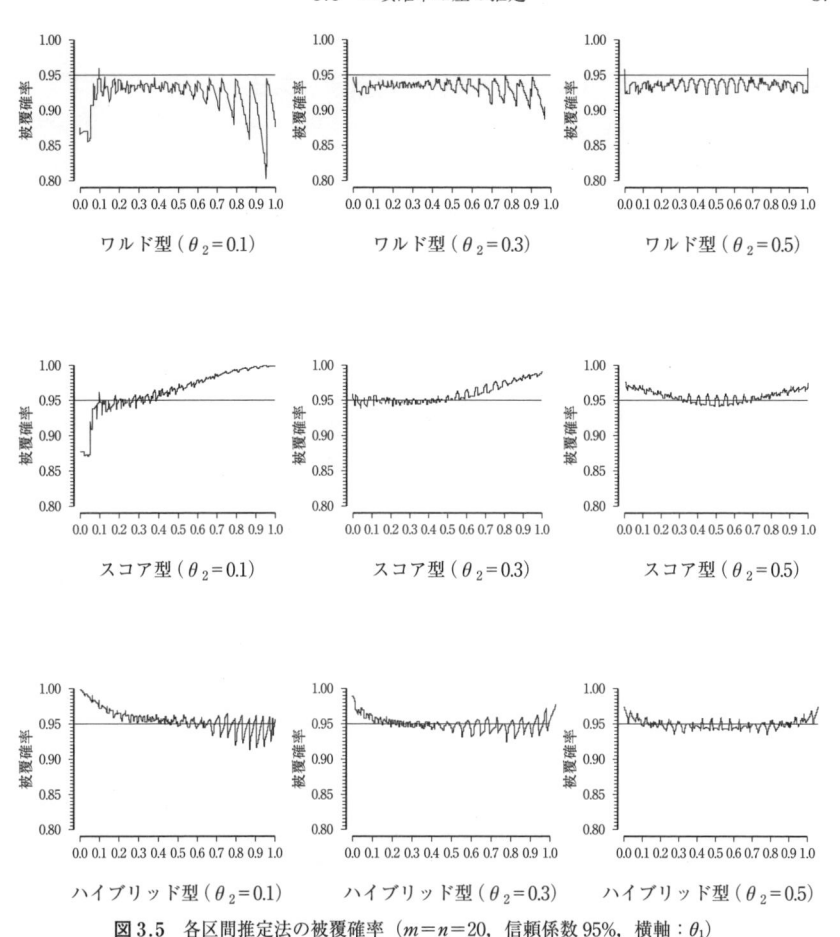

図 3.5 各区間推定法の被覆確率（$m=n=20$, 信頼係数 95%, 横軸：θ_1）

区間 (3.41), (b) (3.42) の標準誤差を用いたスコア型の信頼区間 (3.43), (c) ハイブリッドスコア型区間 (3.45), (3.46) の 3 種類である. 特にサンプルサイズが小さい場合ワルド型の信頼区間は被覆確率が名目値を下回り, 望ましいものとはいえない. ハイブリッド型は総じてよい結果を与えるが, 二項確率が 0 もしくは 1 に近くない場合には計算の簡便さの観点からもスコア型は悪くない選択である.

3.4 オッズ比と対数オッズ比

これまでは2つの二項確率の差 $\theta_1-\theta_2$ について議論してきたが,ここではオッズ比を扱う.3.4.1項ではオッズとオッズ比の基本的な性質や特徴について述べ,3.4.2項でその統計的推測法を議論する.

3.4.1 オッズ比の性質

2つの二項確率 θ_1 および θ_2 に対し,それらのオッズはそれぞれ,$\omega_1=\theta_1/(1-\theta_1)$ および $\omega_2=\theta_2/(1-\theta_2)$ で与えられ,それらの比 $\psi=\{\theta_1/(1-\theta_1)\}/\{\theta_2/(1-\theta_2)\}$ をオッズ比という.また,$\log\psi=\log\{\theta_1/(1-\theta_1)\}-\log\{\theta_2/(1-\theta_2)\}$ を対数オッズ比という.オッズ比は0以上の値を取り,対数オッズ比はすべての実数値を取る.二項確率が等しく $\theta_1=\theta_2$ のとき $\psi=1$ であり,$\log\psi=0$ となる.

オッズ比は2群の比較において,群の違いを表わす指標としてデータ取得の方法によらず使用できるという性質を持つ.話をわかりやすくするため形式的な記号を用いた表3.4を考えよう.A を「処置1」,A^c を「処置2」,B を「有効」,B^c を「無効」とすれば表3.2に帰着される.

前節までの議論では,2群の比較を実験により行なうという文脈で,両群でそれぞれ m 人および n 人の被験者に施した処置が有効となった人数を問題とした.この実験では,各群での被験者数(表3.4の行和)m および n があらかじめ定められていて,対応する確率構造は表3.5のようである.ここで $\theta_1=\Pr(B|A)$,$\theta_2=\Pr(B|A^c)$ はそれぞれ各処置が施された被験者に対する条件付き確率である.この種の研究は実験条件を設定した後にデータを得ることから前向き研究ともいう.

それに対し,たとえば出産における低体重児 (B) の原因として母親の喫煙習慣 (A) の影響を調べるといったように,ある種の結果を観測しその原因を探る研究

表3.4 2群の比較のデータ

	B	B^c	計
A	a	b	m
A^c	c	d	n
計	s	t	N

表3.5 2群の比較実験での確率構造

	B	B^c	計
A	θ_1	$1-\theta_1$	1
A^c	θ_2	$1-\theta_2$	1

表3.6 症例対照研究での確率構造

	B	B^c
A	η_1	η_2
A^c	$1-\eta_1$	$1-\eta_2$
計	1	1

では，B となった症例を s 人，比較対照となる通常出産児 (B^c) を t 人選び，母親が A (喫煙習慣あり) か A^c (喫煙習慣なし) かを調査する．この種の研究を症例対照研究という．この場合は表3.4における列和 s および t があらかじめ定められていて，確率構造は表3.6のようになる．ここで $\eta_1 = \Pr(A|B)$ および $\eta_2 = \Pr(A|B^c)$ は症例もしくは対照に関する条件付き確率である．結果を見てから過去にさかのぼってその原因を調べることから後ろ向き研究ともいう．

症例対照研究においても，本当に知りたい確率は $\theta_1 = \Pr(B|A)$ および $\theta_2 = \Pr(B|A^c)$ である．すなわち，喫煙習慣のある母親 (A) から低体重児 (B) の生まれる確率と喫煙習慣のない母親 (A^c) から低体重児 (B) の生まれる確率である．ところが $\Pr(B)$ が小さい場合には前向き研究で B が観測されるためにはかなり多くの被験者を必要とし (問題3.11参照)，また，結果を得るまで長い時間がかかるのが普通であることから研究の実施がきわめて困難で現実的でない．そのためその代用として症例対照研究が実施されることが多い．ベイズの定理により，

$$\theta_1 = \Pr(B|A) = \frac{\Pr(A|B)\Pr(B)}{\Pr(A)} = \eta_1 \times \frac{\Pr(B)}{\Pr(A)} \tag{3.48}$$

であるので，$\Pr(A)$ および $\Pr(B)$ が既知であれば η_1 から θ_1 が求められるが，通常それらは既知ではない．症例対照研究での表3.4の列和 s の比率 s/N は s (および t) をあらかじめ定めているので $\Pr(B)$ の推定値にはなり得ない．

前向き研究での条件付き確率 θ_1 および θ_2 に関するオッズ比は

$$\phi = \frac{\theta_1/(1-\theta_1)}{\theta_2/(1-\theta_2)} = \frac{\Pr(B|A)/\Pr(B^c|A)}{\Pr(B|A^c)/\Pr(B^c|A^c)} \tag{3.49}$$

である．一方，後ろ向き研究での条件付き確率 η_1 および η_2 に関するオッズ比は

$$\frac{\eta_1/(1-\eta_1)}{\eta_2/(1-\eta_2)} = \frac{\Pr(A|B)/\Pr(A^c|B)}{\Pr(A|B^c)/\Pr(A^c|B^c)} \tag{3.50}$$

であるが，これは (3.49) の ϕ に一致することが示される (問題3.12)．表3.4

の記号を用いると，各確率の自然な推定値は $\hat{\theta}_1 = a/m$, $\hat{\theta}_2 = c/n$, $\hat{\eta}_1 = a/s$, $\hat{\eta}_2 = b/t$ であるので，前向き研究でのオッズ比の推定値は

$$\hat{\psi} = \frac{\hat{\theta}_1/(1-\hat{\theta}_1)}{\hat{\theta}_2/(1-\hat{\theta}_2)} = \frac{(a/m)/(b/m)}{(c/n)/(d/n)} = \frac{a/b}{c/d} = \frac{ad}{bc}$$

となり，後ろ向き研究でのオッズ比の推定値は

$$\frac{\hat{\eta}_1/(1-\hat{\eta}_1)}{\hat{\eta}_2/(1-\hat{\eta}_2)} = \frac{(a/s)/(c/s)}{(b/t)/(d/t)} = \frac{a/c}{b/d} = \frac{ad}{bc}$$

と両者は一致する．このようにオッズ比には，研究デザインによらず症例対照研究のような後ろ向き研究の結果から本当に知りたい前向き研究でのオッズ比が求められるという利点がある．

オッズ比は，疫学調査などでの何らかの事象の生起確率 θ_1 および θ_2 が小さい場合には $\theta_1/(1-\theta_1) \approx \theta_1$ および $\theta_2/(1-\theta_2) \approx \theta_2$ であることより，$\psi \approx \theta_1/\theta_2$ と生起確率の比（リスク比）の近似値となる（問題 3.13）．

例 3.9（オッズ比の計算）

例 3.3 のデータを表 3.7 とする（表 3.3 の再掲）．オッズ比は $(8\times 4)/(2\times 4) = 4$ である．処置 1 および処置 2 を共に 40 名ずつ観測したとすると表 3.8 のようになることが期待される（処置 1 の行を 4 倍し，処置 2 の行を 5 倍した）．このときもオッズ比は $(32\times 20)/(8\times 20) = 4$ である．一方，有効者および無効者を 60 名ずつ集めてどちらの処置を受けたかを調べたとすると表 3.9 のようになることが期待されるであろう（有効の列を 5 倍し，無効の列を 10 倍した）．オッズ比は $(40\times 40)/(20\times 20) = 4$ と前向き研究の場合と同じになる．

問題 3.11 ある稀な事象の生起確率が θ であるとき，この事象を 1 回以上観測する確率を 0.95 以上とするためには試行回数は $3/\theta$ 以上必要であることを示せ．

表 3.7　2つの処置の比較のデータ表

	有効	無効	計
処置 1	8	2	10
処置 2	4	4	8
計	12	6	18

表 3.8　各処置の被験者数を等しくした場合の前向き研究の表

	有効	無効	計
処置 1	32	8	40
処置 2	20	20	40
計	52	28	80

表 3.9　有効・無効を同人数調査した結果の後ろ向き研究の表

	有効	無効	計
処置 1	40	20	60
処置 2	20	40	60
計	60	60	120

すなわち，$\theta=0.001$ であれば試行回数は3000回以上必要となる．

問題 3.12　後ろ向き研究でのオッズ比（3.50）は（3.49）で与えられる前向き研究でのオッズ比 ψ に等しいことを示せ．

問題 3.13　2つの条件下での生起確率がそれぞれ $\theta_1=0.003$, $\theta_2=0.001$ のとき，オッズ比 ψ およびリスク比 θ_1/θ_2 をそれぞれ求めよ．

3.4.2　オッズ比の推定と検定

ここではオッズ比 ψ の推定と検定を議論する．観測データが表 3.10 のように与えられているとき（表 3.4 の再掲），オッズ比の自然な点推定値は標本オッズ比 $y=(a/b)/(c/d)=(ad)/(bc)$ であり，対数オッズ比 $\log\psi$ の点推定値は，$\log y=\log a+\log d-\log b-\log c$ となる．これらの推定値はごく自然ではあるが，各観測度数の中に0があると推定値が計算できないという難点がある．そこで，二項確率の推定と同様，各観測度数にそれぞれ一定数，たとえば0.5を加えた

$$y'=\{(a+0.5)(d+0.5)\}/\{(b+0.5)(c+0.5)\} \tag{3.51}$$

をオッズ比の推定値とし，$\log y'$ を対数オッズ比の推定値とする提案もある（たとえば Fleiss, 1981 を参照）．

各観測度数がある程度大きいとき，標本対数オッズ $\log(a/b)=\log a-\log b$ の分散は近似的に $1/a+1/b$ で与えられる．同様に対数オッズ $\log(c/d)=\log c-\log d$ の分散は $1/c+1/d$ であり，対数オッズ比 $\log y$ の分散は近似的に $1/a+1/b+1/c+1/d$ で与えられる．よって $\log y$ の標準誤差は

$$SE[\log y]=\sqrt{\frac{1}{a}+\frac{1}{b}+\frac{1}{c}+\frac{1}{d}} \tag{3.52}$$

となる．標本オッズ比 y の代わりに（3.51）の y' を用いたとすると，その標準誤差は

$$SE[\log y']=\sqrt{\frac{1}{a+0.5}+\frac{1}{b+0.5}+\frac{1}{c+0.5}+\frac{1}{d+0.5}} \tag{3.53}$$

表 3.10　2群の比較での観測データ

	B	B^c	計
A	a	b	m
A^c	c	d	n
計	s	t	N

となる.

標本対数オッズ比は各セル度数がある程度大きいとき近似的に正規分布に従うことが示されるので，$z(\alpha/2)$ を標準正規分布の上側 $100\alpha/2\%$ 点として，$\log\phi$ の近似的な $100(1-\alpha)\%$ 信頼区間の上下限は，(3.52) の標準誤差を用いて

$$\log y \pm z(\alpha/2) SE[\log y] \tag{3.54}$$

で与えられる．点推定値として (3.51) の y' を用いた場合は (3.53) の標準誤差により

$$\log y' \pm z(\alpha/2) SE[\log y'] \tag{3.55}$$

となる．オッズ比 ϕ の信頼区間はこれらの区間の指数を取ることにより得られる．

例 3.10（対数オッズ比およびオッズ比の推定）

例 3.9 のデータでは，標本オッズ比は $y=(8\times4)/(2\times4)=4$ であり，対数オッズ比は $\log 4 \approx 1.386$ となる．(3.51) の定義では $y'=(8.5\times4.5)/(2.5\times4.5)=3.4$ および $\log 3.4 \approx 1.224$ となる．標準誤差はそれぞれ

$$SE[\log y] = \sqrt{\frac{1}{8}+\frac{1}{2}+\frac{1}{4}+\frac{1}{4}} = \sqrt{\frac{9}{8}} \approx 1.061$$

$$SE[\log y'] = \sqrt{\frac{1}{8.5}+\frac{1}{2.5}+\frac{1}{4.5}+\frac{1}{4.5}} \approx 0.981$$

となるので，対数オッズ比 $\log\phi$ の近似的な 95% 信頼区間は $1.386\pm1.96\times1.061\approx(-0.693, 3.465)$ もしくは $1.224\pm1.96\times0.981\approx(-0.699, 3.146)$ となる．これらより，オッズ比 ϕ の 95% 信頼区間は，$(\exp[-0.693], \exp[3.465])=(0.500, 31.981)$ もしくは $(\exp[-0.699], \exp[3.146])=(0.497, 23.248)$ となる．

一方，オッズ比の正確な信頼区間は 3.1.2 項の非心超幾何分布を用いて求められる．オッズ比が ϕ のとき，表 3.10 で各周辺度数を固定した場合の (A, B) セル度数を表わす確率変数を X とすると，$X=a$ となる確率は 3.1.6 項の (3.11) より

$$\Pr(X=a|\phi) = {}_mC_a \cdot {}_nC_{s-a} \cdot \phi^a / \sum_k {}_mC_k \cdot {}_nC_{s-k} \cdot \phi^k \tag{3.56}$$

となる $(a=\max(0, s-n), ..., \min(m, s))$．よって，2.3.3 項で二項確率の正確な信頼区間を求めた際と同様に ϕ の $100(1-\alpha)\%$ 信頼区間 (ϕ_L, ϕ_U) の上下限は，

$$\Pr(X\geq a|\phi_L)=\alpha/2, \ \Pr(X\leq a|\phi_U)=\alpha/2 \tag{3.57}$$

を満たす値として求められる．ただし，実際の計算はϕの値の試行錯誤により求めることになり手間がかかる．また，下の例が示すようにこの方法による信頼区間は区間幅が広くなる傾向にある．これは，二項確率の区間推定と同様非心超幾何分布の離散性によるものである．

例 3.11（例 3.10 の続き）

例 3.9 のデータにより正確な 95%信頼区間を求めると，(0.348, 58.196) となる（下の累積確率表を参照）．$\Pr(X \geq 8 | \phi_L = 0.348) = 0.025$ および $\Pr(X \leq 8 | \phi_U = 58.196) = 0.025$ となっていることがわかるであろう．この信頼区間は例 3.10 で求めた正規近似に基づく信頼区間よりかなり広い．ちなみに，mid-P 値に基づく信頼区間，すなわち

$$\Pr(X > a | \phi^*_L) + 0.5 \Pr(X = a | \phi^*_L) = \alpha/2$$
$$\Pr(X < a | \phi^*_U) + 0.5 \Pr(X = a | \phi^*_U) = \alpha/2$$

を満たす (ϕ^*_L, ϕ^*_U) は (0.453, 39.780) と求められる．

オッズ比 ϕ の検定での帰無仮説は，一般には ϕ_0 をある与えられた値としたときの

$$H_0: \phi = \phi_0 \text{ vs. } H_1: \phi \neq \phi_0 \qquad (3.58)$$

であるが，実用上はオッズ比が 1 かどうか（両群での二項確率に差があるかどうか），すなわち

$$H_0: \phi = 1 \text{ vs. } H_1: \phi \neq 1 \qquad (3.59)$$

の検定が重要である．上述のいずれかの方法で ϕ の $100(1-\alpha)$%信頼区間が求められたとすると，その区間が仮説値 ϕ_0 を含まなければ（3.58）の両側検定は有意水準 100α%で有意となる．

帰無仮説が棄却されるかどうかだけでなく P-値も求めたい場合には以下のよ

X	OR=0.348	OR=58.196	X	OR=0.453	OR=39.780
4	0.107	0.000	4	0.068	0.000
5	0.359	0.000	5	0.295	0.000
6	0.364	0.000	6	0.389	0.000
7	0.145	0.001	7	0.202	0.002
8	0.024	0.024	8	0.043	0.045
9	0.001	0.249	9	0.003	0.319
10	0.000	0.726	10	0.000	0.634

うにすればよい．(3.59) の検定は二項確率の差が 0 かどうかの検定と本質的に同じであるので，3.2.1 項のフィッシャー検定あるいは 3.2.2 項の近似検定を用いればよい．オッズ比が一般の ϕ_0 のときは，(A, B) セル度数 X の確率分布は (3.56) の非心超幾何分布に従うので，(A, B) セル度数が a のとき，片側 P-値をたとえば $\Pr(X \geq a | \psi = \phi_0)$ として求め，両側 P-値はそれを 2 倍する．これは非心超幾何分布を用いた正確検定である．それに対し，対数オッズ比を用いた近似検定は以下のように実行される．標本対数オッズ比 $\log y$（もしくは $\log y'$）は各セル度数が大きいとき (3.58) の帰無仮説の下で近似的に期待値 $\log \phi_0$, 標準偏差 $SE_0 = SE[\log y | \phi = \phi_0]$ の正規分布に従う．ここで SE_0 として (3.52)（もしくは (3.53)）とするのが実際的でかつ信頼区間との整合性もある．そして $z^* = (\log y - \log \phi_0)/SE_0$ と置き，Z を $N(0, 1)$ 変量として（両側）P-値を $P = \Pr(|z^*| < |Z|)$ により求める．(3.59) の帰無仮説 $H_0 : \phi = 1$ の下では，セル度数の期待値からの計算で $SE_0 = N\sqrt{N/(mnst)}$ なることを用いて検定することも考えられる（問題 3.15）．

オッズ比に関する推測法に関しては多くの研究がある．詳細は Agresti and Min（2002）およびそこでの参考文献を見られたい．

例 3.12（例 3.10 の続き）

例 3.9 のデータを用いて $H_0 : \phi = 1$ vs. $H_1 : \phi \neq 1$ および $H_0 : \phi = 10$ vs. $H_1 : \phi \neq 10$ の検定を実行する．(A, B) セル度数 X を用いた $H_0 : \phi = 1$ の検定は例 3.3 で述べたフィッシャー検定である．$H_0 : \phi = 10$ の検定では，X の確率分布は右の表の

X	$\phi=10$	X	$\phi=10$
4	0.000	8	0.256
5	0.000	9	0.456
6	0.005	10	0.228
7	0.055		

ように与えられることから，片側 P-値は $\Pr(X \leq 8 | \phi = 10) = 0.316$ となり，両側 P-値はこれを 2 倍して $P = 0.632$ となる．mid-P 値は，片側で 0.188 であり，両側で mid-$P = 0.376$ となる．

対数オッズ比を用いた検定では，標本対数オッズ比は $\log 4 \approx 1.386$ であり，例 3.10 より $SE_0 \approx 1.061$ であるので，$H_0 : \phi = 1$ の検定では $z^* = 1.386/1.061 \approx 1.307$ であり，両側 P-値は

$$P = \Pr(1.307 < |Z|) = 2\{1 - \mathrm{NORMSDIST}(1.307)\} \approx 0.191$$

となる．一方 $H_0 : \phi = 10$ の検定では，$\log 10 \approx 2.303$ であるので，$z^* = (1.386 -$

3.5 複数の二項分布

表 3.11 観測度数

	有効	無効	計
処置 1	2	8	10
処置 2	4	4	8
計	6	12	18

$2.303)/1.061 \approx -0.864$ となり，両側 P-値は

$$P = \Pr(0.864 < |Z|) = 2\{1 - \text{NORMSDIST}(0.864)\} \approx 0.388$$

と求められる．この P-値は (A, B) セル度数を用いた検定における mid-P 値と対応している．

問題 3.14 観測度数が表 3.11 のように与えられているとき，オッズ比および対数オッズ比の推定値ならびに 95％信頼区間を求めよ．

問題 3.15 $\phi = 1$ のとき $SE_0 = N\sqrt{N/(mnst)}$ となることを示せ．

3.5 複数の二項分布

これまでは 2 つの二項確率の差異について議論してきたが，ここではそれを一般化し 3 つ以上の二項確率の比較の問題を扱う．3.5.1 項では複数の二項確率が等しいかどうかの検定を議論し，3.5.2 項では二項確率間の順序の有無に関する検定法について論じる．

3.5.1 確率の一様性の検定

m 種類の二項分布があり，それぞれの二項確率を $\theta_1, ..., \theta_m$ とする．ここでは，それらに関する仮説

$$H_0 : \theta_1 = \cdots = \theta_m \text{ vs. } H_1 : \theta_1 = \cdots = \theta_m \text{ でない} \tag{3.60}$$

の検定を扱う．比較対象の処置が m 個あり，第 j 番目の処置の有効率（二項確率）が θ_j である場合に相当する．処置 j を n_j 人の被験者に施したときの有効者数を x_j とすると観測結果は表 3.12 のような $m \times 2$ 表にまとめられる．各 x_j は互いに独立な二項分布 $B(n_j, \theta_j)$ からの実現値であり，有効率 θ_j の点推定値は $\hat{\theta}_j = x_j/n_j$ である．

総被験者数を $N = n_1 + \cdots + n_m$ とし，有効者数の総和を $w = x_1 + \cdots + x_m$ とした

表 3.12 試行結果を表わす $m\times 2$ 表

	有効	無効	計
処置 1	x_1	n_1-x_1	n_1
処置 2	x_2	n_2-x_2	n_2
⋮	⋮	⋮	
処置 m	x_m	n_m-x_m	n_m
計	w	$N-w$	N

とき，(3.60) の帰無仮説 H_0 における共通の有効率を θ とすると，総和 w は二項分布 $B(N,\theta)$ に従う変量であり，θ の点推定値は $\bar{\theta}=w/N=(1/N)\sum_{j=1}^{m}n_j\hat{\theta}_j$ で与えられる．

(3.60) の帰無仮説の下での第 j 処置の有効者数の期待値は $\xi_j=n_j\bar{\theta}=n_jw/N$ であり，無効者数の期待値は $n_j-\xi_j=n_j(1-\bar{\theta})=n_j(N-w)/N$ となる．よって，(3.60) の仮説の検定統計量として

$$y=\sum_{j=1}^{m}\frac{(x_j-\xi_j)^2}{\xi_j}+\sum_{j=1}^{m}\frac{\{(n_j-x_j)-(n_j-\xi_j)\}^2}{n_j-\xi_j} \tag{3.61}$$

が導かれる．この y は ξ_j および $n_j-\xi_j$ があまり小さくないとき (3.60) の帰無仮説の下で自由度 $m-1$ のカイ 2 乗分布に従う変量で，

$$y=\frac{1}{\bar{\theta}(1-\bar{\theta})}\sum_{j=1}^{m}n_j(\hat{\theta}_j-\bar{\theta})^2 \tag{3.62}$$

とも表現される（問題 3.16）．(3.62) の y は 2 つの二項分布の比較の場合の 3.2.2 項の (3.22) の表現の拡張となっている．

例 3.13

ある疾病の患者に対し $m=4$ 種類の異なる処置を施した結果が表 3.13 のようであったとする．各処置および全体での有効者数の比率は表のとおりであり，これらから (3.62) により求めたカイ 2 乗統計量の値は

$$y=\frac{1}{0.45(1-0.45)}\{20\times(0.30-0.45)^2+25\times(0.32-0.45)^2$$
$$+30\times(0.53-0.45)^2+25\times(0.60-0.45)^2\}=6.640$$

となる．自由度 3 のカイ 2 乗分布による P-値は，Excel の CHIDIST 関数により CHIDIST(6.640, 3)$\approx$0.0843 と求められる．有意水準を 5% とすると P-値はそれよりも大きく，各処置での有効率に差があるとはいえないという結論になる．た

表3.13 各処置による有効無効者数

	有効	無効	計	有効率
処置1	6	14	20	0.30
処置2	8	17	25	0.32
処置3	16	14	30	0.53
処置4	15	10	25	0.60
計	45	55	100	0.45

だし P-値は 0.05 に近いので差がないともいい切れない.

上述の検定は各二項確率がすべて等しいか否かを評価する包括的な検定となっている.それに対し,あらかじめ定めた確率間の違いを検定する方法もある.データ取得前に m 個の二項確率がそれぞれ k 個および $m-k$ 個からなる2つにグループ分けされ,各グループ内では確率が等しいがグループ間では確率は異なるかもしれない状況を考える.すなわち,$\theta_1 = \cdots = \theta_k (=\theta^{(1)})$ および $\theta_{k+1} = \cdots = \theta_m (=\theta^{(2)})$ であり,仮説は

$$H_0 : \theta^{(1)} = \theta^{(2)} \text{ vs. } H_1 : \theta^{(1)} \neq \theta^{(2)} \tag{3.63}$$

となる.表 3.12 の記号を用い,各グループでの試行数をそれぞれ $n^{(1)} = n_1 + \cdots + n_k$ および $n^{(2)} = n_{k+1} + \cdots + n_m$ として,各有効者数をそれぞれ $x^{(1)} = x_1 + \cdots + x_k$ および $x^{(2)} = x_{k+1} + \cdots + x_m$ とするとき,$\theta^{(1)}$ および $\theta^{(2)}$ の推定値はそれぞれ $\overline{\theta}^{(1)} = x^{(1)}/n^{(1)}$,$\overline{\theta}^{(2)} = x^{(2)}/n^{(2)}$ となる.そして (3.63) の仮説の検定統計量は

$$y_{\text{diff}} = \frac{1}{\overline{\theta}(1-\overline{\theta})} \cdot \frac{n^{(1)} n^{(2)}}{N} \cdot (\overline{\theta}^{(1)} - \overline{\theta}^{(2)})^2 \tag{3.64}$$

で与えられ,これは 3.2.2 項の (3.19) の $N(0,1)$ に従う Z の2乗であるため,(3.63) の H_0 の下で自由度1のカイ2乗分布に従う.一方,各グループ内での確率の一様性は

$$y^{(1)} = \frac{1}{\overline{\theta}(1-\overline{\theta})} \sum_{j=1}^{k} n_j (\widehat{\theta}_j - \overline{\theta}^{(1)})^2, \quad y^{(2)} = \frac{1}{\overline{\theta}(1-\overline{\theta})} \sum_{j=k+1}^{m} n_j (\widehat{\theta}_j - \overline{\theta}^{(2)})^2 \tag{3.65}$$

がそれぞれ自由度 $k-1$ および自由度 $m-k-1$ のカイ2乗分布に従うことを利用して検定できる.このとき,(3.62) のカイ2乗統計量 y では $y = y_{\text{diff}} + y^{(1)} + y^{(2)}$ が成り立つことが示される(問題 3.17).

例 3.14（例 3.13 の続き）

表 3.13 の 4 つの処置のうち最初の 2 つと残りの 2 つはグループ分けできる理由があるとする（表 3.14 参照）．このとき，$n^{(1)}=20+25=45$, $n^{(2)}=30+25=55$ および $x^{(1)}=6+8=14$, $x^{(2)}=16+15=31$ であるので，$\bar{\theta}^{(1)}=14/45=0.311$ ならびに $\bar{\theta}^{(2)}=31/55=0.564$ となり，(3.64) のカイ 2 乗値は

$$y_{\text{diff}} = \frac{1}{0.45(1-0.45)} \cdot \frac{45 \times 55}{100} \cdot (0.311-0.564)^2 = 6.377$$

となる．自由度 1 のカイ 2 乗分布から求めた P-値は CHIDIST$(6.377, 1)$ $=0.0116$ となる．例 3.13 の検定結果とは異なり，今度は 5% 有意でグループ間では確率は等しくないことになる．ちなみに，グループごとの度数は表 3.15 のようであり，(3.65) のカイ 2 乗値はそれぞれ

$$y^{(1)} = \frac{1}{0.45(1-0.45)} \{20 \times (0.300-0.311)^2 + 25 \times (0.320-0.311)^2\} = 0.018$$

$$y^{(2)} = \frac{1}{0.45(1-0.45)} \{30 \times (0.533-0.564)^2 + 25 \times (0.600-0.564)^2\} = 0.245$$

となる．いずれも自由度 1 のカイ 2 乗分布に基づく検定で有意ではなく，グループ内での確率の差はあるとはいえない．また，$y_{\text{diff}}+y^{(1)}+y^{(2)}=6.377+0.018+0.245=6.640(=y)$ となることが確かめられる．

一般に，定数の組 $\{c_1, ..., c_m\}$ は $c_1+\cdots+c_m=0$ を満足するとし，仮説

$$H_0: c_1\theta_1+\cdots+c_m\theta_m=0 \text{ vs. } H_1: c_1\theta_1+\cdots+c_m\theta_m \neq 0 \quad (3.66)$$

の検定を考える．(3.66) の帰無仮説を対比という．各確率の推定値 $\hat{\theta}_j (j=1,...,m)$ に対し，$c_1\hat{\theta}_1+\cdots+c_m\hat{\theta}_m$ は (3.66) の帰無仮説の下で近似的に期

表 3.14 グループ分けした表

処置	有効	無効	計	有効率
グループ 1	14	31	45	0.311
グループ 2	31	24	55	0.564
計	45	55	100	0.450

表 3.15 各グループ内での表

	有効	無効	計	有効率		有効	無効	計	有効率
処置 1	6	14	20	0.300	処置 3	16	14	30	0.533
処置 2	8	17	25	0.320	処置 4	15	10	25	0.600
計	14	31	45	0.311	計	31	24	55	0.564

待値 0, 分散 $\sum_{j=1}^{m} c_j{}^2 \theta_j (1-\theta_j)/n_j$ の正規分布に従う．このことを利用しても検定ができる．ただし，分散は未知確率 θ_j を含むのでそれらの何らかの推定値を代入する必要がある．

ここで重要なのは，(3.63) の仮説でのグループ分けや (3.66) での定数の組 $\{c_1, ..., c_m\}$ はデータ取得前に決められていなくてはならないという点であり，データを見てからグループ分けなどを定めてはならない．データを見た後でグループ分けなどを決めた場合には，(3.63) や (3.66) の仮説の検定においてもカイ 2 乗分布の自由度を $m-1$ とすべしという提案もある（たとえば Fleiss, 1981, Section 9.1 参照）．ただしこの場合は過度に保守的になる（差があるのに帰無仮説が棄却されにくくなる）おそれがある．適当な多重比較法の適用が望まれる．

例 3.15（例 3.14 の続き）
$m=4$ とし，定数の組を $\{c_1, c_2, c_3, c_4\} = \{1/3, 1/3, 1/3, -1\}$ とすると，$c_1+c_2+c_3+c_4 = 0$ であり，(3.66) の帰無仮説は $H_0 : (\theta_1+\theta_2+\theta_3)/3 - \theta_4 = 0$ となる．ここで $\theta^{(1)} = (\theta_1+\theta_2+\theta_3)/3$ および $\theta^{(2)} = \theta_4$ と置くと帰無仮説は $H_0 : \theta^{(1)} = \theta^{(2)}$ となり，例 3.14 の検定に帰着される．

問題 3.16 (3.61) 式と (3.62) 式は同値であることを示せ．
問題 3.17 (3.62) のカイ 2 乗統計量 y に対し，$y = y_{\text{diff}} + y^{(1)} + y^{(2)}$ となることを示せ．

3.5.2 傾向のある対立仮説

実際問題では複数の二項確率が特定の傾向を有するかどうかを検定したいことがある．たとえばある薬物の投与量を増やしたとき，投与量の増加に従って有効率が高くなるかなどの場合である．ここでは，このように二項確率間に順序があるかどうかを調べることを目的とする．

全部で m 個の処置があり，第 j 番目の処置に関して何らかの説明変数（薬の投与量など）の値 h_j が対応しているとする ($j=1, ..., m$)．そして処置 j での有効率 θ_j に対し

$$\theta_j = \alpha + \beta h_j \quad (j=1, ..., m) \tag{3.67}$$

なるモデルを想定する（単回帰モデル）．ここでの興味は (3.67) の線形モデルの係数 β に関する検定

$$H_0: \beta=0 \text{ vs. } H_1: \beta \neq 0 \tag{3.68}$$

である．ここで $\beta=0$ は各確率がすべて等しいことを意味していて 3.5.1 項の (3.60) の帰無仮説と同じである．それに対し対立仮説は，(3.60) の包括的な仮説とは異なり，(3.67) という確率間の順序が想定されることを表わしている．また，各確率間の関係が (3.67) のような直線的かどうかも吟味しなくてはならない．

3.5.1 項と同じ記号の下で，説明変数の平均値を $\bar{h} = \sum_{j=1}^{m} n_j h_j / N$ とすると，(3.68) の回帰係数 β の推定値は

$$b = \sum_{j=1}^{m} n_j (\widehat{\theta}_j - \bar{\theta})(h_j - \bar{h}) / \sum_{j=1}^{m} n_j (h_j - \bar{h})^2 \tag{3.69}$$

で与えられ，切片 α の推定値は $a = \bar{\theta} - b\bar{h}$ となる．これより，当てはめられた回帰式による有効率の予測値は

$$\theta_j^* = \bar{\theta} + b(h_j - \bar{h}) \tag{3.70}$$

となる．係数 β に関する (3.68) の仮説の検定統計量は

$$y_{\text{slope}} = \frac{b^2}{\bar{\theta}(1-\bar{\theta})} \sum_{j=1}^{m} n_j (h_j - \bar{h})^2 \tag{3.71}$$

であり，帰無仮説の下で近似的に自由度 1 のカイ 2 乗分布に従う．この検定をコクラン–アーミテージの傾向性検定という．また，モデル (3.67) の妥当性の検定のための検定統計量は (3.62) に類似の

$$y_{\text{linear}} = \frac{1}{\bar{\theta}(1-\bar{\theta})} \sum_{j=1}^{m} n_j (\widehat{\theta}_j - \theta_j^*)^2 \tag{3.72}$$

である．この y_{linear} は回帰の残差平方和に相当するもので，近似的に自由度 $m-2$ のカイ 2 乗分布に従う．(3.62) のカイ 2 乗統計量 y に対し，$y_{\text{linear}} + y_{\text{slope}} = y$ が示される（問題 3.18）．(3.71) および (3.72) のカイ 2 乗統計量はいずれも第 j 群での繰り返し数 n_j が寄与している．すなわち，第 j 群での差 $\widehat{\theta}_j - \theta_j^*$（もしくは $h_j - \bar{h}$）がたとえ小さくても n_j が大きければ統計量への寄与は大きくなるのである．

例 3.16（例 3.13 の続き）

例 3.13 で扱った 4 種類の処置は実はある薬剤の投与量の違いであったとする．表 3.16 は例 3.13 の表 3.13 に各投与量および下で求める回帰モデルでの有効率の予測値を加えたものである．投与量の平均値は $\bar{h} = (5+10+15+20)/4 = 12.5$ で

あり，(3.69) から求めた回帰係数は，$b=0.023$，切片は $a=0.45-0.23\times 12.5$ $=0.167$ となる．求められた回帰式は $\theta^*=0.45+0.023(h-12.5)=0.167+0.023h$ となり，(3.71) の検定統計量の値は $y_{\text{slope}}=5.938$ で P-値は CHIDIST$(5.938, 1)$ ≈ 0.015 となって，(3.68) の検定は高度に有意である．よって，投与量に比例して有効率が高くなることがわかる．一方，回帰式より計算した有効率の予測値は表 3.16 のようであり，(3.72) のカイ 2 乗統計量は $y_{\text{linear}}=0.702$ となる．自由度 2 のカイ 2 乗分布に基づく P-値は CHIDIST$(0.702, 2)\approx 0.704$ であり，有効率の直線性は検定結果からは否定されない．しかし図 3.6 に見るように処置 2 での有効率の実測値は直線より下にずれ，処置 3 では上にずれている．このことは例 3.14 で述べたように最初の 2 つと残りの 2 つとがグループ分けできるという事実とも符合している．ちなみに $y_{\text{linear}}+y_{\text{slope}}=0.702+5.938=6.640(=y)$ となることも確かめられる．

二項確率そのものに線形モデルを当てはめるのではなく，確率の対数オッズ（ロジット）$\phi=\text{logit}(\theta)=\log\{\theta/(1-\theta)\}$ に線形モデルを想定する，すなわち

表 3.16 投与量と有効率

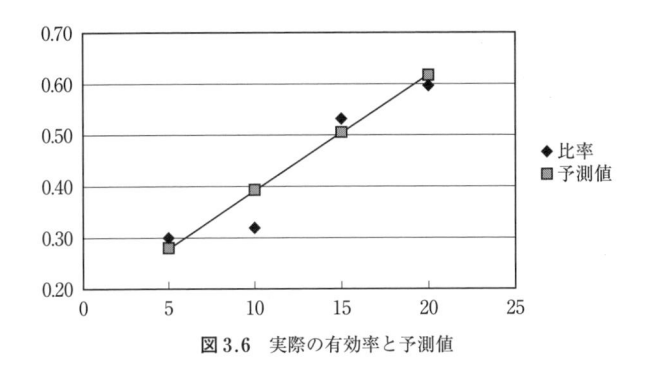

	有効	無効	計	有効率	投与量	予測値
処置 1	6	14	20	0.30	5	0.280
処置 2	8	17	25	0.32	10	0.393
処置 3	16	14	30	0.53	15	0.507
処置 4	15	10	25	0.60	20	0.620
計	45	55	100	0.45		

図 3.6 実際の有効率と予測値

$$\log\left(\frac{\theta_j}{1-\theta_j}\right)=\alpha+\beta\,h_j \tag{3.73}$$

とする解析も行なわれる．この種の解析はロジスティック回帰と呼ばれ，特に医薬・疫学の分野では標準的な解析法となっているが，詳細は他書に譲り本書では特に取り上げない．2.5.1 項で述べたように，二項確率 θ は 0 から 1 までの値しか取り得ないのに比べ ϕ は $(-\infty, \infty)$ の値を取り得るため ϕ をモデル化したほうがよいという面もある．

問題 3.18 等式 $y=y_{\text{linear}}+y_{\text{slope}}$ を示せ．

3.6 対応のある二項分布

前節までは 2 つの処置において処置 1 もしくは処置 2 が施される被験者は異なるとした独立な二項分布の比較を扱ってきた．ここでは，同じ被験者に対し異なる 2 つの処置を施す，もしくは性，年齢，疾病の重症度などの背景因子が似通った 2 名の被験者，すなわちマッチングさせた被験者に対して 2 つの処置のいずれかをランダムに選んで施す対応のある二項分布に関する推測法を述べる．3.6.1 項では対応のある二項分布に関する基本的な性質を述べ，3.6.2 項で二項確率の検定および推定を議論する．サンプルサイズの設計は後の 3.7.2 項で述べる．

3.6.1 基本的性質

2 つの処置を対応のある被験者，すなわち同じ個体もしくは背景因子でマッチングさせた 1 組の被験者に施す理由は主として以下の 2 つである：

(a) 処置効果に関する統計的推測の精度の向上を図る．
(b) 交絡因子の影響を除去する．

この場合の確率構造は表 3.17 のようであり，n 組の被験者に関するデータは表 3.18 のように与えられる．

処置 1 および処置 2 での有効・無効を表わす確率変数を R_1 および R_2 とし，それぞれが有効のとき 1，無効のとき 0 を取るとすると，$\pi_{11}=\Pr(R_1=1, R_2=1)$，$\pi_{12}=\Pr(R_1=1, R_2=0)$，$\pi_{21}=\Pr(R_1=0, R_2=1)$，および $\pi_{22}=\Pr(R_1=0, R_2=0)$ であり，各処置の有効率は $\theta_1=\Pr(R_1=1)=\pi_{11}+\pi_{12}$，$\theta_2=\Pr(R_2=1)=\pi_{11}+\pi_{21}$

3.6 対応のある二項分布

表3.17 各確率の定義

	処置2有効	処置2無効	計
処置1有効	π_{11}	π_{12}	θ_1
処置1無効	π_{21}	π_{22}	$1-\theta_1$
計	θ_2	$1-\theta_2$	1

表3.18 観測度数

	処置2有効	処置2無効	計
処置1有効	a	b	x
処置1無効	c	d	$n-x$
計	y	$n-y$	n

となる.一般に $\pi_{11} \neq \theta_1\theta_2$ であり $\pi_{11} > \theta_1\theta_2$ となることが多い.

対応のある場合でも統計分析の主たる目的は各処置の有効率 θ_1 と θ_2 の比較であるが,独立な場合とはやや様相が異なる.議論をクリアカットにするためいくつかのパラメータを用意しておく.

・有効率の差 　　：$\delta = \theta_1 - \theta_2 = (\pi_{11} + \pi_{12}) - (\pi_{11} + \pi_{21}) = \pi_{12} - \pi_{21}$ 　　(3.74)

・条件付き確率 　：$\xi_1 = \dfrac{\pi_{12}}{\pi_{12} + \pi_{21}}, \quad \xi_2 = \dfrac{\pi_{21}}{\pi_{12} + \pi_{21}} = 1 - \xi_1$ 　　(3.75)

・オッズ比（OR）：$\psi = \pi_{12}/\pi_{21}$ 　　(3.76)

・ファイ係数 　　：$\phi = \dfrac{\pi_{11}\pi_{22} - \pi_{12}\pi_{21}}{\sqrt{\theta_1(1-\theta_1)\theta_2(1-\theta_2)}}$ 　　(3.77)

これらのうち,興味あるパラメータは δ である.また,オッズ比 ψ が問題とされる場合もある.ただしこのときのオッズ比は $\psi = \xi_1/\xi_2 = \xi_1/(1-\xi_1)$ とも書け,条件付き確率 ξ_1 のオッズとの解釈も成り立つ.ファイ係数 ϕ は表3.17の四分表における行と列の独立性を表わすパラメータで,行と列とが独立な場合0になり,$\pi_{12} = \pi_{21} = 0$ のとき1になる.

分析法の詳細に入る前に,例3.17に示すようないくつかの異なる状況を考え置く必要がある.

例3.17（対応のある二項分布）

2つの処置の比較として表3.19の簡単な9種類の数値例を取り上げよう.これらの確率構造に対する上述の各パラメータの値は表3.20のようである.

表中の (a-1),(b-1),(c-1) はいずれも $\pi_{12} = \theta_1\theta_2$ が成り立つ両処置の結果が独立な場合で,ファイ係数 ϕ は0となっている.このような確率構造の場合には統計的推測の精度向上という意味では対応を取る意味はないが,両処置の性格の判定上は有用である.(a-1),(a-2),(a-3) はすべて $\delta = \theta_1 - \theta_2 = \pi_{12} - \pi_{21} = 0$ で,両処置の有効率が同じ ($\theta_1 = \theta_2$) 場合である.しかし,これらの3つの間

表 3.19 種々の確率構造

(a-1)

処置1 \ 処置2	有効	無効	計
有効	0.36	0.24	0.6
無効	0.24	0.16	0.4
計	0.6	0.4	1

(a-2)

処置1 \ 処置2	有効	無効	計
有効	0.55	0.05	0.6
無効	0.05	0.35	0.4
計	0.6	0.4	1

(a-3)

処置1 \ 処置2	有効	無効	計
有効	0.25	0.35	0.6
無効	0.35	0.05	0.4
計	0.6	0.4	1

(b-1)

処置1 \ 処置2	有効	無効	計
有効	0.35	0.35	0.7
無効	0.15	0.15	0.3
計	0.5	0.5	1

(b-2)

処置1 \ 処置2	有効	無効	計
有効	0.45	0.25	0.7
無効	0.05	0.25	0.3
計	0.5	0.5	1

(b-3)

処置1 \ 処置2	有効	無効	計
有効	0.25	0.45	0.7
無効	0.25	0.05	0.3
計	0.5	0.5	1

(c-1)

処置1 \ 処置2	有効	無効	計
有効	0.45	0.3	0.75
無効	0.15	0.1	0.25
計	0.6	0.4	1

(c-2)

処置1 \ 処置2	有効	無効	計
有効	0.73	0.02	0.75
無効	0.01	0.24	0.25
計	0.74	0.26	1

(c-3)

処置1 \ 処置2	有効	無効	計
有効	0.35	0.4	0.75
無効	0.2	0.05	0.25
計	0.55	0.45	1

表 3.20 各確率構造のパラメータ値

	δ	OR	$\xi_1-\xi_2$	ϕ
(a-1)	0	1.00	0.000	0.000
(a-2)	0	1.00	0.000	0.792
(a-3)	0	1.00	0.000	-0.458
(b-1)	0.20	2.33	0.400	0.000
(b-2)	0.20	5.00	0.667	0.436
(b-3)	0.20	1.80	0.286	-0.436
(c-1)	0.15	2.00	0.333	0.000
(c-2)	0.01	2.00	0.333	0.921
(c-3)	0.20	2.00	0.333	-0.290

ではその解釈に差がある．(a-2) は π_{12} および π_{21} が小さく，両処置の関係が強い場合であり，逆に (a-3) は π_{12} および π_{21} が大きく，ファイ係数もマイナスで両処置間には負の関係が存在する場合となっている．(a-1) はその境目である．新薬の臨床試験で処置1が既存薬，処置2が新薬としたとき，(a-2) は既存薬と新薬との類似性が強い場合であり，少なくとも有効性の観点からは新薬を世に出す根拠は薄い（副作用が少ないなどの利点が必要となるであろう）．それに対し (a-3) では既存薬と新薬の作用機序が異なり，既存薬が無効であっても新薬で有効となる比率が 0.35 あり，有効となる患者層が異なっている．よって，既存薬

と新薬との使い分けにより総有効率は95%に達し((a-2)では65%に過ぎない),たとえ全体での有効率は同じであってもこの薬を市販する根拠は強い.それに対し,たとえば処置2は処置1の薬剤の剤型変更で,高い類似性が要求されるいわゆる同等性の検証の場合には(a-2)が望ましい確率構造となり,(a-3)では具合が悪い.

(b-1),(b-2),(b-3)は共に$\delta=\theta_1-\theta_2=\pi_{12}-\pi_{21}=0.2$の場合である.処置1が既存薬,処置2が新薬とすると,新薬の全体での有効率は既存薬に劣るため,通常この新薬は承認される可能性は低い.特に(b-2)の場合にはそうであろう.しかしながら(b-3)では,(a-3)と同様に既存薬は無効であるが新薬は有効となる比率が高く,この薬剤を第二選択薬として世に出した場合,処置1の薬剤との使い分けにより全体での有効率は95%になることから有用性があると判断されよう.

(c-1),(c-2),(c-3)はすべてオッズ比が$\psi=\pi_{12}/\pi_{21}=2$の場合で,条件付き確率の差$\xi_1-\xi_2$も同じ値となる(問題3.19).オッズ比および条件付き確率の差が同じであっても確率構造はかなり異なる.(c-2)ではそれぞれの処置が共に有効もしくは共に無効の確率が大きく,両処置はほぼ類似と判断できる.それに対し(c-3)では明らかに両処置の性格が異なる.

以下,表3.18の観測度数に関する確率分布をまとめておく.全部でn組の被験者についてデータを取り(もしくはn人の被験者に対し2回データを取り),第(j,k)セルの観測度数を表わす確率変数をX_{jk}とする.第(j,k)セルとなる確率はπ_{jk}である$(j,k=1,2)$.このとき,観測度数が表3.18のようになる確率は4つのカテゴリーを持つ多項分布(2.1.6項参照)

$$p(a,b,c,d)=\frac{n!}{a!\,b!\,c!\,d!}\pi_{11}{}^a\pi_{12}{}^b\pi_{21}{}^c\pi_{22}{}^d \qquad (3.78)$$

により与えられる.処置1の有効者数を表わす確率変数$X=X_{11}+X_{12}$は二項分布$B(n,\theta_1)$に従い,処置2の有効者数を表わす確率変数$Y=X_{11}+X_{21}$は$B(n,\theta_2)$に従う.

パラメータ$\delta=\theta_1-\theta_2$に関する推測では$X-Y$の形の統計量が主要な役割を果たす.$X-Y=(X_{11}+X_{12})-(X_{11}+X_{21})=X_{12}-X_{21}$であり,$n$がある程度大きいとき多項分布は正規分布で近似され,期待値は$E[X-Y]=n(\theta_1-\theta_2)=$

$n(\pi_{12}-\pi_{21})$ である．$Cov[X_{12}, X_{21}]=-n\pi_{12}\pi_{21}$ であるので，$X-Y$ の分散は

$$V[X-Y]=V[X_{12}-X_{21}]=V[X_{12}]+V[X_{21}]-2Cov[X_{12}, X_{21}]$$
$$=n\pi_{12}(1-\pi_{12})+n\pi_{21}(1-\pi_{21})+2n\pi_{12}\pi_{21}$$
$$=n\{(\pi_{12}+\pi_{21})-(\pi_{12}-\pi_{21})^2\} \tag{3.79}$$

となる．これより $\theta_1=\theta_2(\pi_{12}=\pi_{21})$ の場合には $V[X-Y]=n(\pi_{12}+\pi_{21})$ となる．

問題 3.19 条件付き確率の差 $\xi_1-\xi_2$ が等しいこととオッズ比 ϕ が等しいことは同値であることを示せ．

3.6.2 推定と検定

ここでは前項で定義した対応のある二項分布での二項確率の差 $\delta=\theta_1-\theta_2$ に関する検定および推定を扱う．仮説

$$H_0: \theta_1=\theta_2 \text{ vs. } H_1: \theta_1\neq\theta_2 \tag{3.80}$$

は

$$H_0: \pi_{12}=\pi_{21} \text{ vs. } H_1: \pi_{12}\neq\pi_{21} \tag{3.81}$$

と同値であり，条件付き確率に関する仮説

$$H_0: \xi_1=\xi_2 \text{ vs. } H_1: \xi_1\neq\xi_2 \tag{3.82}$$

とも同値であることに注意する．表 3.18 の観測度数のうちこの検定で二項確率の差異について情報を持つのは 2 つの処置間で異なる反応を示した度数の b と c であり，それらの和 $m=b+c$ を所与とすれば，上記の帰無仮説の下で b は二項分布 $B(m, 0.5)$ に従う変量となる．$B(m, 0.5)$ は $m/2$ を中心に左右対称であるので，両側 P-値は，$b\geq m/2$ のとき

$$P=2\sum_{k=b}^{m} {}_mC_k(0.5)^m \tag{3.83}$$

となり，mid-P 値は

$$\text{mid-}P=2\{0.5{}_mC_b(0.5)^m+\sum_{k=b+1}^{m} {}_mC_k(0.5)^m\} \tag{3.84}$$

で与えられる．これが二項確率の計算に基づく正確検定である．

また，帰無仮説の下で $E[b]=m/2=(b+c)/2$ および $V[b]=m/4=(b+c)/4$ であることから，二項分布の正規近似を用いると，

$$Z=\frac{b-(b+c)/2}{\sqrt{(b+c)/4}}=\frac{b-c}{\sqrt{b+c}}$$

は近似的に標準正規分布に従い，その 2 乗

表3.21 観測データのパターン例

ペア	1	2	3	4	5	⋯	$n-1$	n	○の計
処置1	○	×	×	○	○	⋯	○	×	x
処置2	○	○	×	○	×	⋯	×	○	y

$$W = Z^2 = \frac{(b-c)^2}{b+c} \tag{3.85}$$

は近似的に自由度1のカイ2乗分布に従う．(3.85)の統計量 W に基づく検定はマクネマー検定と呼ばれる（McNemar, 1947）．連続修正を施すとカイ2乗統計量は

$$w' = \frac{(|b-c|-1)^2}{b+c} \tag{3.86}$$

となる（問題3.20）．この検定は被験者のペアの中で同じ反応を示した度数 a および d を用いていないという特徴がある．マクネマー検定は上述の同値な仮説に関する検定であるが，$b+c$ を所与としていることから条件付き確率に関する (3.82) のタイプの仮説の検定という意味合いが強い．

ここでの観測値はたとえば表3.21のようになっている（○が有効，×が無効を表わす）．各ペアにおける処置の割り付けはランダムに行なわれ，処置の効果が同じであれば，同じペアの中での処置の入れ替えによって結果は変わらないはずである．ここで，各ペアにおける結果が両方とも○あるいは両方とも×のペアは，そのようなランダムな入れ替えによっても同じ結果となるので，確率計算には入ってこない．すなわち，片方が○でもう一方が×のペアのみが確率計算に関係してくるのである．したがって，そのようなペアの数 $m=b+c$ を所与としての確率計算が妥当であることになる．なお，May and Johnson (1997a) ではここで取り上げられたものを含め8種類の検定法が比較検討されている．

例3.18（対応のある二項分布の数値例）

2種類の処置を30組のペアに施して表3.22の結果を得たとする．二項確率に基づく両側 P-値 (3.83) は0.0654であり，mid-P 値 (3.84) は0.0386となる．正規近似に基づくマクネマー検定 (3.85) では，検定統計量の値は $w = z^2 = 4.4545$ で P-値は0.0348となる．連続修正を施すと (3.86) より $w' = 3.2727$ で P-値は0.0704となる．二項分布に基づく P-値と連続修正を施した場合の P-値

表 3.22 観測度数

	処置 2 有効	処置 2 無効	計
処置 1 有効	10	9	19
処置 1 無効	2	9	11
計	12	18	30

はほぼ等しく5%有意でない.それに対し,二項分布に基づくmid-P値と連続修正を施さないP-値は近く,いずれも5%有意となる.

次に $\delta = \theta_1 - \theta_2 = \pi_{12} - \pi_{21}$ の推定を考える.π_{12} および π_{21} の自然な点推定値はそれぞれ b/n および c/n であるので,δ の点推定値は $\hat{\delta} = (b-c)/n$ となる.$n = a+b+c+d$ であるので検定のときと異なり推定には反応が同じであった度数 a および d が関係してくる.このとき,(3.79) より

$$V[(b-c)/n] = \{(\pi_{12}+\pi_{21}) - (\pi_{12}-\pi_{21})^2\}/n \tag{3.87}$$

であり,各パラメータにその推定値を代入すると,標準誤差は近似的に

$$SE[(b-c)/n] = \sqrt{(b+c) - (b-c)^2/n}/n \tag{3.88}$$

となる.よって δ の近似的な $100(1-\alpha)$%信頼区間は,$z(\alpha/2)$ を $N(0, 1)$ の上側 $100\alpha/2$%点として

$$(b-c)/n \pm z(\alpha/2) \cdot SE[(b-c)/n] \tag{3.89}$$

で与えられる.

帰無仮説 $H_0: \pi_{12} = \pi_{21}$ の下では (3.87) は $V[(b-c)/n] = (\pi_{12}+\pi_{21})/n$ となり,(3.88) は $SE[(b-c)/n] = \sqrt{b+c}/n$ となる.これを用いると (3.89) は

$$(b-c)/n \pm z(\alpha/2)\sqrt{b+c}/n \tag{3.90}$$

となり,(3.85) のマクネマー検定と整合する.すなわち,(3.90) の信頼区間が0を含まないことと (3.81) の仮説に関するマクネマー検定で 100α%有意となることが同値となる(問題3.21).Agresti and Min (2004) は,反応が同じとなったペアの数 $a+d$ がある程度大きいときには n も大きいので (3.88) の標準誤差は $\sqrt{b+c}/n$ に近くなってマクネマー検定にほぼ帰着されることを指摘している.なお,Newcombe (1998c) はここで取り上げた信頼区間を含め10種類の信頼区間の性質を詳細に調べている.Agresti and Min (2005) も若干別の提案をしている.

検定と信頼区間との関係,すなわち検定で棄却されないパラメータ値の集合が

信頼区間である，を用いても信頼区間が得られる（May and Johnson, 1997b）．
帰無仮説を $H_0 : \delta = \pi_{12} - \pi_{21} = \delta_0$ としたとき，$E[b-c] = n\delta_0$ であり，(3.87) より $V[b-c] = n\{(\pi_{12}+\pi_{21}) - \delta_0^2\}$ である．よって，$\chi_1^2(\alpha)$ を自由度1のカイ2乗分布の上側 $100\alpha\%$ 点として $(\chi_1^2(\alpha) = (z(\alpha/2))^2)$ であり，$\alpha = 0.05$ のとき $\chi_1^2(0.05) \approx 3.8415$），不等式

$$\frac{(b-c-n\delta_0)^2}{(b+c)-n\delta_0^2} < \chi_1^2(\alpha)$$

を δ_0 に関して解き

$$\frac{(b-c)}{n+\chi_1^2(\alpha)} \pm z(\alpha/2) \cdot \frac{\sqrt{\{1+\chi_1^2(\alpha)/n\}(b+c) - (b-c)^2/n}}{n+\chi_1^2(\alpha)} \tag{3.91}$$

を得る（問題 3.22）．$\alpha = 0.05$ で $\chi_1^2(0.05) \approx 4$ とすると（$z(0.025) = 1.96$ を 2 とすることに対応），(3.91) は

$$\frac{(b-c)}{n+4} \pm 2 \times \frac{\sqrt{(1+4/n)(b+c) - (b-c)^2/n}}{n+4} \tag{3.92}$$

となる．(3.89) あるいは (3.90) の区間の中点が点推定値 $(b-c)/n$ であるのに対し，(3.92) の区間の中点は $(b-c)/(n+4)$ である．

例 3.19（例 3.18 の続き）
　表 3.22 のデータにつき確率の差 δ の点推定値および 95% 信頼区間を求める．点推定値は $(9-2)/30 = 7/30 \approx 0.2333$ である．区間推定では，(3.88) より $SE \approx 0.1020$ であるので，(3.89) による δ の 95% 信頼区間は $0.2333 \pm 1.96 \times 0.1020 = (0.0334, 0.4333)$ となる．一方，$\sqrt{b+c}/n \approx 0.1106$ であるので，(3.90) の信頼区間は $0.2333 \pm 1.96 \times 0.1106 = (0.0167, 0.4500)$ となり，信頼区間が 0 を含まないので $H_0 : \delta = 0$ vs. $H_1 : \delta \neq 0$ の（連続修正を施さない）マクネマー検定で 5% 有意となったことと整合する．
　また，(3.91) を用いると，区間の中点は $(b-c)/(n+4) = (9-2)/(30+3.8415) \approx 0.2068$ であり，端点までの長さはおおよそ 0.1901 であるので，95% 信頼区間は $0.2068 \pm 0.1901 = (0.0167, 0.3970)$ となる．(3.92) の計算では，$(b-c)/(n+4) = (9-2)/(30+4) = 7/34 \approx 0.2059$ であり，端点までは約 0.1936 であるので，近似的な 95% 信頼区間は $0.2059 \pm 0.1936 = (0.0123, 0.3995)$ となる．

問題 3.20　連続修正を施したときのマクネマー検定の統計量は (3.86) となる

ことを示せ.

問題 3.21 マクネマー検定と（3.90）の信頼区間とが整合することを示せ.

問題 3.22 信頼区間の式（3.91）を導出せよ.

3.7 サンプルサイズの設計

独立な2つの二項分布の場合と対応のある二項分布の場合につき，それぞれ 3.7.1 項および 3.7.2 項においてサンプルサイズの設計法を述べる．ここでは検定を考え，検出力をある一定の値以上に保証するためのサンプルサイズを導出する．

3.7.1 独立な二項分布

2つの二項確率 θ_1, θ_2 の差の検定に基づくサンプルサイズの決定は以下の手順に従って行なわれる．

（ⅰ）　検定法ならびに有意水準 α を定める．

（ⅱ）　仮説 $H_0:\theta_1=\theta_2$ vs. $H_1:\theta_1\neq\theta_2$ における値 θ_1, θ_2 を設定する．

（ⅲ）　検出力 $1-\beta$ を定める（β は第二種の過誤確率）．

（ⅳ）　真の二項確率が θ_1, θ_2 のとき，有意水準 $100\alpha\%$ の両側検定で有意となる確率が $1-\beta$ 以上となる n を求める．

ここで取り上げる検定法は 3.2.2 項で述べたイェーツの補正を施した場合と施さない場合の正規近似に基づく検定である．これらはそれぞれ 3.2.1 項でのフィッシャー検定の P-値もしくは mid-P 値を用いた検定に対応しているため，求められたサンプルサイズはフィッシャー検定の場合にも適用可能である．

まず両群でのサンプルサイズは等しく n であるとする．サンプルサイズが異なる場合の公式は後述する．はじめにイェーツの補正を施さない場合のサンプルサイズ n を求める．X および Y を互いに独立に $B(n,\theta_1)$, $B(n,\theta_2)$ に従う確率変数とし，$\hat{\theta}_1=X/n$ および $\hat{\theta}_2=Y/n$ とするとき，それらの差 $\hat{\delta}=\hat{\theta}_1-\hat{\theta}_2$ は，帰無仮説 $H_0:\theta_1=\theta_2(=\theta)$ の下では近似的に $N(0,2\theta(1-\theta)/n)$ に従い，対立仮説 H_1 の下では近似的に $N(\theta_1-\theta_2, \{\theta_1(1-\theta_1)+\theta_2(1-\theta_2)\}/n)$ に従う．以下では対立仮説として $\theta_1>\theta_2$ を想定しておく．必要とされる最小のサンプルサイズは

$$\Pr(\hat{\delta}>c_0|H_0)=\alpha/2 \tag{3.93}$$

となる c_0 に対し（整数値とは限らない）
$$\Pr(\hat{\delta} > c_0 | H_1) = 1 - \beta \tag{3.94}$$
を満足する n となる。H_0 の下で $Z = \hat{\delta}/\sqrt{2\theta(1-\theta)/n} \sim N(0, 1)$ であるので $z(\alpha/2)$ を $N(0, 1)$ の上側 $100\alpha/2\%$ とすると
$$\Pr(Z > z(\alpha/2) | H_0) = \Pr(\hat{\delta} > z(\alpha/2)\sqrt{2\theta(1-\theta)/n} \,|\, H_0) = \alpha/2$$
より (3.93) の c_0 は
$$c_0 = z(\alpha/2)\sqrt{2\theta(1-\theta)/n} \tag{3.95}$$
となる。一方 H_1 の下では，(3.94) より $\hat{\delta}$ を標準化して
$$\Pr\left(\frac{\hat{\delta} - |\theta_1 - \theta_2|}{\sqrt{\{\theta_1(1-\theta_1) + \theta_2(1-\theta_2)\}/n}} > \frac{c_0}{\sqrt{\{\theta_1(1-\theta_1) + \theta_2(1-\theta_2)\}/n}} \,\bigg|\, H_1\right)$$
$$= \Pr\left(Z > \frac{z(\alpha/2)\sqrt{2\theta(1-\theta)/n} - |\theta_1 - \theta_2|}{\sqrt{\{\theta_1(1-\theta_1) + \theta_2(1-\theta_2)\}/n}} \,\bigg|\, H_1\right) = 1 - \beta$$
となり，$z(1-\beta) = -z(\beta)$ を $N(0, 1)$ の上側 $100(1-\beta)\%$ 点として
$$-z(\beta) = \frac{z(\alpha/2)\sqrt{2\theta(1-\theta)/n} - |\theta_1 - \theta_2|}{\sqrt{\{\theta_1(1-\theta_1) + \theta_2(1-\theta_2)\}/n}}$$
を得る。ここで式中の θ を $\bar{\theta} = (\theta_1 + \theta_2)/2$ として変形すると
$$\sqrt{n}|\theta_1 - \theta_2| = z(\alpha/2)\sqrt{2\bar{\theta}(1-\bar{\theta})} + z(\beta)\sqrt{\theta_1(1-\theta_1) + \theta_2(1-\theta_2)} \tag{3.96}$$
となるので，これを n について解いてサンプルサイズの公式
$$n \geq \frac{\left\{z(\alpha/2)\sqrt{2\bar{\theta}(1-\bar{\theta})} + z(\beta)\sqrt{\theta_1(1-\theta_1) + \theta_2(1-\theta_2)}\right\}^2}{(\theta_1 - \theta_2)^2} \tag{3.97}$$
を得る。ここで，$SD_0 = SD[Z | H_0]/\sqrt{n} = \sqrt{2\bar{\theta}(1-\bar{\theta})}$ および $SD_1 = SD[Z | H_1]/\sqrt{n} = \sqrt{\theta_1(1-\theta_1) + \theta_2(1-\theta_2)}$ とすると，(3.97) は $n \geq \{z(\alpha/2)SD_0 + z(\beta)SD_1\}^2/(\theta_1 - \theta_2)^2$ となる。

次にイェーツの補正を施した場合のサンプルサイズ n^* を導く。X および Y を互いに独立に $B(n^*, \theta_1)$，$B(n^*, \theta_2)$ に従う確率変数とし，$\hat{\theta}_1^* = X/n^*$ および $\hat{\theta}_2^* = Y/n^*$ としてそれらの差を $\hat{\delta}^* = \hat{\theta}_1^* - \hat{\theta}_2^*$ とする。求めるサンプルサイズは
$$\Pr(\hat{\delta}^* > c^* | H_0) = \alpha/2 \tag{3.98}$$
となる c^* に対し
$$\Pr(\hat{\delta}^* > c^* | H_1) = 1 - \beta \tag{3.99}$$

を満足する n^* となる．イェーツの補正の形 $z'=(|\hat{\delta}^*|-1/n)/\sqrt{2\hat{\theta}(1-\hat{\theta})/n}$ より (3.98) の c^* は $c^*=z(\alpha/2)\sqrt{2\theta(1-\theta)/n^*}+1/n^*$ となり，H_1 の下では (3.99) より

$$\Pr\left(\frac{\hat{\delta}^*-|\theta_1-\theta_2|}{\sqrt{\{\theta_1(1-\theta_1)+\theta_2(1-\theta_2)\}/n^*}}>\frac{c^*}{\sqrt{\{\theta_1(1-\theta_1)+\theta_2(1-\theta_2)\}/n^*}}\bigg|H_1\right)$$

$$=\Pr\left(Z>\frac{z(\alpha/2)\sqrt{2\theta(1-\theta)/n^*}+1/n^*-|\theta_1-\theta_2|}{\sqrt{\{\theta_1(1-\theta_1)+\theta_2(1-\theta_2)\}/n^*}}\bigg|H_1\right)=1-\beta$$

となって，

$$-z(\beta)=\frac{z(\alpha/2)\sqrt{2\theta(1-\theta)/n^*}+1/n^*-|\theta_1-\theta_2|}{\sqrt{\{\theta_1(1-\theta_1)+\theta_2(1-\theta_2)\}/n^*}}$$

を得る．θ を $\bar{\theta}=(\theta_1+\theta_2)/2$ とし (3.96) の関係式を用いて変形すると

$$n^*|\theta_1-\theta_2|-\sqrt{n^*}\{\sqrt{n}|\theta_1-\theta_2|\}-1=0 \qquad (3.100)$$

となるが，ここで $M^2=n^*$ とすると (3.100) は M の2次方程式であるので，解の公式より

$$M=\frac{\sqrt{n}|\theta_1-\theta_2|+\sqrt{n(\theta_1-\theta_2)^2+4|\theta_1-\theta_2|}}{2|\theta_1-\theta_2|}$$

となる．よって，両辺を2乗して整理し

$$n^*=\frac{n}{4}\left\{1+\sqrt{1+\frac{4}{n|\theta_1-\theta_2|}}\right\}^2 \qquad (3.101)$$

を得る（n は (3.95) で求めた値である）．(3.101) のサンプルサイズは，Casagrande, *et al.* (1978) によるものである．Fleiss, Tytun and Ury (1980) は (3.101) の近似として

$$n^*=n+\frac{2}{|\theta_1-\theta_2|} \qquad (3.102)$$

を導いている（問題 3.23）．Fleiss (1981) および Casagrange, *et al.* (1978) ではイェーツの補正は H_0 のときのみ適用し，H_1 のときは適用しないとしていて，Levin and Chen (1999) はその理由を詳細に議論しているが，上記の導出法からはイェーツの補正は自動的に H_0 および H_1 のいずれにも適用されているとの解釈ができる．

　両群でのサンプルサイズが異なる場合には以下のようになる (Fleiss, 1981)．

ここでは結果のみを述べるが導出法はサンプルサイズが等しい場合と同様である．イェーツの補正がない場合，第 1 群でのサンプルサイズを n_1 とし，第 2 群のサンプルサイズを $n_2 = rn_1$ とする ($0 < r < \infty$)．すなわち全体でのサンプルサイズは $N = (1+r)n_1$ となる．このとき，(3.95) に対応する値は，$\bar{\theta}_r = (\theta_1 + r\theta_2)/(1+r)$ として

$$n_1 = \frac{\{z(\alpha/2)\sqrt{(1+r)\bar{\theta}_r(1-\bar{\theta}_r)} + z(\beta)\sqrt{r\theta_1(1-\theta_1)+\theta_2(1-\theta_2)}\}^2}{r(\theta_1-\theta_2)^2} \quad (3.103)$$

となる．また，イェーツの補正を施す場合には (3.101) および (3.102) に対応して

$$n_1^* = \frac{n_1}{4}\left\{1 + \sqrt{1 + \frac{2(1+r)}{n_1 r|\theta_1-\theta_2|}}\right\}^2 \quad (3.104)$$

および

$$n_1^* = n_1 + \frac{1+r}{r|\theta_1-\theta_2|} \quad (3.105)$$

を得る（問題 3.23）．Sahai and Khurshi (1996) はここで述べたものを含め多くのサンプルサイズの公式を詳細に比較している．

例 3.20

いくつか $\alpha, \beta, \theta_1, \theta_2$ を設定したときの n (3.97)，n^* (3.101) および n^* (3.102) の値は表 3.23 のように求められる．また，サンプルサイズの比率を変えた場合の n_1 (3.103)，n_1^* (3.104) および n_1^* (3.105) の値とそれぞれにおける総サンプルサイズ $N = n_1^*(1+r)$ は表 3.24 のようである．両群でのサンプルサイズの比を変えると総サンプルサイズは増えることがわかる．

問題 3.23 イェーツの補正を施した場合のサンプルサイズ (3.101) は (3.102)

表 3.23 両群のサンプルサイズが等しい場合の 1 群あたりのサンプルサイズ

α	0.05	0.05	0.05	0.05	0.05	0.05	0.1	0.1
β	0.2	0.2	0.2	0.2	0.1	0.3	0.2	0.1
θ-1	0.4	0.5	0.6	0.8	0.4	0.4	0.4	0.4
θ-2	0.25	0.25	0.5	0.5	0.25	0.25	0.25	0.25
n (3.97)	151.9	57.7	387.3	38.5	202.8	119.7	119.5	165.1
n^* (3.101)	164.9	65.4	407.1	44.9	215.9	132.7	132.5	178.2
n^* (3.102)	165.2	65.7	407.3	45.1	216.1	133.0	132.8	178.4

表3.24　両群でのサンプルサイズが異なるとした場合

α	0.05	0.05	0.05	0.05
β	0.2	0.2	0.2	0.2
θ-1	0.4	0.4	0.4	0.4
θ-2	0.25	0.25	0.25	0.25
r	1	2	3	0.5
n_1　(3.103)	151.9	115.3	103.1	225.0
n_1^*　(3.104)	164.9	125.1	111.8	244.6
n_1^*　(3.105)	165.2	125.3	112.0	245.0
$N=(1+r)n_1^*$	329.9	375.2	447.2	366.9

で近似されること,ならびに (3.104) は (3.105) で近似されることを示せ.

3.7.2　対応のある二項分布

対応のある二項分布の比較 (3.6節) におけるサンプルサイズの設計では,第一種および第二種の過誤確率 α, β ならびに 2 つの処置の有効率の差 $\delta = \theta_1 - \theta_2 = \pi_{12} - \pi_{21}$ に加え処置間の相関関係を示すパラメータが必要となる. 対応のある二項分布の確率構造および観測度数はそれぞれ表3.17および表3.18のようであるとする. ここでは,有意水準 $100\alpha\%$ で仮説

$$H_0 : \theta_1 = \theta_2 \text{ vs. } H_1 : \theta_1 \neq \theta_2 \quad (3.106)$$

を3.6.2項の正規近似に基づくマクネマー検定で検定するとしてサンプルサイズを求める. マクネマー検定は処置間で反応が異なったペアの数 $b+c$ を所与とした条件付き検定であるが,これらは観測が終わらないと確定しない量であり,サンプルサイズの設計では用いることができない. サンプルサイズの設計は条件付きでなく行なう必要がある.

X および Y をそれぞれ処置1, 処置2での有効者数を表わす確率変数としたとき, (3.106) の H_0 の下では $E[X-Y]=0$ および $V[X-Y]=n(\pi_{12}+\pi_{21})$ であるので $Z=(X-Y)/\sqrt{n(\pi_{12}+\pi_{21})}$ は近似的に $N(0,1)$ に従い, $z(\alpha/2)$ を $N(0,1)$ の上側 $100\alpha\%$ 点とすると $\Pr(Z>z(\alpha/2))=\alpha/2$ となる. 一方, H_1 の下では $E[X-Y]=n(\theta_1-\theta_2)=n(\pi_{12}-\pi_{21})$, $V[X-Y]=n\{(\pi_{12}+\pi_{21})-(\pi_{12}-\pi_{21})^2\}$ であるので,

$$\Pr(X-Y > z(\alpha/2)\sqrt{n(\pi_{12}+\pi_{21})} | H_1)$$
$$= \Pr\left(\frac{(X-Y)-n(\pi_{12}-\pi_{21})}{\sqrt{n\{(\pi_{12}+\pi_{21})-(\pi_{12}-\pi_{21})^2\}}} > \frac{z(\alpha/2)\sqrt{n(\pi_{12}+\pi_{21})}-n(\pi_{12}-\pi_{21})}{\sqrt{n\{(\pi_{12}+\pi_{21})-(\pi_{12}-\pi_{21})^2\}}} \right)$$

3.7 サンプルサイズの設計

$$= \Pr(Z' > z(1-\beta)) = 1-\beta$$

となり（ここで Z' は $N(0, 1)$ 変量）, $z(1-\beta) = -z(\beta)$ に注意すると

$$\frac{z(\alpha/2)\sqrt{n(\pi_{12}+\pi_{21})} - n(\pi_{12}-\pi_{21})}{\sqrt{n\{(\pi_{12}+\pi_{21}) - (\pi_{12}-\pi_{21})^2\}}} = z(1-\beta) \quad (3.107)$$

より

$$n \geq \frac{\{z(\alpha/2)\sqrt{\pi_{12}+\pi_{21}} + z(\beta)\sqrt{(\pi_{12}+\pi_{21}) - (\pi_{12}-\pi_{21})^2}\}^2}{(\pi_{12}-\pi_{21})^2} \quad (3.108)$$

を得る（問題 3.24 および Connor, 1987 参照）. ここで $SD_0 = SD[X-Y|H_0]/\sqrt{n}$ $= \sqrt{\pi_{12}+\pi_{21}}$ および $SD_1 = SD[X-Y|H_1]/\sqrt{n} = \sqrt{(\pi_{12}+\pi_{21}) - (\pi_{12}-\pi_{21})^2}$ とすると (3.108) は $n \geq \{z(\alpha/2)SD_0 + z(\beta)SD_1\}^2/(\pi_{12}-\pi_{21})^2$ と表現される. また, $\psi = \pi_{12}/\pi_{21}$ をオッズ比とするとサンプルサイズの公式 (3.108) は

$$n \geq \frac{\{z(\alpha/2)\sqrt{1+\psi} + z(\beta)\sqrt{(1+\psi) - (1-\psi)^2 \pi_{21}}\}^2}{(1-\psi)^2 \pi_{21}} \quad (3.109)$$

とも表現できる (Connett, et al., 1987).

例 3.21

第一種の過誤確率 α, 第二種の過誤確率 β, 確率 π_{12} および π_{21} のいくつかの設定に対する (3.108) のサンプルサイズ n は表 3.25 のようである. また, 例 3.17 に挙げた 9 つの確率構造のうちの (b-1) から (c-3) までに関するサンプルサイズは表 3.26 のようになる.

問題 3.24 (3.107) よりサンプルサイズの公式 (3.108) を導け.

表 3.25 サンプルサイズの計算例 (1)

α	0.05	0.05	0.05	0.05	0.05	0.05	0.05	0.05	0.05	0.05	0.05	0.05
β	0.2	0.2	0.2	0.1	0.1	0.1	0.2	0.2	0.2	0.1	0.1	0.1
π_{12}	0.25	0.30	0.40	0.25	0.30	0.40	0.15	0.20	0.30	0.15	0.20	0.30
π_{21}	0.05	0.10	0.20	0.05	0.10	0.20	0.05	0.10	0.20	0.05	0.10	0.20
δ	0.20	0.20	0.20	0.20	0.20	0.20	0.10	0.10	0.10	0.10	0.10	0.10
$\pi_{12}+\pi_{21}$	0.30	0.40	0.60	0.30	0.40	0.60	0.20	0.30	0.50	0.20	0.30	0.50
n	56.4	76.1	115.3	74.6	100.9	153.4	154.6	233.1	390.1	206.0	311.0	521.2

表 3.26 サンプルサイズの計算例 (2)

構造	b-1	b-2	b-3	c-1	c-2	c-3	b-1	b-2	b-3	c-1	c-2	c-3
α	0.05	0.05	0.05	0.05	0.05	0.05	0.05	0.05	0.05	0.05	0.05	0.05
β	0.2	0.2	0.2	0.2	0.2	0.2	0.1	0.1	0.1	0.1	0.1	0.1
π_{12}	0.35	0.25	0.45	0.30	0.02	0.40	0.35	0.25	0.45	0.30	0.02	0.40
π_{21}	0.15	0.05	0.25	0.15	0.01	0.20	0.15	0.05	0.25	0.15	0.01	0.20
δ	0.20	0.20	0.20	0.15	0.01	0.20	0.20	0.20	0.20	0.15	0.01	0.20
$\pi_{12}+\pi_{21}$	0.50	0.30	0.70	0.45	0.03	0.60	0.50	0.30	0.70	0.45	0.03	0.60
n	95.7	56.4	135.0	154.6	2352.3	115.3	127.1	74.6	179.7	206.0	3148.1	153.4

第4章

ベータ二項分布

ベータ二項分布は二項分布から派生した分布でパラメータを2つ持つため，二項分布よりも広い範囲のデータをうまく近似することができる．本章ではベータ二項分布の基本的な性質とパラメータの推定法，ならびにゼロトランケートおよびゼロ過剰なベータ二項分布を議論する．

4.1 ベータ二項分布の性質とパラメータ推定

最初に二項分布からベータ二項分布を導き，その具体的な性質ならびにパラメータの推定法を与える．

4.1.1 定義と性質

二項分布 $B(n,\theta)$ のパラメータは θ のみで，その適用範囲はベルヌーイ試行が想定される場合に限られる．ここでは，$B(n,\theta)$ の二項確率 θ がベータ分布 $Beta(a,b)$ に従うとする．たとえば，母集団における各個体が二項確率 θ で特徴づけられ，その母集団内での θ の個体間分布がベータ分布に従うといった状況を想定している（テスト項目への正答率 θ が個体ごとに異なる場合などである）．このときの確率分布をパラメータ (n,a,b) のベータ二項分布（beta-binomial distribution）といい，$BB(n,a,b)$ と書く．$BB(n,a,b)$ に従う確率変数 X の取り得る値は $0, 1, ..., n$ で，確率関数は次の定理で与えられる．

定理 4.1（確率関数）

ベータ二項分布 $BB(n,a,b)$ に従う確率変数を X とするとき，その確率関数は

$$f(x) = \Pr(X=x) = {}_nC_x \frac{(a)_x (b)_{n-x}}{(a+b)_n} \quad (x=0, 1, ..., n) \quad (4.1)$$

で与えられる．ここで $(a)_x$ は

$$(a)_x = \frac{\Gamma(a+x)}{\Gamma(a)} = a(a+1)(a+2)\cdots(a+x-1) \tag{4.2}$$

で定義される昇べきの記号である（ただし $(a)_0=1$ と定義）．

(証明)

X の確率は，$\Gamma(a)$ をガンマ関数とし $B(a,b)$ をベータ関数として

$$\begin{aligned}
\Pr(X=x) &= \int_0^1 {}_nC_x \, \theta^x(1-\theta)^{n-x} \frac{1}{B(a,b)} \theta^{a-1}(1-\theta)^{b-1} d\theta \\
&= {}_nC_x \frac{1}{B(a,b)} \int_0^1 \theta^{a+x-1}(1-\theta)^{b+n-x-1} d\theta = {}_nC_x \frac{B(a+x, b+n-x)}{B(a,b)} \\
&= {}_nC_x \frac{\Gamma(a+x)\Gamma(b+n-x)\Gamma(a+b)}{\Gamma(a+b+n)\Gamma(a)\Gamma(b)} \\
&= {}_nC_x \frac{\Gamma(a+x)}{\Gamma(a)} \frac{\Gamma(b+n-x)}{\Gamma(b)} \frac{\Gamma(a+b)}{\Gamma(a+b+n)}
\end{aligned}$$

となる．ここで，$\Gamma(a+x)/\Gamma(a)=(a+x-1)(a+x-2)\cdots(a+1)a=(a)_x$ であるので (4.1) が示される．（証明終）

確率の和が 1 になることから，昇べき $(a)_x$ には公式

$$\sum_{x=0}^{n} {}_nC_x (a)_x (b)_{n-x} = (a+b)_n \tag{4.3}$$

が成り立つこともわかる（問題 4.1）．

定理 4.2（期待値と分散）

$BB(n, a, b)$ に従う確率変数を X とするとき

$$E[X] = n \cdot \frac{a}{a+b} \tag{4.4}$$

$$V[X] = n \cdot \frac{ab}{(a+b)^2} \cdot \frac{a+b+n}{a+b+1} \tag{4.5}$$

となる．

(証明)

$$E[X] = \sum_{x=0}^{n} x \, {}_nC_x \frac{(a)_x (b)_{n-x}}{(a+b)_n} = \sum_{x=1}^{n} \frac{n(n-1)!}{(x-1)!(n-x)!} \frac{a(a+1)_{x-1}(b)_{n-x}}{(a+b)(a+b+1)_{n-1}}$$

であるが，ここで，$y=x-1$ とおくと，

$$E[X] = \frac{na}{a+b} \sum_{y=0}^{n-1} \frac{(n-1)!}{y!\{(n-1)-y\}!} \frac{(a+1)_y (b)_{(n-1)-y}}{(a+b+1)_{n-1}}$$

となり，右辺の和は $BB(n-1, a+1, b)$ の全確率で 1 であるので (4.4) が示される．同様に $E[X(X-1)] = n(n-1)a(a+1)/\{(a+b)(a+b+1)\}$ が得られ，

$$V[X] = E[X(X-1)] + E[X] - (E[X])^2 = \frac{n(n-1)a(a+1)}{(a+b)(a+b+1)} + \frac{na}{a+b} - \left(\frac{na}{a+b}\right)^2$$

$$= n \cdot \frac{(n-1)a(a+1)(a+b) + a(a+b)(a+b+1) - na^2(a+b+1)}{(a+b)^2(a+b+1)}$$

を整理して (4.5) を得る．(証明終)

$BB(n, a, b)$ で $\theta = a/(a+b)$ とおくと，期待値は $n\theta$ であるが，分散は

$$V[X] = n\theta(1-\theta)\frac{(a+b+n)}{(a+b+1)} = n\theta(1-\theta)\left(1 + \frac{n-1}{a+b+1}\right) \quad (4.6)$$

と二項分布の分散 $n\theta(1-\theta)$ よりも大きくなる．この関係より，ベータ二項分布のパラメータを a と b ではなく $\theta = a/(a+b)$ および $\psi = a+b$ とすることもある．このとき，$a = \theta\psi$，$b = (1-\theta)\psi$ であるので，確率関数は

$$\Pr(X=x) = {}_nC_x \frac{(\theta\psi)_x((1-\theta)\psi)_{n-x}}{(\psi)_n}$$

とも表わされ，期待値と分散はそれぞれ，$E[X] = n\theta$，$V[X] = n\theta(1-\theta) \cdot \{1 + (n-1)/(\psi+1)\}$ となる．パラメータを ψ とする以外にも，$\phi = 1/(a+b+1)$ (Collett, 1991；Vieira, *et al.*, 2000 など) もしくは $\phi' = 1/(a+b)$ (Cheung, 2006；Morgan and Ridout, 2008 など) が提案されている．

例 4.1 (種々の確率関数)

期待値 6 を持つ二項分布 $B(10, 0.6)$ およびベータ二項分布 $BB(10, 30, 20)$，$BB(10, 9, 6)$，$BB(10, 4.5, 3)$ の確率分布は図 4.1 のようである．二項分布に比べベータ二項分布のほうが分散が大きく，分散はパラメータ a および b が小さいほ

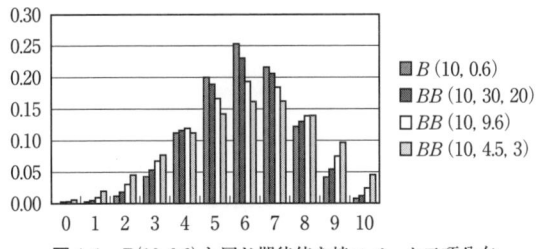

図 4.1 $B(10, 0.6)$ と同じ期待値を持つベータ二項分布

例 4.2 ($BB(n, 1, 1)$)

$Beta(1,1)$ は区間 $(0,1)$ 上の一様分布である．θ が $Beta(1,1)$ に従う場合の $BB(n,1,1)$ の確率は，$(1)_x = 1 \times 2 \times \cdots \times x = x!$ および $(2)_n = 2 \times 3 \times \cdots \times (n+1) = (n+1)!$ であるので，

$$\Pr(X=x) = {}_nC_x \frac{(1)_x (1)_{n-x}}{(2)_n} = {}_nC_x \frac{x!(n-x)!}{(n+1)!} = \frac{n!}{x!(n-x)!} \frac{x!(n-x)!}{(n+1)!} = \frac{1}{n+1}$$

となる．これは $x = 0, 1, \ldots, n$ のそれぞれを等確率 $1/(n+1)$ で取る離散一様分布である．このときの期待値と分散は，(4.4) および (4.5) より $E[X] = n/2$，$V[X] = n(n+2)/12$ となる（問題 4.2）．

ベータ二項分布 $BB(n, a, b)$ の相続く確率の比は

$$\frac{\Pr(X=x+1)}{\Pr(X=x)} = \frac{{}_nC_{x+1}(a)_{x+1}(b)_{n-x-1}}{{}_nC_x(a)_x(b)_{n-x}} = \frac{n-x}{x+1} \cdot \frac{a+x}{b+n-x-1} \quad (4.7)$$

となる．これより確率に関する漸化式

$$\Pr(X=x+1) = \frac{n-x}{x+1} \cdot \frac{a+x}{b+n-x-1} \Pr(X=x) \quad (4.8)$$

を得る．漸化式 (4.8) を利用してベータ二項分布の確率計算ができる．また，分布のモードに関する次の定理も証明できる．

定理 4.3（確率の最大値）

ベータ二項分布 $BB(n, a, b)$ における確率の最大値を与える x（モード）は $a > 1$ および $b > 1$ のとき，

$$x^* = \{n(a-1) - (b-1)\}/(a+b-2) \quad (4.9)$$

とすると $x = [x^* + 1]$ すなわち $x^* + 1$ を超えない最大の整数で与えられる．また，x^* が整数となる場合には，$x = x^*$ と $x = x^* + 1$ で確率は同じ最大値を取る．

（証明）

関係式 (4.7) より，$x = 0, \ldots, n-1$ に対し

$$\frac{\Pr(X=x+1)}{\Pr(X=x)} \geq (\leq) 1 \Leftrightarrow x \leq (\geq) \frac{n(a-1)-(b-1)}{a+b-2} (= x^*) \quad (4.10)$$

を得る（問題 4.3）．これより，x が x^* 以下のときは $\Pr(X=x+1)$ は $\Pr(X=x)$ 以上であり，x が x^* 以上になった瞬間に $\Pr(X=x+1)$ は $\Pr(X=x)$ 以下となる

ので，確率の最大値は x^*+1 を超えない最大の整数で与えられる．x^* が整数のときは $\Pr(X=x+1)$ と $\Pr(X=x)$ は等しく確率の最大値を与える．（証明終）

系 4.1（確率の単調性）

$BB(n,a,b)$ の確率は，$a=1$，$b>1$ のとき単調減少で，$a>1$，$b=1$ のとき単調増加となる．

（証明）

関係式（4.9）で $a=1$ とすると

$$\frac{\Pr(X=x+1)}{\Pr(X=x)} \geq (\leq) 1 \iff x \leq (\geq) \frac{-(b-1)}{b-1} = -1$$

となり，常に $x>-1$ であるので $\Pr(X=x+1)<\Pr(X=x)$ となり，確率は単調減少となる．一方，$b=1$ とすると

$$\frac{\Pr(X=x+1)}{\Pr(X=x)} \geq (\leq) 1 \iff x \leq (\geq) \frac{n(a-1)}{a-1} = n$$

であり，常に $x<n$ であるので $\Pr(X=x+1)>\Pr(X=x)$ と単調増加となる．（証明終）

例 4.3（例 4.1 の続き）

例 4.1 で取り上げた $BB(10,30,20)$ では $x^* \approx 5.65$ となり，$BB(10,9,6)$ では $x^*=5.77$ となるので，共にモードは $x=[x^*+1]=6$ となる．一方，$BB(10,4.5,3)$ では $x^*=6$ となるので，モードは $x=6$ および $x=7$ である（図 4.1 を凝視されたい）．ちなみに，$BB(10,3,2)$ では $x^* \approx 6.33$ であるのでモードは $x=7$ であり，$BB(10,1.8,1.2)$ では $x^*=7.8$ よりモードは $x=8$ となる．

問題 4.1 昇べきに関する等式（4.3）において $n=2$ および $n=3$ の場合を書き，初等的に証明せよ．

問題 4.2 例 4.2 の $x=0,1,\ldots,n$ のそれぞれを等確率 $1/(n+1)$ で取る離散一様分布の期待値と分散を定義に従って求めよ．

問題 4.3 関係式（4.7）から（4.10）を導け．

4.1.2 パラメータの推定

ベータ二項分布 $BB(n,a,b)$ における未知パラメータ a,b の推定を議論する．$BB(n,a,b)$ に従う N 個の独立な観測値を $x_1,\ldots,x_N$ とし，それらの標本平均お

および標本分散を $\bar{x}=\sum_{i=1}^{N} x_i/N$, $s^2=\sum_{i=1}^{N}(x_i-\bar{x})^2/(N-1)$ とする. $BB(n,a,b)$ の尤度関数((4.1)を N 個かけたもの)は数値計算に向かない形であり,最尤推定値の導出は困難である.そこでここではモーメント法によるパラメータの推定を行なう.$BB(n,a,b)$ の期待値と分散はそれぞれ(4.4)および(4.5)で与えられるので,それらの左辺をそれぞれの推定値で置き換え,推定値を $\tilde{a}$ および $\tilde{b}$ とした関係式

$$\bar{x}=n\cdot\frac{\tilde{a}}{\tilde{a}+\tilde{b}}, \quad s^2=n\cdot\frac{\tilde{a}\tilde{b}(\tilde{a}+\tilde{b}+n)}{(\tilde{a}+\tilde{b})^2(\tilde{a}+\tilde{b}+1)}$$

を解いて,推定値は

$$\tilde{a}=\frac{\{(n-\bar{x})-(s^2/\bar{x})\}\bar{x}}{\{(s^2/\bar{x})+(\bar{x}/n)-1\}n}, \quad \tilde{b}=\frac{\{(n-\bar{x})-(s^2/\bar{x})\}(n-\bar{x})}{\{(s^2/\bar{x})+(\bar{x}/n)-1\}n} \quad (4.11)$$

により得られる(Johnson, et al., 2005).(4.11)の分母より $ns^2>\bar{x}(n-\bar{x})$ のとき推定が可能となることがわかる.この条件はベータ二項分布の分散が二項分布の分散よりも大きいことに対応している.パラメータを a と b ではなく $\theta=a/(a+b)$ および $\phi=a+b$ とすると,これらの推定値は

$$\tilde{\theta}=\bar{x}/n, \quad \tilde{\phi}=\tilde{a}+\tilde{b}=\frac{(n-\bar{x})-(s^2/\bar{x})}{(s^2/\bar{x})+(\bar{x}/n)-1} \quad (4.12)$$

となる.Johnson, et al.(2005)によるとモーメント法による推定値は,サンプルサイズ N がある程度大きい場合には最尤推定値と遜色ないとされる.

例 4.4
難易度のほぼ同じである $n=10$ 問の設問からなるテストの $N=16$ 人分の正答数の標本平均と標本分散は $\bar{x}=5.5$ および $s^2=4.4$ であったとする.このとき,パラメータ a および b の推定値は(4.11)より $\tilde{a}=5.814$, $\tilde{b}=4.757$ と求められる.また,$\tilde{\theta}=5.5/10=0.55$ および $\tilde{\phi}=\tilde{a}+\tilde{b}=10.571$ となる.

問題 4.4 $a=9$ および $b=6$ とすると(4.5)および(4.6)より $E[X]=6$,$V[X]=3.75$ となる.$\bar{x}=6$ および $s^2=3.75$ のとき,(4.11)より $\tilde{a}=9$, $\tilde{b}=6$ が再現することを確かめよ.

4.2 ゼロトランケートとゼロ過剰

ベータ二項分布においてゼロ度数が観測されない場合を 4.2.1 項で，それが過剰な場合を 4.2.2 項で議論する．

4.2.1 ゼロトランケートされたベータ二項分布

ベータ二項分布 $BB(n, a, b)$ でゼロ度数が観測されない場合を考える．n 回の試行で成功が 1 回以上得られるまで n 回の試行全体を繰り返す場合や，何らかの理由でゼロ度数は報告されない場合などがその例である．このときの分布をゼロトランケートされたベータ二項分布（zero-truncated beta-binomial（ZTBB）distribution）といい，$ZTBB(n, a, b)$ と書く．$ZTBB(n, a, b)$ は通常の $BB(n, a, b)$ に従う確率変数 X の $X \geq 1$ での条件付き分布でもある．$\Pr(X=0) = (b)_n/(a+b)_n$ であるので，$ZTBB(n, a, b)$ に従う確率変数 Y の確率関数は

$$\Pr(Y=y) = \Pr(X=y \mid X \geq 1) = \frac{{}_nC_y (a)_y (b)_{n-y}/(a+b)_n}{1 - (b)_n/(a+b)_n} \quad (y=1, 2, \ldots, n) \quad (4.13)$$

となる．

定理 4.4（期待値と分散）

$ZTBB(n, a, b)$ に従う確率変数 Y の期待値と分散はそれぞれ

$$E[Y] = \frac{na/(a+b)}{1 - (b)_n/(a+b)_n}$$

および

$$V[Y] = \frac{1}{1 - (b)_n/(a+b)_n} \cdot \frac{nab(a+b+n)}{(a+b)^2(a+b+1)} - \left(\frac{na}{a+b}\right)^2 \frac{(b)_n/(a+b)_n}{\{1 - (b)_n/(a+b)_n\}^2}$$

で与えられる．

（証明）

期待値 $E[Y]$ は，$BB(n, a, b)$ の期待値の証明同様，

$$E[Y] = \frac{1}{1-(b)_n/(a+b)_n} \sum_{y=1}^{n} y \, {}_nC_y \frac{(a)_y (b)_{n-y}}{(a+b)_n} = \frac{1}{1-(b)_n/(a+b)_n} \sum_{x=0}^{n} x \, {}_nC_x \frac{(a)_x (b)_{n-x}}{(a+b)_n}$$

$$= \frac{E[X]}{1-(b)_n/(a+b)_n} = \frac{na/(a+b)}{1-(b)_n/(a+b)_n}$$

と示される．分散についても，

$$E[Y(Y-1)] = \frac{E[X(X-1)]}{1-(b)_n/(a+b)_n} = \frac{n(n-1)a(a+1)/\{(a+b)(a+b+1)\}}{1-(b)_n/(a+b)_n}$$

より

$$V[Y] = E[Y(Y-1)] + E[Y] - (E[Y])^2$$

$$= \frac{n(n-1)a(a+1)/\{(a+b)(a+b+1)\}}{1-(b)_n/(a+b)_n} + \frac{na/(a+b)}{1-(b)_n/(a+b)_n} - \left\{\frac{na/(a+b)}{1-(b)_n/(a+b)_n}\right\}^2$$

$$= \frac{1}{1-(b)_n/(a+b)_n} \frac{nab(a+b+n)}{(a+b)^2(a+b+1)} - \left(\frac{na}{a+b}\right)^2 \frac{(b)_n/(a+b)_n}{\{1-(b)_n/(a+b)_n\}^2}$$

となる．（証明終）

次に $ZTBB(n,a,b)$ のパラメータ a, b の推定法を与える．ここでも $BB(n,a,b)$ と同じくモーメント法による推定法を採用する．$ZTBB(n,a,b)$ からの M 個の独立な観測値 $x_1, \ldots, x_M$ に対し，それらの和（T）および2乗和（SS）を

$$T = \sum_{i=1}^{M} x_i, \quad SS = \sum_{i=1}^{M} x_i^2 \tag{4.14}$$

とする．このとき，M 個の観測値の標本平均および標本分散は

$$\bar{x} = T/M, \quad s^2 = (SS - T^2/M)/(M-1) \tag{4.15}$$

である．観測されなかった $X=0$ の個数を c とする．このとき全体の（未知の）データ数は $N = M + c$ となる．パラメータ a, b および c の値を繰り返し計算により計算する．具体的なアルゴリズムは以下である．

（ⅰ）観測されなかったものも含めた全体のサンプルサイズの初期値を $N^{(1)} = M$ とし，標本平均および標本分散の初期値を（4.15）の値を用いて $\bar{x}^{(1)} = \bar{x}$, $s^{2(1)} = s^2$ とする．

（ⅱ）第 t 回目の反復において，$\bar{x}^{(t)}$ および $s^{2(t)}$ を用い，4.1.2項の公式により $BB(n,a,b)$ のパラメータ a と b のモーメント法による推定値 $a^{(t)}$, $b^{(t)}$ を求める．

（ⅲ）推定値 $a^{(t)}$, $b^{(t)}$ を用いて $BB(n, a^{(t)}, b^{(t)})$ のゼロ度数の値を
$$c^{(t)} = N^{(t)}(b)_n/(a^{(t)}+b^{(t)})_n$$
により計算する．

（ⅳ）全体のサンプルサイズを $N^{(t+1)} = M + c^{(t)}$ と更新する．

（ⅴ）$N^{(t+1)}$ 個の観測値での標本平均および標本分散を

$$\overline{x}^{(t+1)} = T/N^{(t+1)}, \quad s^{2(t+1)} = (SS - T^2/N^{(t+1)})/(N^{(t+1)} - 1)$$

により計算する．(ii)に戻りこれらの作業を収束が得られるまで繰り返す．

$a/(a+b)$ が大きいほどゼロ度数の期待値は小さいため，上記のアルゴリズムの収束は速い．また，トランケートされて観測されなかった $X=0$ の度数は c の収束値 $\tilde{c}$ と推定され，全度数は $\tilde{N} = M + \tilde{c}$ と推定される．

例 4.5（反復計算の実際）

$ZTBB(n, a, b)$ からの観測度数が下の表のようであるとする．

X	0	1	2	3	4	5	6	7	8	9	10	計
度数	0	5	4	3	2	1	1	0	0	0	0	16

観測度数は $M=16$ で，(4.14) より和と2乗和は $T=41$，$SS=141$ である．最初の数回の反復および69, 70回目の反復値は以下のようであり，$\tilde{a}=1.83821$，$\tilde{b}=7.32750$ に収束している．これにより，$X=0$ となって観測されなかった度数 $\tilde{c}$ はおおよそ4個程度であったことになる．

ITE	N	mean	var	a	b	c
1	16.00000	2.56250	2.39583	8.71441	25.29303	1.20673
2	17.20673	2.38279	2.67208	4.30321	13.75636	1.98279
3	17.98279	2.27996	2.79823	3.25121	11.00875	2.53185
4	18.53185	2.21241	2.86857	2.77329	9.76189	2.93858
5	18.93858	2.16489	2.91213	2.50157	9.05361	3.24817
⋮						
69	20.44347	2.00553	3.02278	1.83821	7.32750	4.44347
70	20.44347	2.00553	3.02278	1.83821	7.32750	4.44347

観測度数に $ZTBB\,(10, 1.84, 7.33)$ を当てはめた結果は図 4.2 のようである．当

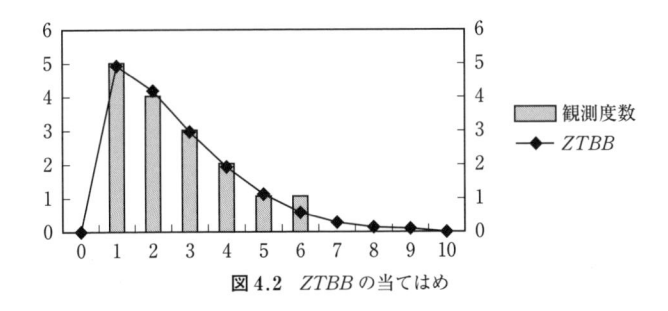

図 4.2　$ZTBB$ の当てはめ

てはまりがよいことが見て取れる．

問題 4.5 $ZTBB(10, a, b)$ からの観測度数が下の表のようであるとする．反復法により a と b の推定値を求めよ．

X	0	1	2	3	4	5	6	7	8	9	10	計
度数	0	3	4	4	3	2	1	1	0	0	0	18

4.2.2 ゼロ過剰なベータ二項分布

ベータ二項分布 $BB(n, a, b)$ で期待されるよりゼロ度数が過剰な分布を考察する．たとえば WEB を利用したテストにおいてコンピュータの誤操作により得点が 0 点となってしまった場合のモデルとして用いられる（たとえば岩崎・大道寺，2009 を参照）． ω を $0 \leq \omega < 1$ なる定数として，ベータ二項分布 $BB(n, a, b)$ の $X=0$ の確率が ω だけ大きい分布，すなわち確率関数が

$$\Pr(X=x) = \begin{cases} \omega + (1-\omega)\dfrac{(b)_n}{(a+b)_{(n)}}, & (x=0) \\ (1-\omega)\,{}_nC_x\dfrac{(a)_x(b)_{n-x}}{(a+b)_n}, & (x=1,\ldots,n) \end{cases} \quad (4.16)$$

で与えられる確率分布をゼロ過剰なベータ二項分布（zero-inflated beta-binomial (ZIBB) distribution）といい $ZIBB(n, a, b, \omega)$ と表わす．実は (4.16) では $\omega < 0$ でも確率分布が定義され，その場合はゼロ度数が通常のベータ二項分布よりも過少となることからゼロ過少なベータ二項分布（zero-deflated beta-binomial (ZDBB) distribution）ともいう．以下では $\omega \geq 0$ のゼロ過剰の場合のみを扱う．

例 4.6（ゼロ過剰およびゼロ過少なベータ二項分布）

図 4.3 はベータ二項分布 $BB(10, 2, 5)$ に対し，$\omega=0.1$ だけゼロ過剰な $ZIBB(10, 2, 5, 0.1)$ およびゼロ過少な $ZDBB(10, 2, 5, -0.1)$ の確率のグラフである（図ではそれぞれ $ZIBB(0.1)$ と $ZDBB(-0.1)$ と表示）．$\omega=0.1$ 程度であっても分布形はかなり異なることが見て取れよう．

$ZIBB(n, a, b, \omega)$ における推測では，ゼロ過剰であることを考慮したパラメータ a および b の推定，ならびにゼロ過剰の程度を表わす ω の推定が問題となる．$X=0$ の度数にはベータ二項分布部分とゼロ過剰の度数とが混在するため，パラ

4.2 ゼロトランケートとゼロ過剰

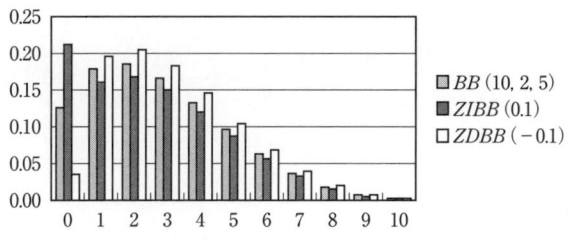

図4.3 ゼロ過剰およびゼロ過少なベータ二項分布

メータ a, b の推定では,$X=0$ の度数は使えない.そこで 4.2.1 項で議論した $X≥1$ の度数のみを用いたゼロトランケーションの場合の推定法を用いる.

$ZIBB(n, a, b, \omega)$ に従う N 個の独立な観測値のうち 1 以上の観測値数を M とし,4.2.1 項の反復計算により $ZTBB(n, a, b)$ のパラメータの推定値 $\tilde{a}, \tilde{b}$ を求める.$X=0$ の度数の推定値を $\tilde{c}$ とすると,ベータ二項部分の観測値数は $M+\tilde{c}$ と推定できるので,ゼロ過剰部分の観測値数は $N-(M+\tilde{c})$ であることから ω の推定値は $\tilde{\omega}=1-(M+\tilde{c})/N$ となる.

例 4.7（ゼロ過剰な場合の推定）

$ZIBB(10, a, b, \omega)$ からの観測度数が下の表のようであるとする.

X	0	1	2	3	4	5	6	7	8	9	10	計
度数	8	5	4	3	2	1	1	0	0	0	0	24

$N=24$ であり,$X≥1$ の度数は例 4.5 と同じであるのでパラメータの推定値は $\tilde{a}=1.83821$,$\tilde{b}=7.32750$ となる.また,$\tilde{c}=4.44347$ よりゼロ過剰部分の ω の

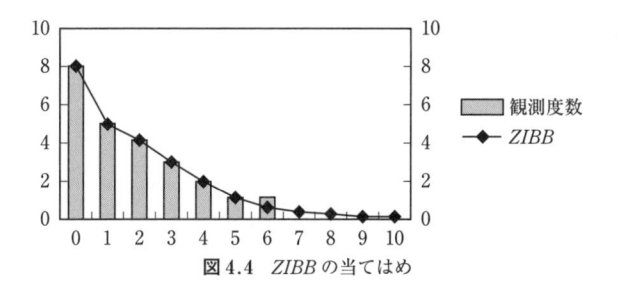

図 4.4 $ZIBB$ の当てはめ

推定値は
$$\widetilde{\omega} = 1 - \frac{M+\widetilde{c}}{N} = 1 - \frac{16+4.44347}{24} = 1 - \frac{20.44347}{24} = 0.14819$$
となる．観測度数と当てはめた $ZIBB(10, 1.83821, 7.32750, 0.14819)$ のグラフは図 4.4 のようである．

問題 4.6（問題 4.5 の続き） $ZIBB(10, a, b, \omega)$ からの観測度数が下の表のようであるとする．ゼロ過剰分の ω の推定値を求めよ．

X	0	1	2	3	4	5	6	7	8	9	10	計
度数	8	3	4	4	3	2	1	1	0	0	0	26

第5章

ポアソン分布

ポアソン分布は稀な事象の生起回数のモデルとして広く用いられている．本章では，ポアソン分布の基本的な性質を述べ，パラメータの推測法ならびに関連した種々の話題を議論する．

5.1 ポアソン分布の基本的性質

最初にポアソン分布の定義とその基本的な性質を示し，ポアソン分布とガンマ分布およびカイ二乗分布との関係，およびポアソン分布の確率の近似法を与える．

5.1.1 定義と性質

稀な事象の生起回数を表わす確率変数を X とする．X は0以上の整数値を取る離散型確率変数であり，その確率関数 $p(x)$ が，λ を正の定数として

$$p(x) = \Pr(X=x) = \frac{\lambda^x}{x!} e^{-\lambda} \qquad (x=0, 1, 2, \dots) \tag{5.1}$$

となるとき，X はパラメータ λ のポアソン分布（Poisson distribution）に従うといい，$X \sim Poisson(\lambda)$ と書く．ポアソンはフランスの数学者の名前である．ポアソン分布の確率関数 (5.1) は $p(x;\lambda) = \exp(x\log\lambda - \lambda - \log x!)$ と表わされるので指数型分布族の一員であり，自然母数は $\log \lambda$ である．

ポアソン分布の確率計算では，自然対数の底 e および指数関数 $e^x = \exp(x)$ が重要な役割を果たす．自然対数の底 e は極限

$$e = \lim_{n\to\infty} \left(1 + \frac{1}{n}\right)^n \tag{5.2}$$

により定義される．指数関数 e^x については，

$$e^x = \lim_{n\to\infty}\left(1+\frac{x}{n}\right)^n \tag{5.3}$$

であり，

$$e^x = \sum_{k=0}^{\infty}\frac{x^k}{k!} = 1 + x + \frac{x^2}{2!} + \frac{x^3}{3!} + \cdots \tag{5.4}$$

と級数展開される．また，(5.4) で $x=1$ とすることにより

$$e = \sum_{k=0}^{\infty}\frac{1}{k!} = 1 + 1 + \frac{1}{2} + \frac{1}{6} + \cdots \tag{5.5}$$

となる．

ポアソン分布は次の定理により得られる．

定理 5.1（二項分布とポアソン分布）

試行回数 n，成功の確率 θ の二項分布 $B(n,\theta)$ において，$\lambda = n\theta$ とし $n\to\infty$ ($\theta\to 0$) とした極限はパラメータ λ のポアソン分布である．

（証明）

$\theta = \lambda/n$ として $B(n,\theta)$ の確率関数を変形すると

$$p(x) = \Pr(X=x) = {}_nC_x \theta^x (1-\theta)^{n-x}$$

$$= \frac{n(n-1)\cdots(n-x+1)}{x!}\left(\frac{\lambda}{n}\right)^x\left(1-\frac{\lambda}{n}\right)^{n-x} = \frac{\lambda^x}{x!} \times \overbrace{\frac{n(n-1)\cdots(n-x+1)}{n^x}}^{x\text{個}}\left(1-\frac{\lambda}{n}\right)^{n-x}$$

$$= \frac{\lambda^x}{x!} \times 1 \cdot \left(1-\frac{1}{n}\right)\cdots\left(1-\frac{x-1}{n}\right) \times \left(1-\frac{\lambda}{n}\right)^{-x}\left(1-\frac{\lambda}{n}\right)^n$$

となるが，ここで $n\to\infty$ とすると k/n の形の部分はすべて 0 に収束し，(5.3) より $(1-\lambda/n)^n \to e^{-\lambda}$ であるので (5.1) が得られる．（証明終）

これよりポアソン分布は，生起確率は小さいが試行回数が多いために何回か生起が観測されるという稀な事象の生起回数の分布として用いられる．確率すべての和が 1 になることは，(5.4) より

$$\sum_{x=0}^{\infty}\frac{\lambda^x}{x!}e^{-\lambda} = e^{-\lambda}\sum_{x=0}^{\infty}\frac{\lambda^x}{x!} = e^{-\lambda} \times e^{\lambda} = 1$$

と示される．

パラメータ λ のポアソン分布の確率は Excel で容易に計算できる．ある値 x に対し，$\Pr(X=x)$ および下側累積確率 $\Pr(X\leq x)$ の設定方法は

$$p(x) = \Pr(X=x) = \text{POISSON}(x, \lambda, 0)$$
$$P(x) = \Pr(X \leq x) = \text{POISSON}(x, \lambda, 1)$$

である．

例 5.1（ポアソン分布と二項分布の比較）

パラメータ $\lambda = 2.5$ のポアソン分布 $Poisson(2.5)$ と同じ $\lambda = n\theta = 2.5$ を持つ二項分布で $n=10, 100, 1000 (\theta = 0.25, 0.025, 0.0025)$ とした場合の確率のグラフは図5.1のようである．n が大きくなるにつれて二項分布とポアソン分布が近くなる様子が見て取れる．

ポアソン分布 $Poisson(\lambda)$ の相続く確率の比は

$$\frac{p(x+1)}{p(x)} = \frac{\lambda^{x+1}e^{-\lambda}/(x+1)!}{\lambda^x e^{-\lambda}/x!} = \frac{\lambda}{x+1} \tag{5.6}$$

となる．これよりポアソン分布の形状に関する次の定理が得られる．

定理 5.2（確率の最大値）

ポアソン分布 $Poisson(\lambda)$ における確率の最大値を与える x（モード）は，λ が整数でない場合には λ を超えない最大の整数である．また，λ が整数の場合には，$x = \lambda - 1$ と $x = \lambda$ で確率は同じ最大値を取る．$\lambda < 1$ の場合にはモードは $x = 0$ であり，確率は x の増加に対し単調に減少する．

（証明）

関係式 (5.6) より $p(x) \leq (\geq) p(x+1) \Leftrightarrow x \leq (\geq) \lambda - 1$ である．λ が整数でないとすると，$x < \lambda - 1$ では $p(x) < p(x+1)$ であり，x が $\lambda - 1$ より大きい整数のとき $p(x) > p(x+1)$ となる．よって，確率の最大値は x が λ を超えない最大の整数値

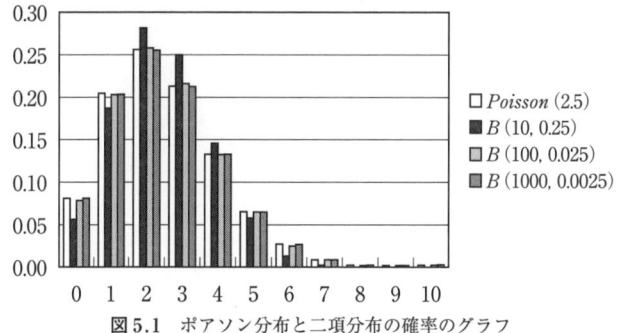

図5.1 ポアソン分布と二項分布の確率のグラフ

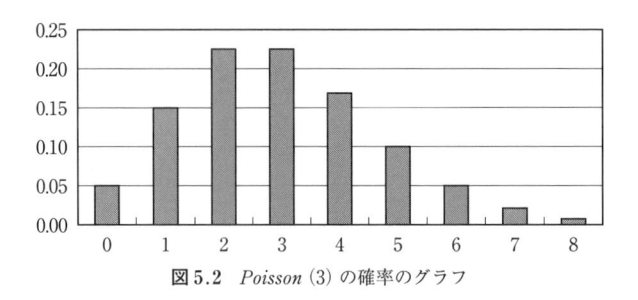

図5.2 *Poisson*(3) の確率のグラフ

のときとなる。λ が整数の場合 $x=\lambda-1$ のとき $p(x)=p(x+1)$ であり，それが確率の最大値を与える．以上の議論より，$\lambda=1$ のときは $p(0)=p(1)$ が確率の最大値となり，$\lambda<1$ では $p(0)$ が確率の最大値で，確率は x と共に単調減少となる．
（証明終）

例5.2（モード）

例 5.1 のポアソン分布 *Poisson*(2.5) では，確率の最大値は $\lambda=2.5$ を超えない最大の整数，すなわち $x=2$ によって与えられる（図 5.1）．*Poisson*(3) では確率の最大値は $x=2$ および $x=3$ で与えられる（図 5.2）．

定理5.3（期待値と分散）

ポアソン分布 *Poisson*(λ) の期待値と分散は共に λ である．

（証明）

期待値は

$$E[X]=\sum_{x=0}^{\infty} x \cdot \frac{\lambda^x}{x!}e^{-\lambda}=\lambda\sum_{x=1}^{\infty}\frac{\lambda^{x-1}}{(x-1)!}e^{-\lambda}=\lambda\sum_{k=0}^{\infty}\frac{\lambda^k}{k!}e^{-\lambda}=\lambda$$

と示される．式変形の途中で $k=x-1$ と置き，最後の和はポアソン分布の全確率であるので 1 になる．分散については

$$E[X(X-1)]=\sum_{x=0}^{\infty} x(x-1) \cdot \frac{\lambda^x}{x!}e^{-\lambda}=\lambda^2\sum_{x=2}^{\infty}\frac{\lambda^{x-2}}{(x-2)!}e^{-\lambda}=\lambda^2\sum_{l=0}^{\infty}\frac{\lambda^l}{l!}e^{-\lambda}=\lambda^2$$

であることより（問題 5.4 参照），

$$V[X]=E[X^2]-(E[X])^2=\{E[X(X-1)]+E[X]\}-(E[X])^2$$
$$=\lambda^2+\lambda-\lambda^2=\lambda$$

となる．（証明終）

5.1 ポアソン分布の基本的性質

ポアソン分布は期待値と分散が等しいという著しい性質を持つ．逆に言えば，期待値より分散が大きい（あるいは小さい）現象はポアソン分布では表現できないことになる．

定理 5.4（確率母関数，モーメント母関数，キュミュラント母関数）

ポアソン分布 $Poisson(\lambda)$ の確率母関数 $H_X(t)$，モーメント母関数 $M_X(t)$ およびキュミュラント母関数 $\psi_X(t)$ はそれぞれ

$$H_X(t) = \exp[\lambda(t-1)] \tag{5.7}$$

$$M_X(t) = \exp[\lambda(e^t-1)] \tag{5.8}$$

および

$$\psi_X(t) = \lambda(e^t-1) \tag{5.9}$$

で与えられる．

（証明）

確率母関数は

$$H_X(t) = E[t^X] = \sum_{x=0}^{\infty} \frac{\lambda^x}{x!} e^{-\lambda} t^x = e^{-\lambda} \sum_{x=0}^{\infty} \frac{(\lambda t)^x}{x!} = e^{-\lambda} e^{\lambda t} = \exp[\lambda(t-1)]$$

となる．モーメント母関数は $M_X(t) = H_X(e^t) = \exp[\lambda(e^t-1)]$ である．キュミュラント母関数は $\psi_X(t) = \log M_X(t) = \lambda(e^t-1)$ となる．（証明終）

キュミュラント母関数 (5.9) は $\psi_X(t) = \lambda(e^t-1) = \lambda \sum_{k=1}^{\infty} t^k/k!$ と展開されるので，$Poisson(\lambda)$ のすべてのキュミュラントは λ となる．

定理 5.5（歪度と尖度）

$Poisson(\lambda)$ の歪度 β_1 と尖度 β_2 はそれぞれ $\beta_1 = 1/\sqrt{\lambda}$，$\beta_2 = 1/\lambda$ で与えられる．

（証明）

$Poisson(\lambda)$ のすべてのキュミュラントは λ であるので

$$\beta_1 = \frac{\kappa_3}{\kappa_2^{3/2}} = \frac{\lambda}{\lambda^{3/2}} = \frac{1}{\sqrt{\lambda}}, \quad \beta_2 = \frac{\kappa_4}{\kappa_2^2} = \frac{\lambda}{\lambda^2} = \frac{1}{\lambda}$$

となる．（証明終）

定理 5.6（再生性）

X_1 および X_2 をそれぞれパラメータ λ_1, λ_2 のポアソン分布に従う互いに独立な確率変数としたとき，それらの和 $Y = X_1 + X_2$ はパラメータ $\lambda_1 + \lambda_2$ のポアソン分

布 Poisson $(\lambda_1+\lambda_2)$ に従う．一般に，m 個の確率変数 $X_1,...,X_m$ が互いに独立にそれぞれパラメータ $\lambda_1,...,\lambda_m$ のポアソン分布に従うとき，それらの和 $Y=X_1+\cdots+X_m$ はパラメータ $\lambda_1+\cdots+\lambda_m$ のポアソン分布に従う．

（証明）

和 $Y=X_1+X_2$ のモーメント母関数 $M_Y(t)$ はそれぞれのモーメント母関数の積
$$M_Y(t)=\exp[\lambda_1(e^t-1)]\exp[\lambda_2(e^t-1)]=\exp[(\lambda_1+\lambda_2)(e^t-1)]$$
となり，この $M_Y(t)$ はパラメータ $\lambda_1+\lambda_2$ のポアソン分布のモーメント母関数であるので，Y は Poisson $(\lambda_1+\lambda_2)$ に従う．同様に，m 個の和のモーメント母関数は $\exp[(\lambda_1+\cdots+\lambda_m)(e^t-1)]$ となる．（証明終）

定理5.7（条件付き分布）

X_1 および X_2 をそれぞれパラメータ λ_1, λ_2 のポアソン分布に従う互いに独立な確率変数としたとき，$Y=X_1+X_2$ が y であるとの条件の下での X_1 の条件付き分布は試行回数 y，成功の確率 $\lambda_1/(\lambda_1+\lambda_2)$ の二項分布 $B(y,\lambda_1/(\lambda_1+\lambda_2))$ となる．一般に，m 個の確率変数 $X_1,...,X_m$ が互いに独立にそれぞれパラメータ $\lambda_1,...,\lambda_m$ のポアソン分布に従い，$Y=X_1+\cdots+X_m$ が y であるときの $X_1,...,X_m$ の条件付き分布は，$\Lambda=\lambda_1+\cdots+\lambda_m$ として，パラメータ $y, \lambda_1/\Lambda,...,\lambda_m/\Lambda$ の多項分布 $MN(y;\lambda_1/\Lambda,...,\lambda_m/\Lambda)$ に従う（多項分布については2.1.6項参照）．

（証明）

和 Y は Poisson $(\lambda_1+\lambda_2)$ に従う．よって，$Y=y$ が与えられたとき，$X_1=x_1$ となる条件付き確率は，X_1 と X_2 とは互いに独立であるので，

$$\Pr(X_1=x_1|Y=y)=\frac{\Pr(X_1=x_1, X_2=y-x_1)}{\Pr(Y=y)}=\frac{\Pr(X_1=x_1)\Pr(X_2=y-x_1)}{\Pr(Y=y)}$$
$$=\frac{(\lambda_1{}^{x_1}e^{-\lambda_1}/x_1!)\{\lambda_2{}^{y-x_1}e^{-\lambda_2}/(y-x_1)!\}}{(\lambda_1+\lambda_2)^y e^{-(\lambda_1+\lambda_2)}/y!}=\frac{y!}{x_1!(y-x_1)!}\left(\frac{\lambda_1}{\lambda_1+\lambda_2}\right)^{x_1}\left(1-\frac{\lambda_1}{\lambda_1+\lambda_2}\right)^{y-x_1}$$

となり，これは二項分布 $B(y,\lambda_1/(\lambda_1+\lambda_2))$ の確率となる．同様に，m 個の和が y のときの $X_1,...,X_m$ の条件付き確率は，$X_1,...,X_m$ は互いに独立であるので，

$$\Pr(X_1=x_1,...,X_m=x_m|Y=y)=\frac{\Pr(X_1=x_1,...,X_m=x_m)}{\Pr(Y=y)}$$
$$=\frac{\Pr(X_1=x_1)\cdots\Pr(X_m=x_m)}{\Pr(Y=y)}=\frac{(\lambda_1{}^{x_1}e^{-\lambda_1}/x_1!)\cdots(\lambda_m{}^{x_m}e^{-\lambda_m}/x_m!)}{\Lambda^y e^{-\Lambda}/y!}$$
$$=\frac{y!}{x_1!\cdots x_m!}\left(\frac{\lambda_1}{\Lambda}\right)^{x_1}\cdots\left(\frac{\lambda_m}{\Lambda}\right)^{x_m}$$

5.1 ポアソン分布の基本的性質

と多項分布の確率となる．（証明終）

問題 5.1（確率母関数） 二項分布 $B(n,\theta)$ の確率母関数 $H_X(t)=\{\theta t+(1-\theta)\}^n$ に対し（2.1.2項の（2.7）式参照），$\lambda=n\theta$ として $n\to\infty$（$\theta\to 0$）とするとポアソン分布の確率母関数（5.7）となることを示せ．

問題 5.2 $X\sim Poisson(\lambda)$ とするとき，$\Pr(X=0)+\Pr(X=1)=0.5$ となるのは λ がいくつの場合か．

問題 5.3 モーメント母関数（5.8）の微分を用いてポアソン分布の期待値と分散を導出せよ．

問題 5.4 確率母関数（5.7）の微分により $E[X(X-1)]=\lambda^2$ を示せ．

5.1.2 ガンマ分布，カイ 2 乗分布との関係

ポアソン分布とガンマ分布およびカイ 2 乗分布の確率との間には密接な関係があり，これらの関係はポアソン分布のパラメータの推測で用いられる．まず，ポアソン分布の確率とガンマ分布に関する定理を用意する．

定理 5.8（ポアソン確率とガンマ分布）

自然数 x に対し，Y をパラメータ $(x,1)$ のガンマ分布 $Gamma(x,1)$ に従う確率変数とし，その上側確率を

$$G(y;x)=\Pr(Y\geq y)=\int_y^\infty \frac{1}{(x-1)!}y^{x-1}e^{-y}dy \tag{5.10}$$

とする．ポアソン分布 $Poisson(\lambda)$ に従う確率変数を X とすると，

$$p(x;\lambda)=\Pr(X=x)=\frac{\lambda^x}{x!}e^{-\lambda}=G(\lambda;x+1)-G(\lambda;x) \tag{5.11}$$

となる．

（証明）

$G(\lambda;x+1)$ の部分積分により

$$G(\lambda;x+1)=\int_\lambda^\infty \frac{1}{x!}y^x e^{-y}dy=\left[-\frac{1}{x!}y^x e^{-y}\right]_\lambda^\infty+\int_\lambda^\infty \frac{1}{(x-1)!}y^{x-1}e^{-y}dy$$

$$=\frac{\lambda^x}{x!}e^{-\lambda}+G(\lambda;x)$$

となるので，移項して（5.11）を得る．（証明終）

定理 5.9（ポアソン分布とガンマ分布の関係）

ポアソン分布 $Poisson(\lambda)$ で x 以下となる下側累積確率は，ガンマ分布 $Gamma(x+1,1)$ における λ 以上の確率に等しい．すなわち，

$$P(x;\lambda) = \Pr(X \leq x) = \sum_{k=0}^{x} \frac{\lambda^k}{k!} e^{-\lambda}$$
$$= G(\lambda; x+1) = \Pr(Y \geq \lambda) = \int_{\lambda}^{\infty} \frac{1}{x!} y^x e^{-y} dy \quad (5.12)$$

である．また，$Poisson(\lambda)$ で x 以上となる上側累積確率は，パラメータ $(x,1)$ のガンマ分布 $Gamma(x,1)$ の λ 以下の確率に等しい．すなわち，

$$Q(x;\lambda) = \Pr(X \geq x) = \sum_{k=x}^{\infty} \frac{\lambda^k}{k!} e^{-\lambda} = F(\lambda; x) = \Pr(Y \leq \lambda) = \int_{0}^{\lambda} \frac{1}{(x-1)!} y^{x-1} e^{-y} dy \quad (5.13)$$

である．

（証明）

(5.11) より $\sum_{k=1}^{x} p(x;\lambda) = G(\lambda; x+1) - G(\lambda; 1)$ である．一方，

$$G(\lambda; 1) = \int_{\lambda}^{\infty} e^{-y} dy = [-e^{-y}]_{\lambda}^{\infty} = e^{-\lambda} = p(0;\lambda)$$

であるので，$P(x;\lambda) = \sum_{k=0}^{x} (\lambda^k/k!) e^{-\lambda} = G(\lambda; x+1)$ がいえる．また，

$$Q(x;\lambda) = 1 - P(x-1;\lambda) = 1 - G(\lambda; x) = F(\lambda; x)$$

となる．（証明終）

次に，ポアソン分布とカイ2乗分布の関係について述べる．自由度 k のカイ2乗分布はパラメータ $(k/2, 2)$ のガンマ分布 $Gamma(k/2, 2)$ である．$Y \sim Gamma(x, 1)$ のとき，$2Y$ は自由度 $2x$ のカイ2乗分布に従うので次の定理が成り立つ．

定理 5.10（ポアソン分布とカイ2乗分布との関係）

自由度 k のカイ2乗分布の y 以下の確率を $F_k(y)$ とし，y より大きい確率を $G_k(y) = 1 - F_k(y)$ とすると，定理 5.8 の記号の下で，

$$P(x;\lambda) = G_{2(x+1)}(2\lambda) \quad (5.14)$$

および

$$Q(x;\lambda) = F_{2x}(2\lambda) \quad (5.15)$$

が成り立つ．

(証明)

$Y_1 \sim Gamma(x+1, 1)$ とする．このとき $2Y_1$ は自由度 $2(x+1)$ のカイ2乗分布に従う．よって，$G(\lambda; x+1) = \Pr(Y_1 > y) = \Pr(2Y_1 > 2y) = G_{2(x+1)}(2\lambda)$ より (5.14) がいえる．同様に $Y_2 \sim Gamma(x, 1)$ とすると，$F(\lambda; x) = \Pr(Y_2 < y) = \Pr(2Y_2 < 2y) = F_{2x}(2\lambda)$ と (5.15) が示される．（証明終）

例 5.3（ポアソン確率の計算）

例 5.1 で取り上げた $Poisson(2.5)$ の確率とガンマ分布およびカイ2乗分布を用いた計算の数値例を示す．$X \sim Poisson(\lambda)$ のとき，Excel での設定法は
$$P(x; \lambda) = \Pr(X \leq x) = \text{POISSON}(x, \lambda, 1)$$
であるので，$Poisson(2.5)$ における $x \leq 3$ の下側累積確率は
$$P(3; \lambda = 2.5) = \text{POISSON}(3, 2.5, 1) \approx 0.757576$$
となる．ガンマ分布 $Gamma(x+1, 1)$ を用いた (5.12) では
$$G(2.5; \lambda = 3+1) = 1 - \text{GAMMADIST}(2.5, 4, 1, 1) \approx 0.757576$$
となる．(5.14) の自由度 $2(x+1)$ のカイ2乗分布を用いた計算では，自由度 k のカイ2乗分布の y 以上の確率が $G_k(y) = \text{CHIDIST}(y, k)$ で求められるので，$2\lambda = 2 \times 2.5 = 5$，$2(x+1) = 2 \times (3+1) = 8$ より
$$G_{2(x+1)}(2\lambda) = \text{CHIDIST}(5, 8) \approx 0.757576$$
となる．

一方，$Poisson(2.5)$ における $x \geq 3$ の上側累積確率は
$$Q(3; 2.5) = 1 - \text{POISSON}(2, 2.5, 1) \approx 0.456187$$
となる．ガンマ分布 $Gamma(x, 1)$ を用いた (5.13) では
$$F(2.5; 3) = \text{GAMMADIST}(2.5, 3, 1, 1) \approx 0.456187$$
と求められ，自由度 $2x$ のカイ2乗分布を用いた計算 (5.15) では，$2\lambda = 2 \times 2.5 = 5$，$2x = 2 \times 3 = 6$ より
$$F_{2x}(2\lambda) = 1 - \text{CHIDIST}(5, 6) \approx 0.456187$$
となる．

問題 5.5（ポアソン分布の確率計算） $X \sim Poisson(3)$ のとき，4以下の確率 $P(4; \lambda = 3) = \Pr(X \leq 4)$ および 4 以上の確率 $Q(4; \lambda = 3) = \Pr(X \geq 4)$ をガンマ分布およびカイ2乗分布を用いて計算せよ．

5.1.3 近似と変数変換

ポアソン分布の確率計算はコンピュータで容易に実行できる．しかし，ポアソン確率の近似もしくは変数変換により，後に述べるパラメータに関する統計的推測が簡便になるなどの利点がある．

ポアソン分布 $Poisson(\lambda)$ の確率は，λ が大きいとき，期待値と分散が共に λ の正規分布 $N(\lambda, \lambda)$ で近似される．このことは，独立なポアソン変量の和はまたポアソン分布となることから，n 個の確率変数 $X_1, ..., X_n$ が互いに独立に $Poisson(\lambda/n)$ に従うとき，それらの和 $X = X_1 + \cdots + X_n$ は $Poisson(\lambda)$ に従うが，中心極限定理により和 X の分布は近似的に正規分布になることから帰結される．実際，$Poisson(\lambda)$ の歪度と尖度は，定理 5.5 より $\beta_1 = 1/\sqrt{\lambda}$，$\beta_2 = 1/\lambda$ であるので，共に λ が大きくなるとき 0 に近づく．正規近似では連続修正を施すことも考えられる．

例 5.4（ポアソン分布の正規近似）

$X \sim Poisson(\lambda)$ および $Y \sim N(\lambda, \lambda)$ とし，$\lambda = 10, 20, 50$ に対し，いくつかの x の値でのポアソン分布の下側累積確率 $\Pr(X \leq x)$，連続修正を施さない正規近似での確率 $\Pr(Y \leq x)$ および連続修正を施した正規近似での確率 $\Pr(Y \leq x + 0.5)$ を表にしたものが表 5.1 である（表中 $Poisson = \Pr(X \leq x)$，$N(\text{without}) = \Pr(Y \leq x)$，$N(\text{with}) = \Pr(Y \leq x + 0.5)$ である）．$\lambda = 10$ 程度では正規近似があまりよくない．分布の中心部の確率の近似では連続修正を施したほうが精度はよいが，分布の端

表 5.1 ポアソン確率と正規近似（$\lambda = 10, 20, 50$）．

λ	10			λ	20			λ	50		
X	$Poisson$	$N(\text{without})$	$N(\text{with})$	X	$Poisson$	$N(\text{without})$	$N(\text{with})$	X	$Poisson$	$N(\text{without})$	$N(\text{with})$
0	0.0000	0.0008	0.0013	10	0.0108	0.0127	0.0168	40	0.0861	0.0786	0.0896
2	0.0028	0.0057	0.0089	12	0.0390	0.0368	0.0468	42	0.1435	0.1289	0.1444
4	0.0293	0.0289	0.0410	14	0.1049	0.0899	0.1094	44	0.2210	0.1981	0.2183
6	0.1301	0.1030	0.1342	16	0.2211	0.1855	0.2169	46	0.3167	0.2858	0.3103
8	0.3328	0.2635	0.3176	18	0.3814	0.3274	0.3687	48	0.4249	0.3886	0.4160
10	0.5830	0.5000	0.5628	20	0.5591	0.5000	0.5445	50	0.5375	0.5000	0.5282
12	0.7916	0.7365	0.7854	22	0.7206	0.6726	0.7119	52	0.6458	0.6114	0.6382
14	0.9165	0.8970	0.9226	24	0.8432	0.8145	0.8428	54	0.7423	0.7142	0.7377
16	0.9730	0.9711	0.9801	26	0.9221	0.9101	0.9269	56	0.8221	0.8019	0.8210
18	0.9928	0.9943	0.9964	28	0.9657	0.9632	0.9713	58	0.8836	0.8711	0.8853
20	0.9984	0.9992	0.9996	30	0.9865	0.9873	0.9906	60	0.9278	0.9214	0.9312

のほうの確率の近似では，むしろ連続修正を施さないほうが精度がよい（竹内・藤野，1981，2.1節）．

ポアソン分布はパラメータが1つで分散は期待値と同じλである．このことは，複数のポアソン分布の比較の際などに困難を生じる．そこで，Poisson(λ)に従う確率変数Xに対し，分散が近似的にλに依存しない分散安定化変換$Y=h(X)$を求める．

定理5.11（分散安定化変換）

$X\sim$Poisson(λ)のとき，$Y=2\sqrt{X}$とすると，近似的に$Y\sim N(2\sqrt{\lambda-1/4}, 1)$となる．

（証明）

二項分布のときと同じく，Yは近似的に正規分布に従う．その期待値と分散をデルタ法により求める．$g(x)=2\sqrt{x}$とすると，その1次および2次の導関数は$g'(x)=1/\sqrt{x}$, $g''(x)=-1/(2x\sqrt{x})$であるので

$$E[2\sqrt{X}]\approx g(\lambda)+\frac{1}{2}g''(\lambda)V[X]=2\sqrt{\lambda}+\frac{1}{2}\cdot\frac{-1}{2\lambda\sqrt{\lambda}}\cdot\lambda=2\sqrt{\lambda}-\frac{1}{4\sqrt{\lambda}}\approx 2\sqrt{\lambda-\frac{1}{4}}$$

となり（問題5.6），加えて $V[2\sqrt{X}]\approx\{g'(\lambda)\}^2V[X]=(1/\sqrt{\lambda})^2\times\lambda=1$ を得る．（証明終）

定理5.11の分散安定化変換$Y=2\sqrt{X}$を改良し，$Y'=2\sqrt{X+3/8}$とすると，近似的に$Y'\sim N(2\sqrt{\lambda+1/8}, 1)$となり，その分散$V[Y']$は$V[Y]$よりも1にかなり近い（Johnson, *et al.*, 2005, Section 4.5；竹内・藤野，1981，2.3節）．実際，$V[Y]$および$V[Y']$をλに対してプロットすると図5.3のようであり，あまり大きくないλに対しても$V[Y']$はきわめて1に近いことがわかる．上記の変換

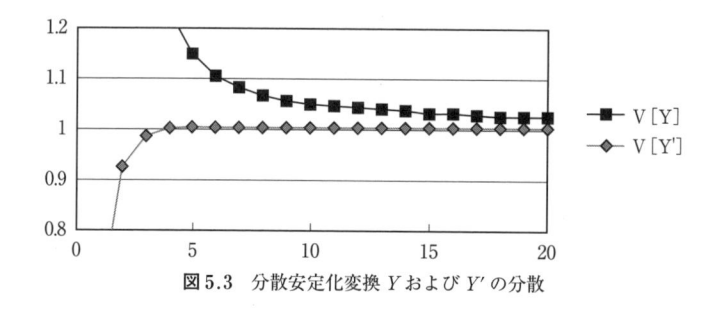

図5.3 分散安定化変換YおよびY'の分散

以外にも $Y''=\sqrt{X+1}+\sqrt{X}$ とすると近似的に $Y''\sim N(2\sqrt{\lambda},1)$ となることなどが知られている．

問題 5.6 λ が大きいとき，近似的に $2\sqrt{\lambda}-1/(4\sqrt{\lambda})\approx 2\sqrt{\lambda}-1/4$ となることを示せ．

5.2 ポアソン分布における検定

ポアソン分布に関する検定では，ポアソン分布が想定される場合のパラメータ λ に関する仮説検定と，そもそもデータがポアソン性に従うかを判断する検定とがある．まずパラメータ λ に関する検定を 5.2.1 項から 5.2.3 項で議論する．5.2.1 項では，ポアソン分布の確率計算に基づく検定およびポアソン分布と F 分布との関係に基づく確率計算に基づく検定，さらにポアソン分布の近似に基づく近似検定を扱う．5.2.2 項ではそれらの検定の実際の有意水準を比較する．5.2.3 項では 2 つもしくはそれ以上のポアソン分布の比較を扱い，5.2.4 項ではポアソン性の検定を議論する．

5.2.1 ポアソン λ に関する検定

ポアソン分布 $Poisson(\lambda)$ における λ の検定を議論する．ポアソン分布の確率計算に基づく正確な検定およびポアソン確率の正規近似に基づく近似検定を議論する．ポアソン分布の確率計算は Excel などにより容易になされることから，現在では近似検定は以前ほどの重要度はないが，ポアソン分布の比較および区間推定では，近似が重要な役割を果たす．

$Poisson(\lambda)$ からの独立な観測値を $x_1,\ldots,x_n$ とし，それらの和を $t^*=x_1+\cdots+x_n$ とする．また，$Poisson(\lambda)$ に従う n 個の独立な確率変数を $X_1,\ldots,X_n$ とし，それらの和を $T=X_1+\cdots+X_n$ とする．$x_1,\ldots,x_n$ は $X_1,\ldots,X_n$ の実現値であり，t^* は T の実現値と見なされる．ポアソン分布は再生性を持つため，T は $Poisson(n\lambda)$ に従う確率変数である．

検定の帰無仮説は，λ_0 をある与えられた値として $H_0:\lambda=\lambda_0$ とする．片側検定での対立仮説は $H_1:\lambda>\lambda_0$ もしくは $H_1:\lambda<\lambda_0$ のいずれかであるが，λ が大きいかどうかに興味がある場合が多いので，$H_1:\lambda>\lambda_0$ と取ることが多いであろう．

5.2 ポアソン分布における検定

両側検定では対立仮説は $H_1: \lambda \neq \lambda_0$ となる. 帰無仮説の下では $T \sim Poisson(n\lambda_0)$ であるので, 片側対立仮説 $H_1: \lambda > \lambda_0$ の場合, ポアソン分布の確率計算に基づく正確な片側 P-値は, 観測値 t^* の上側累積確率

$$P\text{-value} = \Pr(T \geq t^* | H_0) = \sum_{t \geq t^*} \frac{(n\lambda_0)^t}{t!} e^{-n\lambda_0} \tag{5.16}$$

で定義される ($H_1: \lambda < \lambda_0$ では t^* の下側累積確率). (5.16) の計算は Excel により容易に実行できる. 設定法は

$$\begin{aligned} \text{上側 } P\text{-値}: P_{\text{Upper}} &= \Pr(T \geq t^* | H_0) = 1 - \text{POISSON}(t^*-1, n\lambda_0, 1) \\ \text{下側 } P\text{-値}: P_{\text{Lower}} &= \Pr(T \leq t^* | H_0) = \text{POISSON}(t^*, n\lambda_0, 1) \end{aligned} \tag{5.17}$$

である. あるいは, ポアソン分布とカイ 2 乗分布との関係を用いて

$$\begin{aligned} P_{\text{Upper}} &= 1 - \text{CHIDIST}(2n\lambda_0, 2t^*) \\ P_{\text{Lower}} &= \text{CHIDIST}(2n\lambda_0, 2(t^*+1)) \end{aligned} \tag{5.18}$$

としても求められる. 両側対立仮説 $H_1: \theta \neq \theta_0$ に対する両側 P-値は (a) 片側 P-値を 2 倍する, (b) $\Pr(T=t^* | H_0)$ 以下の確率をすべて加える, のいずれかで計算される.

例 5.5 (正確な検定)

$Poisson(\lambda)$ からの独立な観測値が 3, 7, 4, 2, 8 のとき ($n=5$), $t^* = 3+7+4+2+8 = 24$ である. 片側検定問題 $H_0: \lambda = 3$ vs. $H_1: \lambda > 3$ の上側 P-値は, $n\lambda_0 = 5 \times 3 = 15$ であるので, (5.17) より $T \sim Poisson(15)$ として

$$P = \Pr(T \geq 24) = 1 - \text{POISSON}(23, 15, 1) \approx 1 - 0.98054 = 0.01946$$

となる. もしくは, $2n\lambda_0 = 30$, $2t^* = 48$ としたカイ 2 乗分布の確率計算 (5.18) により, Y を自由度 30 のカイ 2 乗分布に従う確率変数として

$$P = \Pr(Y \geq 48) = 1 - \text{CHIDIST}(30, 48) \approx 1 - 0.98054 = 0.01946$$

となり, 有意水準 $\alpha = 0.05$ で有意となる. 両側検定 $H_0: \lambda = 3$ vs. $H_1: \lambda \neq 3$ の場合, 片側 P-値を 2 倍する流儀では $P = 2 \times 0.01946 = 0.03892$ となる. また, $\Pr(T=24) = \text{POISSON}(24, 15, 0) \approx 0.00830$ であり, $\Pr(T=6) = 0.00484$, $\Pr(T=7) = 0.01037$ であるので, $\Pr(T=t^*)$ 以下の確率を全部加える流儀では $P = \Pr(T \leq 6) + \Pr(T \geq 24) = 0.00763 + 0.01946 = 0.02709$ となる. 統計ソフトウェアを利用する際には, どちらの方法で両側 P-値を計算しているのかに注意する必要がある.

ポアソン分布の検定でも，mid-P 値を用いることも考えられる．(5.16) に対応した mid-P 値は

$$\text{mid-}P = 0.5\Pr(T=t^*; n\lambda_0) + \Pr(T \geq t^*+1; n\lambda_0) \quad (5.19)$$

である．実際の数値例は次のようになる．

例 5.6（mid-P 値による検定）

例 5.5 と同じ数値例では，mid-P 値は (5.19) より mid-$P = 0.5 \times \Pr(T=24) + \Pr(T\geq 25) = 0.01531$ となる．mid-P 値のほうが通常の P-値より $0.5 \times \Pr(T=24) = 0.00415$ だけ小さくなる．

二項分布のときと異なり，ポアソン分布では mid-P 値が議論されることは少ない．それは，(i) t^* はある程度大きいことが多く，通常の P-値と mid-P 値との差はそれほど大きくない，(ii) P-値と mid-P 値の差は，離散分布を連続分布で近似した場合の連続修正の有無と関係するが，5.1.3 項で述べたように，ポアソン分布の場合には必ずしも連続修正を施したほうが近似はよくなるとは限らず，かえって議論が複雑になってしまう，という理由による．

次に近似検定を論じる．n 個の観測値の和 T は，帰無仮説 $H_0: \lambda = \lambda_0$ の下で $n\lambda_0$ がある程度大きいとき正規分布 $N(n\lambda_0, n\lambda_0)$ に従う．よって，Z を $N(0,1)$ に従う確率変数としたとき，片側 P-値は

$$P_{\text{Upper}} = \Pr\left(\frac{t^* - n\lambda_0}{\sqrt{n\lambda_0}} \leq Z\right) = 1 - \text{NORMSDIST}((t^* - n\lambda_0)/\sqrt{n\lambda_0}) \quad (5.20)$$

もしくは

$$P_{\text{Lower}} = \Pr\left(Z \leq \frac{t^* - n\lambda_0}{\sqrt{n\lambda_0}}\right) = \text{NORMSDIST}((t^* - n\lambda_0)/\sqrt{n\lambda_0})$$

により求められる．正規分布は左右対称であるので，両側 P-値は片側 P-値を 2 倍すればよい．

定理 5.11 の分散安定化変換に基づく正規近似も有用である．すなわち，$H_0: \lambda = \lambda_0$ の下で近似的に $Y = 2\sqrt{T} \sim N(2\sqrt{n\lambda_0 - 1/4}, 1)$ となることから，片側 P-値は

$$\begin{aligned}P_{\text{Upper}} &= \Pr(2\sqrt{t^*} - 2\sqrt{n\lambda_0 - 1/4} \leq Z) \\ &= 1 - \text{NORMSDIST}(2\sqrt{t^*} - 2\sqrt{n\lambda_0 - 1/4})\end{aligned} \quad (5.21)$$

のように求められる．$n\lambda_0$ がある程度大きければ $n\lambda_0 - 1/4 \approx n\lambda_0$ としてもよいで

あろう.

例 5.7（近似検定）

例 5.5 の数値例では, $n\lambda_0 = 15$, $t^* = 24$ であり, $(t^* - n\lambda_0)/\sqrt{n\lambda_0} = (24-15)/\sqrt{15} \approx 2.32379$ であるので, 片側 P-値は (5.20) より $Z \sim N(0,1)$ として

$$P = \Pr(2.32379 \le Z) = 1 - \text{NORMSDIST}(2.32379) \approx 1 - 0.98933 = 0.01007$$

となる. 分散安定化変換では, (5.21) において $2\sqrt{24} - 2\sqrt{15 - 1/4} \approx 9.79796 - 7.68115 = 2.11681$ より

$$P = \Pr(2.11681 \le Z) = 1 - \text{NORMSDIST}(2.11681) \approx 1 - 0.98286 = 0.01714$$

となる.

問題 5.7 $n=3$ で観測値が $3, 7, 4$ のとき, 帰無仮説 $H_0: \lambda = 3$ に対し, $H_1: \lambda > 3$ とした片側検定における P-値および mid-P 値を求めよ. また, 両側仮説 $H_1: \lambda \ne 3$ に対し, 両側 P-値を本文中の 2 つの流儀のそれぞれにより求めよ.

問題 5.8 上問 5.7 の設定の下で, 正規近似による片側 P-値を求めよ.

5.2.2 実際の有意水準

離散分布での検定では実際の有意水準は名目値と同じにはならず, ポアソン分布でも同じことがいえる. ここでは 5.2.1 項で扱った正確な検定および正規近似に基づく 2 つの検定につき, それらの実際の有意水準を吟味する. 以下では, 実際上よく用いられる片側検定 $H_0: \lambda = \lambda_0$ vs. $H_1: \lambda > \lambda_0$ について調べる.

正確な検定の片側 P-値は (5.16) で与えられる. $T \sim Poisson(n\lambda_0)$ とし, 有意水準を $\alpha = 0.05$ としたとき, $n\lambda_0 = 8.4$ の場合には, $\Pr(T \ge 13|\lambda = 8.4) \approx 0.08500$ および $\Pr(T \ge 14|\lambda = 8.4) \approx 0.04756$ であるので, 検定の棄却域は $T \ge 14$ となり, そのときの実際の有意確率は 0.04756 となる. 一方 $n\lambda_0 = 8.5$ では, $\Pr(T \ge 14|\lambda = 8.5) \approx 0.05141$ および $\Pr(T \ge 15|\lambda = 8.5) \approx 0.02743$ であるので, 棄却域は $T \ge 15$ となって, 実際の有意確率は 0.02743 となる. このように, 帰無仮説での値 $n\lambda_0$ によって実際の有意確率は異なってくる. $c(\alpha)$ を上側 $100\alpha\%$ 検定で有意となる最小の整数としたとき, 実際の有意水準は

$$\Pr(c(\alpha) \le T | n\lambda_0) = \sum_{c(\alpha) \le t} \frac{(n\lambda_0)^t}{t!} e^{-n\lambda_0} \tag{5.22}$$

となる. 図 5.4 (a), (b) は, $\alpha = 0.05$ とした場合の (5.22) を $n\lambda_0 = 0 \sim 10$ およ

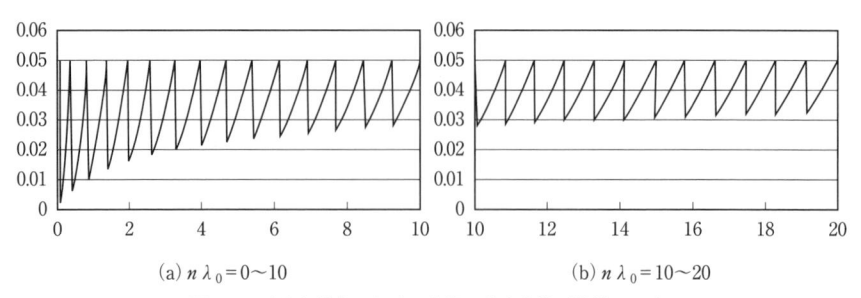

図 5.4 正確な検定における実際の有意水準（横軸：$n\lambda_0$）

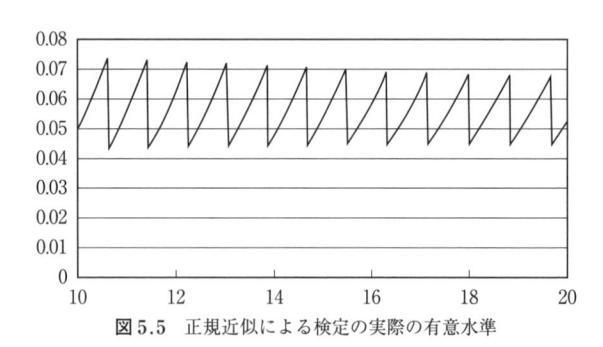

(a) $n\lambda_0 = 0 \sim 10$

(b) $n\lambda_0 = 10 \sim 20$

図 5.5 正規近似による検定の実際の有意水準

び $n\lambda_0 = 10 \sim 20$ の範囲で計算してグラフ化したものである．すべての $n\lambda_0$ の値に対して実際の有意水準は名目値以下であることが見て取れる．

次に，T が正規分布 $N(n\lambda_0, n\lambda_0)$ に従うことを利用した正規近似による検定を調べる．(5.20) より，有意水準 $100\alpha\%$ の上側検定の棄却域は，t^* を T の実現値とし $z(\alpha)$ を $N(0,1)$ の上側 $100\alpha\%$ 点として，$n\lambda_0 + z(\alpha)\sqrt{n\lambda_0} \leq t^*$ である．よって，実際の有意水準は

$$\Pr(n\lambda_0 + z(\alpha)\sqrt{n\lambda_0} \leq T \mid n\lambda_0) = \sum_{n\lambda_0 + z(\alpha)\sqrt{n\lambda_0} \leq t} \frac{(n\lambda_0)^t}{t!} e^{-n\lambda_0} \qquad (5.23)$$

となる．正規近似では $n\lambda_0$ がある程度大きいことが条件であるので，図 5.4 (b) に対応して，$\alpha = 0.05$ で $n\lambda_0 = 10 \sim 20$ の範囲で (5.23) をグラフ化したものが図 5.5 である．図より，多くのパラメータ値で実際の有意水準は名目値の 0.05 を上回っている．

分散安定化変換に基づく検定は，$Y = 2\sqrt{T} \sim N(2\sqrt{n\lambda_0} - 1/4, 1)$ であり，(5.21)

5.2 ポアソン分布における検定

図5.6 分散安定化変換による検定の実際の有意水準

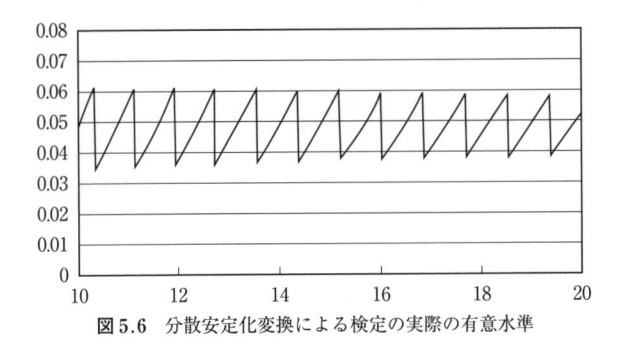

より棄却域は $z(\alpha)+2\sqrt{n\lambda_0-1/4}\leq 2\sqrt{t^*}$ となる．よって，実際の有意確率は

$$\Pr(\{z(\alpha)/2+\sqrt{n\lambda_0-1/4}\}^2 \leq T \mid n\lambda_0) = \sum_{\{z(\alpha)/2+\sqrt{n\lambda_0-1/4}\}^2 \leq t} \frac{(n\lambda_0)^t}{t!} e^{-n\lambda_0} \quad (5.24)$$

と求められる．上と同じく $\alpha=0.05$ とし，$n\lambda_0=10\sim 20$ の範囲で (5.24) をグラフ化したものが図5.6である．図より，実際の有意水準は名目値の0.05のまわりで上下していて，図5.4 (b) と図5.5のちょうど中間のような振る舞いを示していることがわかる．

5.2.3 ポアソン分布の比較

2つのポアソン分布 $Poisson(\lambda_1)$ および $Poisson(\lambda_2)$ の同一性を検定により評価する．帰無仮説は

$$H_0 : \lambda_1 = \lambda_2 \quad (5.25)$$

である．ここで等しいとされた $\lambda(=\lambda_1=\lambda_2)$ の値は特定されていない．したがって，λ に依存しない検定を導くか，もしくは何らかの形で λ を推定する必要がある．このことが，第3章の二項分布の比較同様，議論をやや複雑にしている．対立仮説は，片側検定では $H_1 : \lambda_1 > \lambda_2$ もしくは $H_1 : \lambda_1 < \lambda_2$ であり，両側検定では $H_1 : \lambda_1 \neq \lambda_2$ となる．

$Poisson(\lambda_1)$ に従う m 個の独立な確率変数を $X_1,...,X_m$ とし，それらの和を $T_1 = X_1+\cdots+X_m$ とする．それらとは独立に $Poisson(\lambda_2)$ に従う n 個の独立な確率変数およびそれらの和を $Y_1,...,Y_n$，$T_2=Y_1+\cdots+Y_n$ とする．このとき，ポアソン分布の再生性より $T_1+T_2 \sim Poisson(m\lambda_1+n\lambda_2)$ である．そして，それぞれの実現値を $x_1,...,x_m$，$t_1=x_1+\cdots+x_m$，$y_1,...,y_n$，$t_2=y_1+\cdots+y_n$ とする．

まず，λ に依存しない検定を導く．両群の観測値の和を $T=T_1+T_2$ とすると，$T=t$ が与えられたという条件の下での T_1 の分布は，定理5.7 よりパラメータ t および $\theta=m\lambda_1/(m\lambda_1+n\lambda_2)$ の二項分布 $B(t,\theta)$ となる．よって，(5.25) の帰無仮説の下では $\theta_0=m/(m+n)$ となる．すなわち，(5.25) の検定は二項分布 $B(t,\theta)$ における $H_0:\theta=m/(m+n)$ の検定に帰着される．これは，$T=t$ の条件の下での検定であるので，条件付き検定と呼ばれる．二項確率の計算に基づく正確な検定では，$H_1:\lambda_1<\lambda_2$ に対応する片側仮説 $H_1:\theta<m/(m+n)$ に関する片側 P-値は Excel を用いて $P=\mathrm{BINOMDIST}(t_1,t,m/(m+n),1)$ と求められる．与えられた任意の t の下で，実際の有意水準は必ず名目の有意確率を下回るので，すべての t についてもそれが成り立つ．しかし，t があまり大きくない場合には実際の有意水準はかなり名目値を下回る可能性があるので，特に λ が小さくサンプルサイズ m および n が大きくない場合には注意が必要である．

5.1.4項の近似を用いても検定できる．単純な正規近似では，T_1 および T_2 はそれぞれ独立に $N(m\lambda_1,m\lambda_1)$，$N(n\lambda_2,n\lambda_2)$ に近似的に従うので，それぞれの標本平均を $\overline{X}=T_1/m$，$\overline{Y}=T_2/n$ とすると，$\overline{X}-\overline{Y}\sim N\left(\lambda_1-\lambda_2,\dfrac{\lambda_1}{m}+\dfrac{\lambda_2}{n}\right)$ である．よって，(5.25) の帰無仮説の下で

$$\overline{X}-\overline{Y}\sim N\left(0,\left(\frac{1}{m}+\frac{1}{n}\right)\lambda\right) \tag{5.26}$$

となる．(5.26) における分散の λ は未知であるので，それを観測値全体の標本平均 $t/(m+n)$ により推定する．$H_1:\lambda_1<\lambda_2$ に対応する片側 P-値は，各群の標本平均を $\bar{x}=t_1/m$，$\bar{y}=t_2/n$ とし，$s=\sqrt{\left(\dfrac{1}{m}+\dfrac{1}{n}\right)\dfrac{t}{m+n}}=\sqrt{\dfrac{t}{mn}}$ として，Excel の正規分布の確率計算の関数を用いて $P=\mathrm{NORMDIST}(\bar{x}-\bar{y},0,s,1)$ と求められる．あるいは，標準化して

$$z=(\bar{x}-\bar{y})/s \tag{5.27}$$

とし，標準正規分布の確率計算の関数により $P=\mathrm{NORMSDIST}(z)$ により求めてもよい．$\bar{x}$ および $\bar{y}$ はそれぞれ λ_1，λ_2 の推定値であるので，それらをデータから求め，最低限目視でその違いを吟味する必要はあり，その意味で，ここでの検定は実際上有用である．

定理5.11 の分散安定化変換も検定には有効に用いられる．すなわち，分散

安定化変換により近似的に $2\sqrt{T_1} \sim N(2\sqrt{m\lambda_1} - 1/4, 1)$，および $2\sqrt{T_2} \sim N(2\sqrt{n\lambda_2} - 1/4, 1)$ であるので，

$$2\left(\sqrt{\frac{T_1}{m}} - \sqrt{\frac{T_2}{n}}\right) \sim N\left(2\left(\sqrt{\lambda_1 - \frac{1}{4m}} - \sqrt{\lambda_2 - \frac{1}{4n}}\right), \frac{1}{m} + \frac{1}{n}\right)$$

となる．よって，(5.25) の帰無仮説の下では，$1/(4m) \approx 1/(4n)$ であれば近似的に

$$2(\sqrt{\overline{X}} - \sqrt{\overline{Y}}) \sim N\left(0, \frac{1}{m} + \frac{1}{n}\right) \tag{5.28}$$

となる．(5.28) では，(5.26) と異なり帰無仮説の下での分布は λ に無関係であるので検定は容易になる．$H_1 : \lambda_1 < \lambda_2$ に対応する片側 P-値は，$d = 2(\sqrt{\overline{x}} - \sqrt{\overline{y}})$ として，Excel により $P =$ NORMDIST $(d, 0, $SQRT$(1/m + 1/n), 1)$ と求められる．もしくは $z = d/\sqrt{1/m + 1/n}$ と標準化し，$P =$ NORMSDIST(z) としてもよい．

例 5.8（2 つのポアソン分布の比較）

右の表は，S 大学の M 教授が担当する 2 つの比較的多人数のクラス a および b における 13 回の授業それぞれでの学生の欠席人数および集計値である．X が a クラスでの欠席人数，Y が b クラスでの欠席人数を表わす．クラス間で平均欠席回数に差があるであろうか．b クラスのほうが欠席率が高そうだという事前情報があったため，$H_1 : \lambda_1 < \lambda_2$ とした片側検定を上述の 3 種類の検定法により実行する．この場合，$m = n = 13$ とデータ数は等しい（検定そのものは一般に $m \neq n$ でも実行可能）．

Week	X	Y
1	4	2
2	2	4
3	4	3
4	1	8
5	2	2
6	1	4
7	1	3
8	2	4
9	3	6
10	5	5
11	3	3
12	1	5
13	0	1
個別和	29	50
個別平均	2.23	3.85
個別分散	2.19	3.47
全体和	79	
全体平均	3.038	

条件付き検定では $t = 79$，$m/(m+n) = 0.5$，$t_1 = 29$ であるので，片側 P-値は $P =$ BINOMDIST$(29, 79, 0.5, 1) \approx 0.0119$ と求められる．正規近似法では，$\overline{x} - \overline{y} = -1.62$，$t/(m+n) = 79/26 \approx 3.038$，および $s = \sqrt{(1/m + 1/n)t/(m+n)} = \sqrt{(2/13) \times 3.038} \approx 0.6837$ より，$P =$ NORMDIST$(-1.62, 0, 0.6837, 1) \approx 0.0089$ となる．あるいは，$z = (\overline{x} - \overline{y})/s \approx -2.37$ より $P =$ NORMSDIST$(-2.37) \approx 0.0089$ としてもよい．分散安定化変換による検定では，$d = 2(\sqrt{\overline{x}} - \sqrt{\overline{y}}) \approx -0.935$ であるので，$P =$ NORMDIST$(-0.935, 0, $SQRT$(2/13), 1) \approx 0.0085$ を得

る．いずれの検定でも5%有意となり，両クラスでの欠席人数の期待値に差があることがわかった．

5.2.4 分布形の検定

前項までは母集団分布がポアソン分布であるとの想定の下でそのパラメータ λ に関する推測法を議論してきた．ここでは母集団分布がポアソン分布と見なしてよいかどうかの検定を扱う．互いに独立に非負の整数値を取る確率変数を $X_1, ..., X_n$ とし，それらの標本平均および標本分散を

$$\overline{X} = \frac{1}{n}\sum_{i=1}^{n} X_i, \quad S^2 = \frac{1}{n-1}\sum_{i=1}^{n}(X_i - \overline{X})^2 \qquad (5.29)$$

とする．そしてそれらの実現値を $x_1, ..., x_n$, $\overline{x}$ および s^2 とする．ここでの問題は $x_1, ..., x_n$ が $Poisson(\lambda)$ からの観測値と見なせるかどうかの検討である．

$Poisson(\lambda)$ は期待値と分散が等しく共に λ であるという性質を持つ．(5.29) の $\overline{X}$ および S^2 はそれぞれ母集団期待値と母集団分散の推定量であるので，それらの比に基づく統計量

$$D = \sum_{i=1}^{n}(X_i - \overline{X})^2 / \overline{X} = (n-1)S^2/\overline{X} \qquad (5.30)$$

はポアソン性の検定統計量となる．(5.30) の D を分散指標といい，D に基づく検定を分散検定という．

分散指標 D は次の考察からも得られる．$X_1, ..., X_n$ が $Poisson(\lambda)$ に従うとすると，定理5.7より，和 $T_1 = X_1 + \cdots + X_n = t$ が与えられた下での $X_1, ..., X_n$ の条件付き分布はパラメータ $t, 1/n, ..., 1/n$ の多項分布 $MN(t; 1/n, ..., 1/n)$ となる．したがって，$x_1, ..., x_n$ が $MN(t; 1/n, ..., 1/n)$ から得られたものかどうかを調べればよい．このときの適合度の検定のカイ2乗統計量は

$$X^2 = \sum_{j=1}^{m} \frac{(X_j - t/n)^2}{t/n} = \sum_{j=1}^{m} \frac{(X_j - \overline{x})^2}{\overline{x}}$$

と分散指標 D と同じ形となる．したがって (5.30) の D は，H_0 の下で近似的に自由度 $n-1$ のカイ2乗分布に従うことになる．D の実現値を d とするとき，P-値は $P = \text{CHIDIST}(d, n-1)$ により求められる．

分布形の検定は難しい．サンプルサイズが少ないと検定はほとんど有意にならないし，サンプルサイズがきわめて多い場合にはたいてい有意になってしまう．

例 5.9 (分散検定)

例 5.5 では $3, 7, 4, 2, 8$ が $Poisson(\lambda)$ からの $n=5$ の観測値であるとして λ の検定を議論した．そもそもその前にそれらがポアソン分布からの観測値として見してよいかを吟味しておくべきであった．これらの観測値の標本平均および標本分散はそれぞれ $\bar{x}=4.8$, $s^2=6.7$ でありその比 $s^2/\bar{x}\approx 1.396$ は 1 とは大きく異ならない．分散指標の値 $d=4\times 1.396=5.584$ に基づく P-値は $P=\text{CHIDIST}(5.584, 4)\approx 0.232$ であり，ポアソン性は否定されない．

5.3 ポアソン分布における推定

ポアソン分布のパラメータ λ の点推定ならびに区間推定を議論する．5.3.1 項では点推定を議論し，5.3.2 項ではポアソン確率の計算に基づく正確法による信頼区間ならびに正規近似に基づく信頼区間を与える．5.3.3 項では，それらの構成法によって求めた信頼区間の被覆確率の比較を行なう．

5.3.1 点推定量とその統計的性質

パラメータ λ が未知のポアソン分布 $Poisson(\lambda)$ からの独立な n 個の観測値を $x_1, \ldots, x_n$ とし，それらの和および標本平均をそれぞれ $t=x_1+\cdots+x_n$, $\bar{x}=t/n$ とする．そしてそれらに対応する確率変数をそれぞれ $X_1, \ldots, X_n$, $T=X_1+\cdots+X_n$ および $\bar{X}=T/n$ とする．$T\sim Poisson(n\lambda)$ で $E[T]=n\lambda$ であるので，λ の自然な推定値は標本平均 $\bar{x}$ となるであろう．これは以下に述べるように統計的にも正当化される．

$X_1, \ldots, X_n$ の同時確率関数は

$$f(x_1, \ldots, x_n; \lambda) = \prod_{i=1}^{n} \frac{\lambda^{x_i}}{x_i!} e^{-\lambda} = \frac{\lambda^{\sum_{i=1}^{n} x_i}}{\prod_{i=1}^{n} x_i!} e^{-n\lambda}$$

$$= \frac{(n\lambda)^t e^{-n\lambda}}{t!} \times \frac{t!}{\prod_{i=1}^{n} x_i!} \left(\frac{1}{n}\right)^t = f(t; n\lambda) \times h(x_1, \ldots, x_n | t)$$

(5.31)

と表現できる．(5.31) より次の 3 つが結論される．

(1) $f(x_1,...,x_n;\lambda)$ は t と λ のみの関数 $f(t;n\lambda)$ と λ に無関係な関数 $h(x_1,...,x_n|t)$ の関数の積であるので，T は λ の十分統計量である．

(2) $f(t;n\lambda)$ は $Poisson(n\lambda)$ の確率関数であるので，T は $Poisson(n\lambda)$ に従う．

(3) $h(x_1,...,x_n|t)$ はパラメータ t, $1/n,...,1/n$ の多項分布の確率関数であるので，T を与えたときの $X_1,...,X_n$ の条件付き分布は多項分布である．

(5.31) を尤度関数 $L(\lambda)$ と見なすと，対数尤度関数は $l(\lambda)=\log L(\lambda)=t\log\lambda-n\lambda+const.$ となる（$const.$ は λ に関係しない項）．よって，$dl(\lambda)/d\lambda=t/\lambda-n=0$ より，最尤推定値は $\hat{\lambda}=t/n=\bar{x}$ と標本平均で与えられる．$T\sim Poisson(n\lambda)$ より，$E[T]=V[T]=n\lambda$ であるので，$E[\bar{X}]=\lambda$ および $V[\bar{X}]=\lambda/n$ となる．すなわち，$\bar{X}$ は λ の不偏推定量であり，その標準誤差は $SE[\bar{X}]=\sqrt{\lambda/n}$ となる．λ は未知であるのでその推定値を代入し，標準誤差の推定値は $\sqrt{\hat{\lambda}/n}=\sqrt{t}/n$ となる．

例 5.10（例 5.5 の続き）
　観測値が 3, 7, 4, 2, 8 のとき，和は $t=3+7+4+2+8=24$ であるので，標本平均は $\bar{x}=24/5=4.8$ となり，これが λ の点推定値となる．標準誤差（の推定値）は $\sqrt{4.8/5}\approx 0.980$ である．

問題 5.9　$n=3$ で観測値が 3, 7, 2 のとき，λ の点推定値および標準誤差（の推定値）を求めよ．

5.3.2　区間推定

ポアソン分布 $Poisson(\lambda)$ からの独立な n 個の観測値の和 $t=x_1+\cdots+x_n$ に基づく λ の信頼区間を与える．ポアソン確率の計算に基づく正確な信頼区間は 5.1.2 項のポアソン分布とカイ 2 乗分布の関係を用いて求めることができる．すなわち $T\sim Poisson(n\lambda)$ のとき，$Poisson(n\lambda)$ の下側累積確率 $F(t)=\Pr(T\leq t)$ は自由度 $2(t+1)$ のカイ 2 乗分布の $2n\lambda$ 以上の確率に等しく，上側累積確率 $G(t)=\Pr(t\leq T)$ は自由度 $2t$ のカイ 2 乗分布の $2n\lambda$ 以上の確率に等しい．よって，自由度 k のカイ 2 乗分布の下側 $100\alpha/2\%$ 点を $c_1(k)$，上側 $100\alpha/2\%$ 点を $c_2(k)$ とすると，λ の $100(1-\alpha)\%$ 信頼区間の下限 λ_L および上限 λ_U は，$2n\lambda_L=c_1(2t)$ および $2n\lambda_U=c_1(2(t-1))$ より

$$\begin{cases}\lambda_L=0.5c_1(2t)/n\\ \lambda_U=0.5c_2(2(t+1))/n\end{cases} \tag{5.32}$$

として得られる．カイ2乗分布のパーセント点は，Excel では $c_1(2t)=$ CHIINV $(0.975, 2*t)$, $c_2(2(t+1))=$ CHIINV $(0.025, 2*(t+1))$ として求められる．(5.32) を正確法に基づく信頼区間と呼ぶ．

次にポアソン確率の正規近似に基づく信頼区間をいくつかあげる．互いに独立なポアソン変量の和 $T=X_1+\cdots+X_n$ は近似的に $N(n\lambda, n\lambda)$ に従うので，$Z=(T-n\lambda)/\sqrt{n\lambda}\sim N(0,1)$ である．よって，c を $N(0,1)$ の上側 2.5% とすると ($c\approx 1.96$)，

$$\Pr\left(-c<\frac{T-n\lambda}{\sqrt{n\lambda}}<c\right)=0.95 \tag{5.33}$$

よりカッコの中を2乗して $\Pr((T-n\lambda)^2/(n\lambda)<c^2)=0.95$ となる．確率変数 T の代わりに実現値 t とした上でカッコの中を変形すると

$$(t-n\lambda)^2<c^2 n\lambda \Rightarrow (n\lambda)^2-2(n\lambda)t+t^2-c^2(n\lambda)<0$$

となり，2次方程式の解の公式より

$$n\lambda=\frac{(2t+c^2)\pm\sqrt{(2t+c^2)^2-4t^2}}{2}=\frac{(2t+c^2)\pm c\sqrt{4t+c^2}}{2}$$

となる．簡単のため $c=2$ とすると（これにより信頼区間は若干幅が広くなる）

$$n\lambda=\frac{(2t+2^2)\pm 2\sqrt{4t+2^2}}{2}=t+2\pm 2\sqrt{t+1}$$

であるので，

$$\begin{cases}\lambda_L=(t+2-2\sqrt{t+1})/n\\ \lambda_U=(t+2+2\sqrt{t+1})/n\end{cases} \tag{5.34}$$

を得る．この区間は $(t+2)/n$ を中心に左右対称で，区間幅は $4\sqrt{t+1}/n$ である．これをスコア型の信頼区間という．

(5.33) のカッコの中の分母の $n\lambda$ を推定値 t で置き換えると $n\lambda=t\pm c\sqrt{t}$ を得る．$c=2$ とすると $n\lambda=t\pm 2\sqrt{t}$ より

$$\begin{cases}\lambda_L=(t-2\sqrt{t})/n\\ \lambda_U=(t+2\sqrt{t})/n\end{cases} \tag{5.35}$$

となる．この区間は λ の点推定値 t/n を中心に左右対称で，区間幅は $4\sqrt{t}/n$ である．(5.35) はワルド型の信頼区間と呼ばれる．

次に，定理 5.11 の分散安定化変換に基づく信頼区間を与える．$n\lambda$ が大きいとき $n\lambda-1/4$ を簡単のため $n\lambda$ とすると，近似的に $Y=2\sqrt{T}\sim N(2\sqrt{n\lambda}, 1)$ である

ので，$c(\approx 1.96)$ を $N(0,1)$ の上側 2.5% とすると $\Pr(-c<2\sqrt{T}-2\sqrt{n\lambda}<c)=0.95$ を得る．$c=2$ とすると $\Pr(-2<2\sqrt{T}-2\sqrt{n\lambda}<2)\approx 0.95$ となるので，変形して

$$\Pr(\sqrt{T}-1<\sqrt{n\lambda}<\sqrt{T}+1)=\Pr((\sqrt{T}-1)^2<n\lambda<(\sqrt{T}+1)^2)\approx 0.95$$

より

$$\begin{cases}\lambda_L=(\sqrt{t}-1)^2/n=(t+1-2\sqrt{t})/n \\ \lambda_U=(\sqrt{t}+1)^2/n=(t+1+2\sqrt{t})/n\end{cases} \tag{5.36}$$

を得る．これは $(t+1)/n$ を中心に左右対称で，区間幅は $4\sqrt{t}/n$ とワルド型の区間と同じになる．(5.36) を分散安定化変換に基づく区間という．ただし，(5.36) では $t=0$ のとき $\lambda_L=1$ となるので，例外的に $\lambda_L=0$ とすべきである．

例 5.11（例 5.5 の続き）

観測値が 3, 7, 4, 2, 8 で和が $t=3+7+4+2+8=24$，標本平均が $\bar{x}=24/5=4.8$ のとき，上で示した各構成法による 95% 信頼区間は表 5.2 のようになる．

表 5.2　各構成法による信頼区間の例

	下限	上限	中点	幅
正確法	3.075	7.142	5.109	4.067
スコア型	3.200	7.200	5.200	4.000
ワルド型	2.840	6.760	4.800	3.919
分散安定化	3.040	6.960	5.000	3.919

問題 5.10　$n=3$ で観測値が 3, 7, 2 のとき，λ の 95% 信頼区間を上述の各構成法により求めよ．

5.3.3　区間推定法の比較

5.3.2 項ではポアソン λ の区間推定法として，正確法，スコア法，ワルド法および分散安定化変換に基づく方法の 4 種類を与えた．ここではそれらを比較する．

$Poisson(\lambda)$ からの独立な n 個の観測値の和が t であるとして，λ の 95% 信頼区間 (λ_L, λ_U) の 4 種類の構成法による信頼下限 (λ_L) と上限 (λ_U)，区間の中点 $(\lambda_L+\lambda_U)/2$ ならびに区間幅 $\lambda_U-\lambda_L$ をまとめて表 5.3 に示す．ただし，スコア型，ワルド型および分散化安定化変換に基づく区間では $N(0,1)$ の上側 2.5% 点を近

5.3 ポアソン分布における推定

表5.3 ポアソン λ の95%信頼区間

	下限	上限	中点	幅
正確法	$0.5c_1(2t)/n$	$0.5c_2(2(t+1))/n$	$(t+1.7)/n$	$(4\sqrt{t+1.14})/n$
スコア型	$(t+2-2\sqrt{t+1})/n$	$(t+2+2\sqrt{t+1})/n$	$(t+2)/n$	$(4\sqrt{t+1})/n$
ワルド型	$(t-2\sqrt{t})/n$	$(t+2\sqrt{t})/n$	t/n	$(4\sqrt{t})/n$
分散安定化	$(t+1-2\sqrt{t})/n$	$(t+1+2\sqrt{t})/n$	$(t+1)/n$	$(4\sqrt{t})/n$

似的に2としている．なお，「正確法」での $c_1(2t)$ および $c_2(2(t+1))$ は，それぞれ自由度 $2t$ のカイ2乗分布の下側 $100(\alpha/2)$%点および自由度 $2(t+1)$ のカイ2乗分布の上側 $100(\alpha/2)$%点であり，中点および幅は近似式である（近似の相対誤差は $t\geq5$ で1%未満）．

表5.3より，区間の中点は「スコア型」，「正確法」，「分散安定化」，「ワルド型」の順に大きいことがわかる．区間幅は「正確法」が一番広く，以下，「スコア型」，「ワルド型」（＝「分散安定化」）の順になっている．「正確法」に最も近いのは「スコア型」であるといえよう．

次に，各信頼区間の被覆確率の観点から各推定法を比較する．Poisson(λ) での被覆確率 $CP(\lambda)$ は以下のように求められる．以下では，Poisson(λ) に従う独立な確率変数 $X_1,...,X_n$ の和 T は Poisson$(n\lambda)$ に従うことから，T の実現値 t に基づき $n\lambda$ の信頼区間 $(n\lambda_L, n\lambda_U)$ について議論する．ここでの議論は n が定まっている場合の λ の信頼区間についても同様に成り立つ．定義関数 $I(n\lambda_L, n\lambda_U)$ を

$$I(n\lambda_L, n\lambda_U) = \begin{cases} 1 & (n\lambda \in (n\lambda_L, n\lambda_U)) \\ 0 & (n\lambda \notin (n\lambda_L, n\lambda_U)) \end{cases}$$

とし，被覆確率を

$$CP(n\lambda) = \sum_{t=0}^{\infty} I(n\lambda_L, n\lambda_U) \Pr(T=t|n\lambda) \tag{5.37}$$

により求める．図5.7 (a), (b) に各推定法による名目信頼係数95%の信頼区間の被覆確率を $n\lambda=1\sim30$ に対して図示した．(a) は「正確法」および「ワルド型」のプロット，(b) は「スコア型」および「分散安定化」のプロットである．ただし，5.3.2項で注意したように，「分散安定化」では $t=0$ のとき $\lambda_L=0$ とした．

図5.7 (a) より，「正確法」の被覆確率は常に名目値0.95以上であること，「ワルド型」ではほとんどのパラメータ値で被覆確率は名目値を下回ることがわかる．また，図5.7 (b) より，「スコア型」および「分散安定化」共に，被覆確率は名

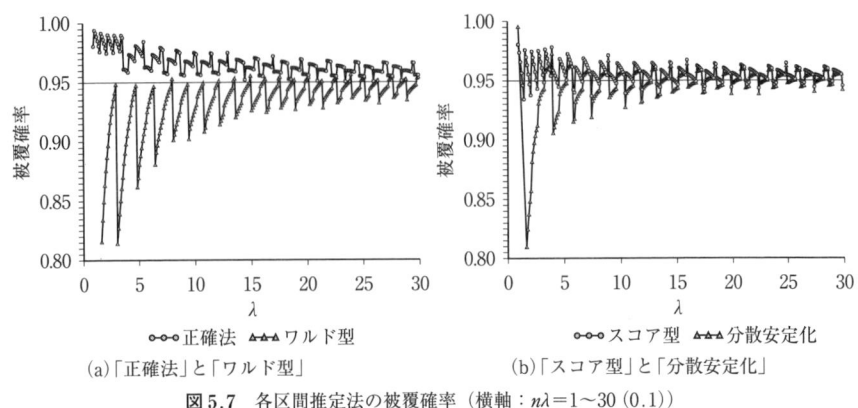

図 5.7 各区間推定法の被覆確率（横軸：$n\lambda = 1 \sim 30\,(0.1)$）

(a)「正確法」と「ワルド型」
(b)「スコア型」と「分散安定化」

目値の上下で推移すること，おおむね「スコア型」のほうが「分散安定化」よりも被覆確率が高いことが見て取れる．ただし，すべてのパラメータ値で「スコア型」のほうが「分散安定化」よりも被覆確率が高いわけではない（問題 5.11）．

以上の結果より，どの構成法を選択すべきかについて次の知見が得られる．被覆確率が名目の信頼係数を必ず上回らなければならないとの要請下では「正確法」が唯一の選択肢である．しかし，場合によっては被覆確率がかなり名目値を上回り，区間幅の広い信頼区間となる可能性があることは甘受せねばならない．「ワルド型」は被覆確率が名目値を下回ることが多く，推奨されない．「スコア型」と「分散安定化」との選択は微妙である．いずれも被覆確率が名目値の付近で上下するが「スコア型」のほうが概して被覆確率が高いことから「スコア型」のほうが推奨に足る（「正確法」に一番近いこともある）．しかし，たとえば複数のポアソン分布の比較において分散安定化変換が用いられるのであれば，信頼区間の構成においても「分散安定化」を選択すべきであろう．「分散安定化」は「スコア型」とほぼ類似の性質を持つので，推定と検定の整合性を図る意味からは推奨されよう．ちなみに，Barker (2002) は $n\lambda$ が 5 以下の時には若干の修正を加えた「分散安定化」がよいとしている．

問題 5.11 95％信頼区間において，「分散安定化」のほうが「スコア型」よりも被覆確率が高くなるような λ を $\lambda > 1$ の範囲で 1 つ見つけよ．

5.4 ゼロトランケートとゼロ過剰

　実際問題では，ポアソン分布での値（カウント）が0となった度数，すなわちゼロ度数がほかの度数とはやや異なる状況となることがある．カウント0が観測されず1以上となった度数のみが観測されるとき，ゼロトランケートされたポアソン分布という．また，ゼロ度数がポアソン分布で予測されるよりも過剰もしくは過少に観測される状況もある．5.4.1項で一般のトランケートされたポアソン分布を定義した上で，ゼロトランケートされたポアソン分布の性質を調べ，5.4.2項ではゼロトランケートされたポアソン分布におけるパラメータの推定を扱う．5.4.3項では，ゼロ度数が通常のポアソン分布の場合より過剰もしくは過少である場合のモデルを導入し，5.4.4項でパラメータに関する推測法を議論する．

5.4.1　ゼロトランケートされたポアソン分布

　まず，一般のトランケートされたポアソン分布を導入する．ゼロトランケートされたポアソン分布はその特別な場合である．パラメータ λ のポアソン分布に従う確率変数 X が，ある定数 k に対し，$X \geq k$ でのみ観測値が得られ，$X < k$ では観測値が得られないとき，左側トランケートされたポアソン分布という．確率関数は

$$\begin{aligned} p(x|x \geq k) = \Pr(X = x | X \geq k) &= \frac{1}{\Pr(X \geq k)} \frac{\lambda^x}{x!} e^{-\lambda} \\ &= \frac{\lambda^x}{x!} e^{-\lambda} \Big/ \sum_{y=k}^{\infty} \frac{\lambda^y}{y!} e^{-\lambda} \quad (x = k, k+1, \ldots) \end{aligned} \quad (5.38)$$

である．特に，$k=1$ すなわち $X \geq 1$ でのみ値が得られるものをゼロトランケートされたポアソン分布（zero-truncated Poisson (ZTP) distribution）という．(5.38)における確率 $\Pr(\cdot)$ は通常の（トランケーションのない）パラメータ λ のポアソン分布での確率であり，以下の議論でも同様である．トランケートされたポアソン分布は $x \geq k$ の条件付きの分布であることから(5.38)では条件付き分布の記号を用いた．トランケートされた分布での確率および期待値では通常の分布と区別するために条件付きの記号を用いる．左側トランケートとは逆に，与

えられた値 l に対し，$X \leq l$ でのみ観測値が得られ，$X>l$ では観測値が得られない場合を右側トランケートされたポアソン分布という．確率関数は

$$p(x|x \leq l) = \Pr(X=x|X \leq l) = \frac{1}{\Pr(X \leq l)} \frac{\lambda^x}{x!} e^{-\lambda}$$
$$= \frac{\lambda^x}{x!} e^{-\lambda} \Big/ \sum_{y=0}^{l} \frac{\lambda^y}{y!} e^{-\lambda} \quad (x=0, 1, ..., l) \tag{5.39}$$

である．

定理 5.12（期待値）

左側トランケートされたポアソン分布の期待値は

$$E[X|X \geq k] = \lambda \times \frac{\Pr(X \geq k-1)}{\Pr(X \geq k)} \tag{5.40}$$

で与えられ，右側トランケートされたポアソン分布の期待値は

$$E[X|X \leq l] = \lambda \times \frac{\Pr(X \leq l-1)}{\Pr(X \leq l)} \tag{5.41}$$

となる．

（証明）

それぞれ，期待値の定義により

$$E[X|X \geq k] = \frac{1}{\Pr(X \geq k)} \sum_{x=k}^{\infty} x \times \frac{\lambda^x}{x!} e^{-\lambda} = \frac{\lambda}{\Pr(X \geq k)} \sum_{x=k}^{\infty} \frac{\lambda^{x-1}}{(x-1)!} e^{-\lambda}$$
$$= \frac{\lambda}{\Pr(X \geq k)} \sum_{y=k-1}^{\infty} \frac{\lambda^y}{y!} e^{-\lambda} = \lambda \times \frac{\Pr(X \geq k-1)}{\Pr(X \geq k)}$$

および

$$E[X|X \leq l] = \frac{1}{\Pr(X \leq l)} \sum_{x=0}^{l} x \times \frac{\lambda^x}{x!} e^{-\lambda} = \frac{\lambda}{\Pr(X \leq l)} \sum_{x=1}^{l} \frac{\lambda^{x-1}}{(x-1)!} e^{-\lambda}$$
$$= \frac{\lambda}{\Pr(X \leq l)} \sum_{y=0}^{l-1} \frac{\lambda^y}{y!} e^{-\lambda} = \lambda \times \frac{\Pr(X \leq l-1)}{\Pr(X \leq l)}$$

と求められる．（証明終）

以降，ゼロトランケートされたパラメータ λ のポアソン分布を $ZTP(\lambda)$ と書き，その性質を吟味する．$ZTP(\lambda)$ の確率関数は

$$p(x|x \geq 1) = \frac{\lambda^x e^{-\lambda}/x!}{1-e^{-\lambda}} = \frac{\lambda^x e^{-\lambda}}{x!(1-e^{-\lambda})} = \frac{\lambda^x}{x!(e^{\lambda}-1)} \quad (x=1, 2, ...) \tag{5.42}$$

となる．

5.4 ゼロトランケートとゼロ過剰

定理 5.13（確率母関数とモーメント母関数）

$ZTP(\lambda)$ の確率母関数およびモーメント母関数は，それぞれ

$$H_X(t|x\geq 1)=\frac{e^{-\lambda}}{1-e^{-\lambda}}(e^{\lambda t}-1) \tag{5.43}$$

$$M_X(t|x\geq 1)=\frac{e^{-\lambda}}{1-e^{-\lambda}}(\exp[\lambda e^t]-1) \tag{5.44}$$

で与えられる．

（証明）

確率母関数は

$$H_X(t|x\geq 1)=E[t^X|X\geq 1]=\frac{1}{1-e^{-\lambda}}\sum_{x=1}^{\infty}\frac{\lambda^x}{x!}e^{-\lambda}t^x=\frac{e^{-\lambda}}{1-e^{-\lambda}}\sum_{x=1}^{\infty}\frac{(\lambda t)^x}{x!}=\frac{e^{-\lambda}}{1-e^{-\lambda}}(e^{\lambda t}-1)$$

となる．モーメント母関数は (5.43) の $M_X(t|x\geq 1)$ の t を e^t として求められる．
（証明終）

定理 5.14（階乗モーメント，期待値，分散）

$ZTP(\lambda)$ の r 次の階乗モーメントは

$$E[X(X-1)\cdots(X-r+1)|X\geq 1]=\frac{\lambda^r}{1-e^{-\lambda}} \tag{5.45}$$

で与えられ，期待値と分散は

$$E[X|X\geq 1]=\frac{\lambda}{1-e^{-\lambda}} \tag{5.46}$$

$$V[X|X\geq 1]=\frac{\lambda}{1-e^{-\lambda}}-\frac{\lambda^2 e^{-\lambda}}{(1-e^{-\lambda})^2} \tag{5.47}$$

となる．

（証明）

r 次の階乗モーメントは

$$E[X(X-1)\cdots(X-r+1)|X\geq 1]=\frac{e^{-\lambda}}{1-e^{-\lambda}}\sum_{x=1}^{\infty}x(x-1)\cdots(x-r+1)\frac{\lambda^x}{x!}$$

$$=\frac{e^{-\lambda}}{1-e^{-\lambda}}\sum_{x=r}^{\infty}\frac{\lambda^r \lambda^{(x-r)}}{(x-r)!}=\frac{e^{-\lambda}\lambda^r}{1-e^{-\lambda}}\sum_{s=0}^{\infty}\frac{\lambda^s}{s!}=\frac{e^{-\lambda}\lambda^r}{1-e^{-\lambda}}e^{\lambda}=\frac{\lambda^r}{1-e^{-\lambda}}$$

と求められる．あるいは

$$\frac{d^r}{dt^r}H_X(t|x\geq 1)\bigg|_{t=0}=\frac{e^{-\lambda}}{1-e^{-\lambda}}\times\lambda^r e^{\lambda t}\bigg|_{t=0}=\frac{\lambda^r e^{-\lambda}e^{\lambda}}{1-e^{-\lambda}}=\frac{\lambda^r}{1-e^{-\lambda}}$$

としてもよい．期待値 (5.46) は，(5.45) で $r=1$ と置いて得られる．また，(5.45) で $r=2$ と置いた $E[X(X-1)|X\geq1]=\lambda^2/(1-e^{-\lambda})$ より，分散は

$$V[X|X\geq1]=E[X(X-1)|X\geq1]+E[X|X\geq1]-(E[X|X\geq1])^2$$
$$=\frac{\lambda^2}{1-e^{-\lambda}}+\frac{\lambda}{1-e^{-\lambda}}-\left(\frac{\lambda}{1-e^{-\lambda}}\right)^2=\frac{\lambda}{1-e^{-\lambda}}-\frac{\lambda^2 e^{-\lambda}}{(1-e^{-\lambda})^2}$$

となる．（証明終）

通常のポアソン分布とは異なり，$ZTP(\lambda)$ では $E[X|X\geq1]>V[X|X\geq1]$ と分散のほうが期待値よりも小さくなる．

問題 5.12 $ZTP(\lambda)$ で，確率が x の単調減少すなわち $p(x|x\geq1)>p(x+1|x\geq1)$，$x=1,2,...$ となるための λ の条件を求めよ．

5.4.2 パラメータの推定

ゼロトランケートされたポアソン分布 $ZTP(\lambda)$ からの m 個の無作為な観測値 $x_1,...,x_m$ に基づく λ の推定を扱う．まず最尤推定値を導出し，次に簡便な推定法を与える．

カウント数が 1 以上となって実際に観測された観測値が m 個あるとし，それらを $x_1,...,x_m$ とする．標本平均を $\bar{x}=\sum_{i=1}^{m}x_i/m$ とすると，λ の対数尤度関数 $l(\lambda)$ は (5.42) より

$$l(\lambda)=\log L(\lambda)=\log\prod_{i=1}^{m}\frac{\lambda^{x_i}}{x_i!(e^{\lambda}-1)}=(\log\lambda)\sum_{i=1}^{m}x_i-\sum_{i=1}^{m}\log x_i!-m\log(e^{\lambda}-1)$$

となる．よって，λ の最尤推定値は

$$U(\lambda)=\frac{d}{d\lambda}l(\lambda)=\frac{1}{\lambda}m\bar{x}-\frac{me^{\lambda}}{e^{\lambda}-1}=m\left(\frac{\bar{x}}{\lambda}-\frac{1}{1-e^{-\lambda}}\right)=0 \quad (5.48)$$

より

$$\bar{x}=\frac{\hat{\lambda}}{1-\exp[-\hat{\lambda}]} \quad (5.49)$$

を満足する $\hat{\lambda}$ として求められる．(5.49) は，$ZTP(\lambda)$ の期待値 (5.46) の左辺を標本平均に置き換えたものとなっている．すなわち，最尤推定値はモーメント法による推定値でもある．(5.49) の右辺は $\hat{\lambda}$ の単調増加関数であるので（問題5.13），$\bar{x}$ が与えられれば対応する $\hat{\lambda}$ は一意的に求められる．(5.49) は $\hat{\lambda}=$

$\bar{x}(1-\exp[-\hat{\lambda}])$ と書き直されるので，初期値を $\lambda^{(0)}=\bar{x}$ とし，第 $t+1$ 番目の反復値 $\lambda^{(t+1)}$ を第 t 番目の値 $\lambda^{(t)}$ を使って

$$\lambda^{(t+1)}=\bar{x}(1-\exp[-\lambda^{(t)}]) \tag{5.50}$$

と更新する反復スキームが得られ，任意の初期値から出発して必ず収束が得られる（Dietz and Böhning, 2000）．計算は Excel により容易に実行でき，収束は概して速い（例 5.12 参照）．

McKendrick（1926）は次のような歴史的にも興味深い反復法を提案した．観測されない $x=0$ の度数を f_0 とし，それを含めた仮想的なすべてのデータ数を n とすると（すなわち $n=m+f_0$），トランケーションのない Poisson(λ) では，$\Pr(X=0)=e^{-\lambda}$ であるので，f_0 は $\hat{f_0}=ne^{-\lambda}$ により推定される．そこで，$x \geq 1$ となって観測された m 個の観測値の和を $w=x_1+\cdots+x_m=m\bar{x}$ とし，

$$f_0^{(t+1)}=(m+f_0^{(t)})\exp[-\lambda^{(t)}], \quad \lambda^{(t+1)}=w/(m+f_0^{(t+1)}) \tag{5.51}$$

により f_0 と λ を更新する．λ および f_0 の初期値は便宜的に $\lambda^{(0)}=\bar{x}$ および $f_0^{(0)}=0$ とすればよいであろう．(5.51) は最尤推定値を求める EM アルゴリズム（Dempster, et al., 1977）になっている．すなわち，$m+f_0$ 個の全データが得られたときの対数尤度関数は

$$l(\lambda)=\log \prod_{i=0}^{m+f_0} \frac{\lambda^{x_i}}{x_i!}e^{-\lambda}=(\log \lambda)w-\sum_{i=0}^{m+f_0}\log(x_i!)-(m+f_0)\lambda$$

であり，f_0 をパラメータと見なすと，m および λ が与えられた下での $\hat{f_0}$ の条件付き期待値は $E[\hat{f_0}]=(m+f_0)e^{-\lambda}$ となるからである．Dempster, et al. (1977) の論文より 50 年も前の手計算の時代に同様のアルゴリズムが提案されている点が興味深い．これら 2 つの反復法は，$\bar{x}$ の値が大きいほど（$x=0$ の度数が少ないほど）収束が速い．

最尤推定量 $\hat{\lambda}$ は，サンプルサイズ m が大きいとき漸近的に正規分布 $N(\lambda, 1/i_m(\lambda))$ に従う．ここで，$i_m(\lambda)$ は m 個の観測値に基づくフィッシャー情報量であり，スコア関数 (5.48) の微分が

$$U'(\lambda)=m\left(-\frac{\bar{x}}{\lambda^2}+\frac{e^{-\lambda}}{(1-e^{-\lambda})^2}\right)$$

であるので，

$$i_m(\lambda)=-E[U'(\lambda)]=m\left\{\frac{\lambda/(1-e^{-\lambda})}{\lambda^2}-\frac{e^{-\lambda}}{(1-e^{-\lambda})^2}\right\}$$

$$= \frac{m}{\lambda(1-e^{-\lambda})^2}\{(1-e^{-\lambda})-\lambda e^{-\lambda}\} = \frac{m\{1-(1+\lambda)e^{-\lambda}\}}{\lambda(1-e^{-\lambda})^2}$$

と求められる．よって，$\hat{\lambda}$ の漸近分散は

$$V[\hat{\lambda}] = \frac{\lambda(1-e^{-\lambda})^2}{m\{1-(1+\lambda)e^{-\lambda}\}} \tag{5.52}$$

となる．トランケーションのない場合の最尤推定量の漸近分散は λ/m であるので，トランケーションの影響は分散比 $(1-e^{-\lambda})^2/\{1-(1+\lambda)e^{-\lambda}\}$ により評価できる．分散比は λ の減少関数であり，λ が大きくなるほどゼロトランケーションの影響が少なくなる．

期待値の式の変形により簡便な不偏推定量が構成できる（Moore, 1954）．(5.40) の期待値の式で $k=2$ とすると，$E[X|X\geq 2]=\lambda\Pr(X\geq 1)/\Pr(X\geq 2)$ となり，これは

$$\lambda = \frac{\Pr(X\geq 2)}{\Pr(X\geq 1)} E[X|X\geq 2] \tag{5.53}$$

と変形される．$X\geq k$ となった観測値数を n_k とすると（n_0 は 0 度数を含めた全観測値数であって実際は観測されないが，$n_1(=m)$ 以降は観測されている），$\Pr(X\geq 2)$ は n_2/n_0 により推定され，$\Pr(X\geq 1)$ は m/n_0 により推定される．また，$E[X|X\geq 2]$ は $\sum_{x_i\geq 2} x_i/n_2$ と推定されるので，(5.53) より λ の推定値として

$$\tilde{\lambda} = \frac{n_2/n_0}{m/n_0} \times \frac{1}{n_2} \sum_{x_i\geq 2} x_i = \frac{1}{m} \sum_{x_i\geq 2} x_i \tag{5.54}$$

が得られる．値の観測されない n_0 は分母分子でキャンセルし，最尤推定値とは異なり反復計算が不要なため簡便な推定法である．また，これを推定量として見ると，不偏性を満足することが示される．

例 5.12（サッカーの得点）

日韓共同開催となったサッカーの 2002 FIFA World Cup における予選リーグの全試合での得点分布は右表のようであった．このデータにはポアソン分布がよく当てはまる（岩崎，2007 参照）．この表にはゼロ度数を含むすべてのデータが得られているが，ゼロ度数は与えられていないと考えてゼロトランケートされたポアソン分布とし，パラメータ λ の推定を試みる．ちなみに全データから得られた推定値は $130/96=1.354$ である．1 得点以上のデータは $m=71$

得点	頻度
0	25
1	36
2	20
3	11
4	2
5	1
6	0
7	0
8	1
計	96

5.4 ゼロトランケートとゼロ過剰   161

ITE	λ
0	1.831
1	1.538
2	1.438
3	1.396
4	1.378
5	1.369
6	1.365
7	1.364
8	1.363
9	1.362
10	1.362

個あり，それらの平均値は $\bar{x}=130/71=1.831$ である．これより，最尤推定値を求める反復法（5.50）は $\lambda^{(t+1)}=1.831(1-\exp[-\lambda^{(t)}])$ となる．$\lambda^{(0)}=1.831$ として反復させると，左のような推移をたどり，素早く $\hat{\lambda}=1.362$ に収束する．

次に McKendrick の方法を適用する．$m=71$ および $w=130$ であるので，反復法（5.51）は

$$f_0^{(t+1)}=(71+f_0^{(t)})\exp[-\lambda^{(t)}]$$
$$\lambda^{(t+1)}=130/(70+f_0^{(t+1)})$$

ITE	n	λ
0	71	1.831
1	82.378	1.578
2	88.000	1.477
3	91.087	1.427
4	92.858	1.400
5	93.899	1.384
6	94.517	1.375
7	94.888	1.370
8	95.110	1.367
9	95.245	1.365
10	95.326	1.364
11	95.375	1.363
12	95.404	1.363
13	95.422	1.362
14	95.433	1.362
15	95.439	1.362

であり，$\lambda^{(0)}=1.831$ および $f_0^{(0)}=0(n^{(0)}=71)$ から始めて，右のような推移の結果，$\hat{\lambda}=1.362$ が得られる．（5.50）の反復法よりやや遅いがとにかく収束する．この場合の全データ数 n の推定値は 95.439 と実際の値 96 にきわめて近い．また，Moore の非反復推定法（5.54）では，得点 2 以上のみの観測値の和は 94 であるので，推定値 $\hat{\lambda}=94/71=1.324$ を得る．

問題 5.13　$g(\lambda)=\lambda/(1-e^{-\lambda})$ は，$\lambda>0$ のとき λ の単調増加関数であることを示せ．

5.4.3 ゼロ過剰なポアソン分布

ポアソン分布が適用されるデータ解析では，カウント 0 となった度数に特殊な事情があることが多く，ポアソン分布で期待されるより過剰あるいは過少にデータが観測・報告されることがある．たとえば，市販後医薬品の有害事象の発生などでは，死亡などの重篤な有害事象が生じた場合にはほぼ確実にレポートされるが，発生しなかった場合にはそのことがレポートされず，ゼロ度数が過少評価になるかも知れない．マーケティングの分野では，たとえばスーパーマーケットである期間内にベーコンを買った回数を調査する場合，調査期間内にたまたま買わなかった人と菜食主義者のように絶対に買わない人が混在して，ゼロ度数がポアソン分布で期待されるより多くなる可能性がある．

この種の現象は，事象の生起度数を表わす確率変数を Y としたとき，

$$\Pr(Y=y) = \begin{cases} \omega + (1-\omega)e^{-\lambda}, & (y=0) \\ (1-\omega)\lambda^y e^{-\lambda}/y!, & (y \geq 1) \end{cases} \quad (5.55)$$

とモデル化される．ここで，ω はゼロ度数の過剰もしくは過少を表わすパラメータであり，それ以外の部分は通常のパラメータ λ のポアソン分布である（$\omega=0$ であれば通常の $Poisson(\lambda)$ である）．(5.55) で $0 < \omega < 1$ のときはゼロ度数は過剰であり，zero-inflated Poisson (ZIP) distribution などといわれるが (Johnson, et al., 2005, Section 4.10.3)，ここではゼロ過剰なポアソン分布と呼んでおく．逆に $-1/(e^\lambda - 1) < \omega < 0$ のときはゼロ度数が過少なポアソン分布 zero-deflated Poisson (ZDP) distribution となる（問題 5.14）．(5.55) は，値 0 のみを確率 1 で取る 1 点分布

$$I_0(y) = \begin{cases} 1, & (y=0) \\ 0, & (y>0) \end{cases}$$

と $Poisson(\lambda)$ の $\omega : 1-\omega$ の混合，すなわち

$$\omega I_0(y) + (1-\omega) Poisson(\lambda) \quad (5.56)$$

と表現できる．混合比 ω は，通常は $0 < \omega < 1$ であるが，上述のように負の値 $-1/(e^\lambda - 1) < \omega < 0$ も許すとする．実際上はゼロ過剰な場合が多いので，ゼロ過少な場合も含め (5.55) で定義される分布を $ZIP(\lambda, \omega)$ と表わすことにする．

例 5.13（$ZIP(\lambda, \omega)$ の形状）

図 5.8 (a), (b) にそれぞれ通常のポアソン分布（$Poisson$），$Poisson(2)$, $Poisson(1)$，ゼロ過剰なポアソン分布（図では ZIP と表現）$ZIP(2, 0.1)$, $ZIP(1, 0.2)$ およびゼロ過少なポアソン分布（図では ZDP と表現）$ZIP(2, -0.1)$,

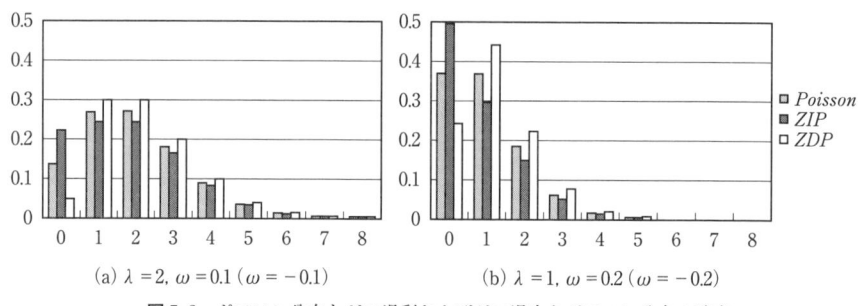

図 5.8 ポアソン分布とゼロ過剰およびゼロ過少なポアソン分布の確率

$ZIP(1, -0.2)$ の確率のグラフを示す．$\lambda=2$ でゼロ過少な場合には ω の下限は $-1/(e^2-1)\approx -0.156$ であり，$\lambda=1$ では $-1/(e-1)\approx -0.582$ である．

定理 5.15（モーメントと母関数）

$ZIP(\lambda, \omega)$ の確率母関数 $H_Y(t)$ およびモーメント母関数 $M_Y(t)$ はそれぞれ

$$H_Y(t)=E[t^Y]=\omega+(1-\omega)\exp[\lambda(t-1)] \tag{5.57}$$

$$M_Y(t)=E[e^{tY}]=\omega+(1-\omega)\exp[\lambda(e^t-1)] \tag{5.58}$$

で与えられる．そして $Y\sim ZIP(\lambda, \omega)$ のときの Y の期待値と分散は

$$E[Y]=(1-\omega)\lambda \tag{5.59}$$

および

$$V[Y]=(1-\omega)\lambda(1+\omega\lambda) \tag{5.60}$$

となる．

（証明）

$ZIP(\lambda, \omega)$ の確率母関数 $H_Y(t)$ は

$$H_Y(t)=E[t^Y]=\Pr(Y=0)+\sum_{y=1}^{\infty}\Pr(Y=y)t^y=\{\omega+(1-\omega)e^{-\lambda}\}+(1-\omega)\sum_{y=1}^{\infty}\frac{\lambda^y}{y!}e^{-\lambda}t^y$$

$$=\omega+(1-\omega)\sum_{y=0}^{\infty}\frac{\lambda^y}{y!}e^{-\lambda}t^y=\omega+(1-\omega)\exp[\lambda(t-1)]$$

となり，モーメント母関数は (5.57) の t に e^t を代入して

$$M_Y(t)=H_Y(e^t)=\omega+(1-\omega)\exp[\lambda(e^t-1)]$$

となる．期待値は，(5.58) の $M_Y(t)$ を t で微分して 0 と置くことにより

$$E[Y]=M_Y(0)'=(1-\omega)\lambda e^t\exp[\lambda(e^t-1)]|_{t=0}=(1-\omega)\lambda$$

と得られる．さらに，

$$E[Y^2]=M_Y''(0)=(1-\omega)\lambda\{e^t\exp[\lambda(e^t-1)]+\lambda e^{2t}\exp[\lambda(e^t-1)]\}|_{t=0}$$

$$=(1-\omega)\lambda(1+\lambda)$$

であるので，分散は

$$V[Y]=E[Y^2]-(E[Y])^2=(1-\omega)\lambda(1+\lambda)-\{(1-\omega)\lambda\}^2$$

$$=(1-\omega)\lambda\{(1+\lambda)-(1-\omega)\lambda\}=(1-\omega)\lambda(1+\omega\lambda)$$

となる．（証明終）

期待値はゼロ過少なときは通常のポアソン分布の期待値 λ より大きく，ゼロ過剰のときは小さくなる（当然である）．分散は，$V[Y]/E[Y]=(1+\omega\lambda)$ である

ので，ゼロ過少なときはその期待値より小さく，ゼロ過剰では大きくなる．また，分散は混合比 $\omega=(\lambda-1)/(2\lambda)$ で最大値を取る（問題 5.15）．

問題 5.14 ゼロ過少なポアソン分布での ω は $-1/(e^\lambda-1)$ より大きくなければならないことを示せ．

問題 5.15 $ZIP(\lambda,\omega)$ の分散は $\omega=(\lambda-1)/(2\lambda)$ で最大値を取ることを示せ．

5.4.4　ゼロ過剰モデルでの推測

ゼロ過剰なポアソン分布 $ZIP(\lambda,\omega)$ のパラメータの推定および検定を議論する．まず $ZIP(\lambda,\omega)$ における λ および ω の最尤推定値を与える．$ZIP(\lambda,\omega)$ からの独立な n 個の観測値を $y_1,...,y_n$ としたときの尤度関数は，(5.55) より f_0 をゼロ度数とすると

$$L(\lambda,\omega)=\{\omega+(1-\omega)e^{-\lambda}\}^{f_0}\prod_{y_i\geq 1}\{(1-\omega)\lambda^{y_i}e^{-\lambda}/y_i!\}$$

となる．この形から最尤推定値を直接求めるのは困難であるので，EM アルゴリズムを適用する．$ZIP(\lambda,\omega)$ のポアソン分布の部分のみの（未知の）観測値数を M とすると，$y_1,...,y_n$ が与えられたときの尤度関数は

$$L(\lambda,\omega)=\omega^{n-M}\prod_{i=1}^{M}\{(1-\omega)\lambda^{y_i}e^{-\lambda}/y_i!\}=\omega^{n-M}(1-\omega)^M e^{-M\lambda}\lambda^{\sum_{i=1}^{M}y_i}\Big/\prod_{i=1}^{M}y_i!$$

である．よって対数尤度関数は，$A=\sum_{i=1}^{M}y_i=\sum_{y_i\geq 1}y_i$ とすると（これは観測される値），

$$l(\lambda,\omega)=\log L(\lambda,\omega)=(n-M)\log\omega+M\log(1-\omega)-M\lambda+A\log\lambda-\log\prod_{i=1}^{M}y_i! \tag{5.61}$$

となる．対数尤度関数 (5.61) を λ および ω で微分して 0 と置くことにより，尤度方程式

$$\frac{\partial l(\lambda,\omega)}{\partial \lambda}=-M+\frac{A}{\lambda}=0$$

$$\frac{\partial l(\lambda,\omega)}{\partial \omega}=\frac{n-M}{\omega}-\frac{M}{1-\omega}=0$$

を得る．これらより，λ と ω の最尤推定値は

$$\hat{\lambda}=\frac{A}{M},\quad \hat{\omega}=1-\frac{M}{n} \tag{5.62}$$

となる（Mステップ）．λ が与えられたとき，$y=1$ 以上の観測値数を m とすると，ゼロカウントにおけるポアソン部分の観測値数の期待値は $Me^{-\lambda}$ であるので，$M=m+Me^{-\lambda}$ より

$$\hat{M}=\frac{m}{1-e^{-\lambda}} \quad (5.63)$$

を得る（Eステップ）．よって，M の適切な初期値 $M^{(0)}$ を選択し，(5.62) および (5.63) を繰り返すという EM アルゴリズムが得られる．初期値 $M^{(0)}$ としては全データ数 n を取ればよいであろう．なお，この反復計算は $\omega<0$ となるゼロ過少なポアソン分布（ZDP）でも有効である．上記の EM アルゴリズムは 5.4.2 項で述べたゼロトランケートの場合の McKendrick のアルゴリズムと同等であり（Dietz and Böhning, 2000），ゼロトランケートの場合の最尤推定法 (5.50) でも同じ値が得られる（例 5.14 参照）．よって，5.4.2 項で議論した $y=1$ 以上の m 個の観測値から λ の最尤推定値 $\hat{\lambda}$ を求め，その後，(5.63) から M の推定値 $\hat{M}$ を求めた上で，$\hat{\omega}=1-\hat{M}/n$ と混合比の推定値を求めてもよい．

例 5.14（パラメータ推定の数値例）

右のようなデータが得られたとしよう．上記の議論における記号では，$n=100$，$m=62$，$A=118$ である．この数値例は，$\lambda=1.5$，$\omega=0.2$，$n=100$，$M=80$ としてランダムに生成した人工データである．このデータを用いた場合の上記の EM アルゴリズム，およびゼロ度数をないものとしてゼロトランケートと見た場合の λ の推定のための反復の推移は表 5.4 のようである．いずれも当初想定した値の近くに収束している様子がわかる．

y	Data
0	38
1	27
2	20
3	10
4	4
5	1
6	0
7	0
8	0
9	0
10	0
SUM	100

次に混合比 ω の検定法を議論する．通常興味があるのはゼロ過剰（過少）か否かであるので，帰無仮説は $H_0:\omega=0$ と設定され，対立仮説は，ゼロ過剰（ZIP）では $H_1:\omega>0$ であり，ゼロ過少（ZDP）では $H_1:\omega<0$ となる．

互いに独立に $ZIP(\lambda,\omega)$ に従う n 個の確率変数を $Y_1,...,Y_n$ とし，それらの実現値を $y_1,...,y_n$ とする．H_0 の下では通常のポアソン分布であるので，λ の最尤推定値は，観測値の和を $A=y_1+\cdots+y_n$ としたとき標本平均 $\bar{y}=A/n$ となる．このとき，ゼロカウントの確率 $p_0=\exp(-\lambda)$ は $\tilde{p}_0=\exp(-\bar{y})$ と推定され，ゼロ

表5.4 パラメータ推移の反復の推移

ITE	λ	ω	M	ITE	λ
0			100.0	0	1.9032
1	1.1800	0.0000	89.5021	1	1.6195
2	1.3184	0.1050	84.6488	2	1.5264
3	1.3940	0.1535	82.4558	3	1.4896
4	1.4311	0.1754	81.4774	4	1.4741
5	1.4483	0.1852	81.0437	5	1.4674
6	1.4560	0.1896	80.8519	6	1.4645
7	1.4595	0.1915	80.7672	7	1.4632
8	1.4610	0.1923	80.7299	8	1.4626
9	1.4617	0.1927	80.7134	9	1.4624
10	1.4620	0.1929	80.7061	10	1.4623
11	1.4621	0.1929	80.7029	11	1.4622
12	1.4622	0.1930	80.7015	12	1.4622
13	1.4622	0.1930	80.7009	13	1.4622
14	1.4622	0.1930	80.7006	14	1.4622
15	1.4622	0.1930	80.7005	15	1.4622

度数の期待値は $n\widetilde{p}_0$ となる．よって，ゼロ度数の実測値を f_0 としたとき，$(f_0-n\widetilde{p}_0)^2$ で実現値 f_0 と期待度数 $n\widetilde{p}_0$ との間の乖離が評価できる．

検定統計量を具体的に求めるため，H_0 の下での $f_0-n\widetilde{p}_0$ の漸近分散を計算する．λ の推定量を $\overline{Y}=\sum_{i=1}^{n}Y_i/n$ とし，$\widetilde{p}_0=\exp(-\overline{Y})$ とすると，

$$V[f_0-n\widetilde{p}_0]=V[f_0]+V[n\widetilde{p}_0]-2Cov[f_0,n\widetilde{p}_0]$$

であるが，f_0 は試行回数 n，二項確率 $p_0=e^{-\lambda}$ の二項分布に従うので，$V[f_0]=np_0(1-p_0)$ である．また，$(e^{-\lambda})'=-e^{-\lambda}$ であり，$V[\overline{Y}]=\lambda/n$ であるので，1.2.3 項のデルタ法により，

$$V[n\widetilde{p}_0]=V[n\exp(-\overline{Y})]=n^2V[\exp(-\overline{Y})]\approx n^2(-e^{-\lambda})^2V[\overline{Y}]=n^2p_0^2\frac{\lambda}{n}=np_0^2\lambda$$

を得る（問題5.16）．さらに，デルタ法により

$$Cov[f_0,n\widetilde{p}_0]=n\,Cov[f_0,\exp(-\overline{Y})]\approx -n\,e^{-\lambda}Cov[f_0,\overline{Y}]=-p_0Cov[f_0,A]$$

であるが，$Cov[f_0,A]=-np_0\lambda$ より（問題5.17）$Cov[f_0,n\exp(-\overline{Y})]\approx np_0^2\lambda$ となり，結局

$$V[f_0-n\widetilde{p}_0]=np_0(1-p_0)-np_0^2\lambda \tag{5.64}$$

を得る．$f_0-n\widetilde{p}_0$ は近似的に正規分布に従うので，分散 (5.64) の p_0 および λ をその推定量 $\widetilde{p}_0(=\exp[-\overline{Y}])$ および $\overline{Y}$ に置き換えた統計量

$$T=\frac{(f_0-n\widetilde{p}_0)^2}{n\widetilde{p}_0(1-\widetilde{p}_0)-n\widetilde{p}_0^2\overline{Y}} \tag{5.65}$$

は，H_0 の下で近似的に自由度 1 のカイ 2 乗分布に従う．これは ω に関するスコア検定である（van den Broek, 1995）．

例 5.15（混合比の検定の数値例）

例 5.14 の数値例を用いて ω に関する検定を行なう．スコア検定では，$A=118$ より $\bar{y}=A/n=118/100=1.18$ であるので，$\tilde{p}_0=\exp[-\bar{y}]\approx 0.3073$ となる．ゼロ度数の観測値数は $f_0=38$ であるので，検定統計量 (5.65) の値は

$$T=\frac{(38-30.73)^2}{30.73\times(1-0.3073)-100\times(0.3073)^2\times 1.18}\approx 5.213$$

であり，自由度 1 のカイ 2 乗分布に基づく P-値は 0.0224 となって $\omega=0$ の帰無仮説は棄却される．

問題 5.16 $Poisson(\lambda)$ に従う n 個の互いに独立な確率変数 $Y_1,...,Y_n$ の標本平均を $\bar{Y}=\sum_{i=1}^{n}Y_i/n$ とし，$\tilde{p}_0=e^{-\bar{Y}}$ とするとき，$E[n\tilde{p}_0]$ および $V[n\tilde{p}_0]$ の正確な表現を求め，その漸近展開により $V[n\tilde{p}_0]=np_0^2\lambda$ を示せ．

問題 5.17 $Poisson(\lambda)$ におけるゼロカウントの確率を $p_0=e^{-\lambda}$ とし，n 個の観測値でのゼロ度数を f_0 とする．n 個の観測値の総和を A とするとき，$Cov[f_0,A]=-np_0\lambda$ を示せ．また，f_0 と A との間の相関係数はいくらか．

第 6 章

負の二項分布

ポアソン分布は期待値と分散が同じという特徴を持つが実際問題では期待値に比べ分散が大きくなる現象が多く観測される．ここではその種のデータのモデルである負の二項分布を扱う．6.1 節では負の二項分布の定義とその基本的な性質ならびにポアソン分布の拡張であるガンマポアソン分布との関係を示す．6.2 節ではゼロトランケートされた負の二項分布およびゼロ過剰な負の二項分布について論じる．

6.1 負の二項分布の性質とパラメータ推定

負の二項分布の定義の仕方には幾通りかがある．6.1.1 項でまず 1 つの定義を与え，それに伴う基本的な性質を見る．6.1.2 項では負の二項分布の期待値や分散などのモーメントならびに各種母関数を導出し，6.1.3 項ではポアソン分布の拡張であるガンマポアソン分布として負の二項分布を定義する．6.1.4 項ではパラメータの推定法を論じる．

6.1.1 定義と性質

負の二項分布を定義する前に二項係数の拡張を与える．非負の整数 n および k に対し，二項係数は

$$_nC_k = \frac{n!}{k!(n-k)!} = \frac{n(n-1)\cdots(n-k+1)}{k!} \tag{6.1}$$

により与えられるが，二項係数を (6.1) の右辺の式により定義すれば n は整数である必要はないことに気づく．そこで，k は非負の整数であるが，整数 n の代わりに実数 α として

6.1 負の二項分布の性質とパラメータ推定

$$ {}_\alpha C_k = \frac{\alpha(\alpha-1)\cdots(\alpha-k+1)}{k!} \tag{6.2} $$

と定義する．これは一般化された二項係数である．α が負の数のとき，それを明示的に示すために η を正の数として $\alpha=-\eta$ と置くと

$$ {}_{-\eta} C_k = \frac{(-\eta)(-\eta-1)\cdots(-\eta-k+1)}{k!} = (-1)^k \frac{(\eta+k-1)\cdots(\eta+1)\eta}{k!} = (-1)^k {}_{\eta+k-1}C_k \tag{6.3} $$

とも表現できる．ガンマ関数 $\Gamma(a)$ を用いると

$$ {}_{\eta+k-1}C_k = \frac{(\eta+k-1)\cdots(\eta+1)\eta}{k!} = \frac{1}{k!}\cdot\frac{\Gamma(\eta+k)}{\Gamma(\eta)} \tag{6.4} $$

と書くことができる．

通常の二項係数 ${}_n C_k$ は，2つの数 s および t に関する $(s+t)^n$ の二項展開式の係数として $(s+t)^n = \sum_{k=0}^{n} {}_n C_k s^{n-k} t^k$ のように現れる．同様に一般化された二項係数は，実数 α をべきとする多項式展開

$$ (s+t)^\alpha = \sum_{k=0}^{\infty} {}_\alpha C_k s^{\alpha-k} t^k \tag{6.5} $$

における係数となる（問題6.1）．また，(6.5) で $\alpha=-\eta$ および $t=-u$ と置くと (6.3) および (6.4) より

$$ \begin{aligned} (s-u)^{-\eta} &= \sum_{k=0}^{\infty} (-1)^k {}_{\eta+k-1}C_k s^{-\eta-k}(-u)^k = \sum_{k=0}^{\infty} {}_{\eta+k-1}C_k \left(\frac{1}{s}\right)^\eta \left(\frac{u}{s}\right)^k \\ &= \sum_{k=0}^{\infty} \frac{1}{k!} \cdot \frac{\Gamma(\eta+k)}{\Gamma(\eta)} \cdot \left(\frac{1}{s}\right)^\eta \left(\frac{u}{s}\right)^k \end{aligned} \tag{6.6} $$

の表現が得られる．

以上の準備の下で負の二項分布を定義する．非負の整数値を取る離散型確率変数 X の確率が，ξ を 0 以上 1 未満の定数とし a を正の実数として

$$ \begin{aligned} p(x) = \Pr(X=x) &= {}_{a+x-1}C_x (1-\xi)^a \xi^x \\ &= \frac{1}{x!}\cdot\frac{\Gamma(a+x)}{\Gamma(a)}\cdot(1-\xi)^a \xi^x \quad (x=0,1,2,\ldots) \end{aligned} \tag{6.7} $$

となるとき，この確率分布をパラメータ a,ξ の負の二項分布（negative binomial distribution）といい，$NB(a,\xi)$ と書く．(6.7) で $a=\eta$, $1-\xi=1/s$ とすると $\Pr(X=x) = {}_{\eta+x-1}C_x (1/s)^\eta \{(s-1)/s\}^x$ となる．確率の和は $\sum_{x=0}^{\infty} {}_{\eta+x-1}C_x (1/s)^\eta \cdot \{(s-1)/s\}^x$ であるが，これは (6.6) の右辺の k を x とし，u を $s-1$ としたもの

である．よって (6.6) の左辺より $\{s-(s-1)\}^{-\eta}=1$ となる．二項分布の確率が正のべき数 n の二項展開式によって与えられるのに対し，確率 (6.7) が負のべき数 $-\eta$ の二項展開式 (6.6) によって与えられることから負の二項分布と呼ばれるのである．負の二項分布のパラメータ a が自然数 m のときは次の定理が成り立つ．

定理 6.1（パスカル分布）

成功の確率 $1-\xi$（失敗の確率 ξ）のベルヌーイ試行において，m 回目の成功が得られるまでに要した失敗の回数を表わす確率変数 X の確率分布は
$$\Pr(X=x) = {}_{m+x-1}C_x (1-\xi)^m \xi^x \quad (x=0, 1, 2, \dots) \tag{6.8}$$
で与えられる．この確率分布を特にパスカル分布という．

（証明）

ベルヌーイ試行における m 回目の成功が $m+x$ 回目の試行で生じたとすると，それ以前の $m+x-1$ 回の試行で成功が $m-1$ 回，失敗が x 回起こったことになる．そのような特定の試行結果の生じる確率は m 回目の成功も含めて $(1-\xi)^m \xi^x$ であり，失敗の生じる箇所は $m-x-1$ 回の試行中で任意であるので，その場合の数は ${}_{m+x-1}C_x$ となる．よって，これらを掛け合わせて (6.8) を得る．（証明終）

パスカル分布で特に $m=1$ の場合，すなわち初めて成功するまでに要した失敗の回数 X の確率分布を幾何分布という．確率関数は $p(x)=(1-\xi)\xi^x$ である．幾何分布の確率の和が 1 になることは，無限級数 $(1-\xi)\sum_{x=0}^{\infty} \xi^x$ が初項 $1-\xi$，公比 ξ の等比級数（幾何級数）であることから示される．幾何分布は次の無記憶性という性質を有する．

定理 6.2（幾何分布の無記憶性）

パラメータ ξ の幾何分布では，
$$\Pr(X \geq x+k | X \geq k) = \Pr(X \geq x) \tag{6.9}$$
が成り立つ．すなわち，k 回目まで失敗し続けたという条件の下であと x 回以上失敗が続く確率は，最初から失敗が x 回以上続く確率に等しい．

（証明）

$$\Pr(X \geq k) = \sum_{x=k}^{\infty} (1-\xi)\xi^x = \frac{(1-\xi)\xi^k}{1-\xi} = \xi^k$$

6.1 負の二項分布の性質とパラメータ推定

であるので，条件付き確率の定義より

$$\Pr(X \geq x+k | X \geq k) = \frac{\Pr(X \geq x+k)}{\Pr(X \geq k)} = \frac{\xi^{x+k}}{\xi^k} = \xi^x = \Pr(X \geq x)$$

を得る．(証明終)

(6.7) で与えられる負の二項分布 $NB(a, \xi)$ の確率関数 $p(x)$ に対し，相続く確率の比は

$$\frac{p(x+1)}{p(x)} = \frac{{}_{a+x}C_{x+1}(1-\xi)^a \xi^{x+1}}{{}_{a+x-1}C_x(1-\xi)^a \xi^x} = \frac{a+x}{x+1} \cdot \xi \tag{6.10}$$

となる．これは確率の漸化式

$$p(x+1) = \frac{a+x}{x+1} \cdot \xi \cdot p(x) \tag{6.11}$$

を与え，これにより負の二項分布の形状に関する次の定理が得られる．

定理 6.3（確率分布のモード）

負の二項分布 $NB(a, \xi)$ における確率の最大値を与える x（モード）は，$(a-1)\xi/(1-\xi)$ が整数でないときはそれを超えない最大の整数となる．また $(a-1)\xi/(1-\xi)$ が整数の場合には，$x=(a-1)\xi/(1-\xi)-1$ と $x=(a-1)\xi/(1-\xi)$ で確率は同じ最大値を取る．特に，$(a-1)\xi/(1-\xi)<1$ の場合にはモードは $x=0$ で，確率は x の増加に対し単調に減少する．

(証明)

関係式 (6.10) より

$$p(x) \leq (\geq) p(x+1) \iff x \leq (\geq) \frac{a\xi-1}{1-\xi} \tag{6.12}$$

である（問題 6.2）．$(a\xi-1)/(1-\xi)$ が整数でないとすると，$x<(a\xi-1)/(1-\xi)$ では $p(x)<p(x+1)$ であり，x が $(a\xi-1)/(1-\xi)$ より大きな整数となったときに $p(x)>p(x+1)$ となる．よって，確率の最大値は x が $(a\xi-1)/(1-\xi)+1 = (a-1)\xi/(1-\xi)$ を超えない最大の整数値のときとなる．$(a-1)\xi/(1-\xi)$ が整数のときは $x=(a-1)\xi/(1-\xi)-1$ および $x=(a-1)\xi/(1-\xi)$ のとき確率は等しくそれらが確率の最大値を与える．以上の議論より，$(a-1)\xi/(1-\xi)=1$ のときは $p(0)=p(1)$ が確率の最大値となり，$(a-1)\xi/(1-\xi)<1$ では $p(0)$ が確率の最大値で，確率は x と共に単調減少となる．幾何分布は $a=1$ の場合であるので $(a-1)\xi/(1-\xi)$ は 0 となり，確率は常に x の単調減少となる．(証明終)

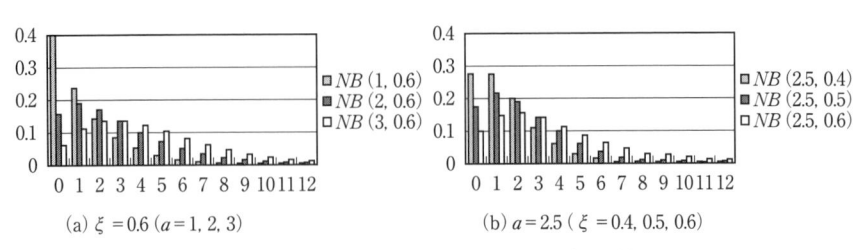

図6.1 (a) $\xi=0.6$ ($a=1,2,3$)　(b) $a=2.5$ ($\xi=0.4, 0.5, 0.6$)

図 6.1 負の二項分布 $NB(a, \xi)$ の確率分布の形状

例 6.1（負の二項分布の形状）

負の二項分布 $NB(a,\xi)$ の具体的な形状を与える．図 6.1（a）は $\xi=0.6$ と固定し，$a=1,2,3$ とした場合の確率分布であり，図 6.1（b）は $a=2.5$ と固定し，$\xi=0.4, 0.5, 0.6$ とした場合の確率分布である．$NB(3, 0.6)$ では $(a-1)\xi/(1-\xi)=(3-1)0.6/0.4=3$ と整数になるのでモードは $x=2$ および $x=3$ で与えられている．また，$NB(2.5, 0.4)$ でも $(a-1)\xi/(1-\xi)=(2.5-1)0.4/(1-0.4)=1$ と整数になるのでモードは $x=0$ および $x=1$ で与えられている（問題 6.2 参照）．それ以外の分布では $(a-1)\xi/(1-\xi)$ は整数でないので，確率の最大値を与える x は 1 つのみである．たとえば $NB(2.5, 0.6)$ では $(a-1)\xi/(1-\xi)=(2.5-1)0.6/0.4=2.25$ であるので，モードは $x=2$ となる．

問題 6.1（一般化二項展開）　α を実数とするとき，一般化された二項展開 $(a+b)^\alpha=\sum_{k=0}^\infty {}_\alpha C_k a^{\alpha-k}b^k$ が成り立つことを示せ．

問題 6.2（確率の最大値）　定理 6.3 の証明中の（6.12）を示せ．また，$p(0)=p(1)$ となる条件を求めよ．

6.1.2　期待値，分散，モーメント

負の二項分布 $NB(a,\xi)$ の期待値と分散および各種の母関数を導出する．

定理 6.4（期待値と分散）

負の二項分布 $NB(a,\xi)$ に従う確率変数を X とするとき，その期待値と分散は

$$E[X]=a\cdot\frac{\xi}{1-\xi}, \quad V[X]=a\cdot\frac{\xi}{(1-\xi)^2} \tag{6.13}$$

となる．

(証明)

期待値については $x-1$ を k と置いて

$$E[X] = \sum_{x=0}^{\infty} x \cdot {}_{a+x-1}C_x (1-\xi)^a \xi^x = \sum_{x=0}^{\infty} x \cdot \frac{(a+x-1)\cdots(a+1)a}{x!} (1-\xi)^a \xi^x$$

$$= a \cdot \sum_{x=1}^{\infty} \frac{(a+x-1)\cdots(a+1)}{(x-1)!} (1-\xi)^a \xi^x$$

$$= \frac{a\xi}{1-\xi} \cdot \sum_{k=0}^{\infty} \frac{\{(a+1)+k-1\}\cdots(a+1)}{k!} (1-\xi)^{a+1} \xi^k$$

となり,最後の和は $NB(a+1, \xi)$ の全確率であるので 1 となることから,$E[X] = a\xi/(1-\xi)$ が示される.次に,

$$E[X(X-1)] = \sum_{x=0}^{\infty} x(x-1) \cdot \frac{(a+x-1)\cdots(a+1)a}{x!} (1-\xi)^a \xi^x$$

$$= a(a+1) \cdot \sum_{x=2}^{\infty} \frac{(a+x-1)\cdots(a+2)}{(x-2)!} (1-\xi)^a \xi^x$$

$$= \frac{a(a+1)\xi^2}{(1-\xi)^2} \cdot \sum_{l=0}^{\infty} \frac{\{(a+2)+l-1\}\cdots(a+2)}{l!} (1-\xi)^{a+2} \xi^l$$

であり,最後の和は $NB(a+2, \xi)$ の全確率より 1 となるので,$E[X(X-1)] = a(a+1)\xi^2/(1-\xi)^2$ となる.よって,分散は

$$V[X] = E[X(X-1)] + E[X] - (E[X])^2 = \frac{a(a+1)\xi^2}{(1-\xi)^2} + \frac{a\xi}{1-\xi} - \left(\frac{a\xi}{1-\xi}\right)^2 = \frac{a\xi}{(1-\xi)^2}$$

と求められる.(証明終)

$\xi < 1$ であるので負の二項分布では $E[X] < V[X]$ となる.二項分布では $E[X] > V[X]$ であり,ポアソン分布では $E[X] = V[X]$ であったのと対照的である.

例 6.2 (負の二項分布とポアソン分布)

負の二項分布とポアソン分布の分布形の違いを見るため,期待値が共に 3 である 3 種類の負の二項分布 $NB(3, 1/2)$, $NB(6, 1/3)$, $NB(12, 1/5)$ およびポアソン分布 $Poisson(3)$ の確率分布の比較を図 6.2 に与える.ポアソン分布のほうが大きな値を取る確率が小さく,パラメータ ξ が小さくなるほど負の二項分布がポアソン分布に近づく様子が見て取れる.このことは下の定理 6.7 で証明する.

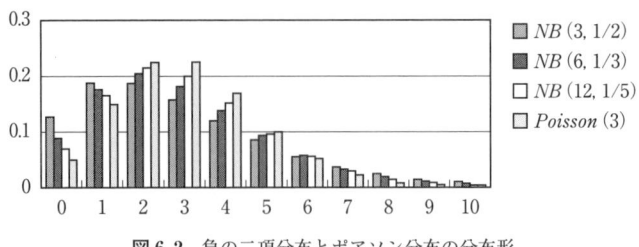

図6.2 負の二項分布とポアソン分布の分布形

次に各種の母関数を求める．

定理 6.5（確率母関数，モーメント母関数，キュミュラント母関数）

負の二項分布 $NB(a,\xi)$ の確率母関数 $H_X(t)$，モーメント母関数 $M_X(t)$ およびキュミュラント母関数 $\psi_X(t)$ はそれぞれ

$$H_X(t) = \left\{ \frac{1-\xi t}{1-\xi} \right\}^{-a} \tag{6.14}$$

$$M_X(t) = \left\{ \frac{1-\xi e^t}{1-\xi} \right\}^{-a} \tag{6.15}$$

および

$$\psi_X(t) = -a\log\left\{ \frac{1-\xi e^t}{1-\xi} \right\} \tag{6.16}$$

で与えられる．

（証明）

確率母関数は

$$H_X(t) = E[t^X] = \sum_{x=0}^{\infty} {}_{a+x-1}C_x (1-\xi)^a \xi^x t^x = \sum_{x=0}^{\infty} {}_{a+x-1}C_x (1-\xi)^a \{\xi t\}^x$$

であるが，これは (6.6) の関係式の右辺と $a=\eta$，$1-\xi=1/s$，$\xi t=u/s$ と対応している．よってこれらを s と u に関して解き直すと $s=1/(1-\xi)$，$u=\xi t/(1-\xi)$ となることから，(6.6) の左辺より

$$H_X(t) = \left\{ \frac{1}{1-\xi} - \frac{\xi t}{1-\xi} \right\}^{-a} = \left\{ \frac{1-\xi t}{1-\xi} \right\}^{-a}$$

を得る．モーメント母関数は $M_X(t) = H_X(e^t)$ の関係式より，キュミュラント母関数は $\psi_X(t) = \log M_X(t)$ により与えられる．（証明終）

これらの母関数を用いることにより負の二項分布に関するいくつかの性質が示される．歪度と尖度は3次および4次のモーメントの地道な計算から導かれるが，煩雑であるので結果のみを示す（Johnson, et al., 2005, Chapter 5参照）．

定理6.6（歪度と尖度）
負の二項分布 $NB(a, \xi)$ の歪度 β_1 と尖度 β_2 はそれぞれ

$$\beta_1 = \frac{1+\xi}{\sqrt{a\xi}}, \quad \beta_2 = \frac{(1+\xi)^2 + 2\xi}{a\xi} \tag{6.17}$$

で与えられる．

歪度も尖度も共に正であり，a が大きいほど両方とも0に近づくこと，および ξ が小さいほど両方共大きくなることがわかる．次に，例6.2で考察した負の二項分布とポアソン分布との間の関係を証明する．

定理6.7（負の二項分布の極限）
負の二項分布 $NB(a, \xi)$ において，期待値を $\lambda = a\xi/(1-\xi)$ と固定して $\xi \to 0$ $(a \to \infty)$ とした極限はパラメータ λ のポアソン分布 $Poisson(\lambda)$ である．

（証明）
確率母関数（6.14）を用いて証明する（モーメント母関数（6.15）を用いても同じく証明できる）．$\lambda = a\xi/(1-\xi)$ より $\xi/(1-\xi) = \lambda/a$ および $1/(1-\xi) = 1 + \lambda/a$ であるので，これらを用いて（6.14）の $H_X(t)$ を変形すると

$$H_X(t) = \left\{\frac{1}{1-\xi} - \frac{\xi t}{1-\xi}\right\}^{-a} = \left\{1 + \frac{\lambda}{a} - \frac{\lambda t}{a}\right\}^{-a} = 1 \bigg/ \left\{1 + \frac{\lambda(1-t)}{a}\right\}^{a}$$

となる．指数関数の定義（5.3）より $\lim_{a \to \infty} \{1 + \lambda(1-t)/a\}^a = \exp[\lambda(1-t)]$ であるので，$H_X(t) \to 1/\exp[\lambda(1-t)] = \exp[\lambda(t-1)]$ $(a \to \infty)$ となる．この極限は $Poisson(\lambda)$ の確率母関数（5.7）である．（証明終）

負の二項分布でも二項分布およびポアソン分布同様再生性が成り立つ．すなわち，X_1 および X_2 を互いに独立にそれぞれ ξ が共通な $NB(a_1, \xi)$ および $NB(a_2, \xi)$ に従う確率変数としたとき，それらの和 $Y = X_1 + X_2$ は $NB(a_1 + a_2, \xi)$ に従う．さらに一般に，m 個の確率変数 $X_1, \ldots, X_m$ が互いに独立にそれぞれ $NB(a_1, \xi), \ldots, NB(a_m, \xi)$ に従うとき，それらの和 $Y = X_1 + \cdots + X_m$ は $NB(a_1 + \cdots + a_m, \xi)$ に従う．これは，和 $Y = X_1 + X_2$ のモーメント母関数 $M_Y(t)$ はそれぞれ

のモーメント母関数の積

$$M_Y(t) = \left\{\frac{1-\xi\,e^t}{1-\xi}\right\}^{-a_1}\left\{\frac{1-\xi\,e^t}{1-\xi}\right\}^{-a_2} = \left\{\frac{1-\xi\,e^t}{1-\xi}\right\}^{-(a_1+a_2)}$$

となり，この $M_Y(t)$ は $NB(a_1+a_2, \xi)$ のモーメント母関数であることから示される．この再生性から，パラメータ a が自然数 m であるパスカル分布に従う確率変数 X は互いに独立な m 個の幾何分布に従う確率変数 $Z_1, \ldots, Z_m$ の和 $X = Z_1 + \cdots + Z_m$ と表わされることがわかる．すなわち，m 回の成功を得るのに必要な総失敗回数はそれぞれの成功ごとに新しく試行を始めた場合の失敗の回数の和として表現される．

問題 6.3（モーメント母関数による期待値と分散の導出） モーメント母関数 (6.15) の微分を用いて負の二項分布の期待値と分散を導出せよ．

6.1.3 ガンマポアソン分布

ポアソン分布は稀な事象の生起回数のモデルで，パラメータの λ は生起回数の期待値であった．また，ポアソン分布は期待値と分散が等しいという特徴を持っている．稀な事象としてたとえば地震の発生回数を考えると，日本のように地震の多く発生する国もあれば一方でほとんど地震のない国もある．したがって，全世界での地震の発生回数を考えたとき，国や地域ごとに期待値 λ は異なるとするのが自然であろう．すなわち，パラメータ λ は国や地域で一定ではなく，何がしかの分布を持つと考えられる．そのような現象を扱うモデルを提示する．

ポアソン分布のパラメータ λ にガンマ分布を想定する．これは，ポアソン分布のガンマ混合と考えてもよいし，ベイズ流に λ の事前分布としてガンマ分布を想定するとしてもよい．パラメータ λ のポアソン分布 $Poisson(\lambda)$ の λ にパラメータ a, b のガンマ分布 $Gamma(a, b)$, $(a, b > 0)$ を想定したときの確率分布をガンマポアソン分布（gamma-Poisson distribution）といい，$GP(a, b)$ と書く．

定理 6.8（ガンマポアソン分布の確率関数）

ガンマポアソン分布に従う確率変数を X とするとき，その確率関数は

$$\begin{aligned}f(x; a, b) = \Pr(X = x | a, b) &= \frac{1}{x!} \cdot \frac{\Gamma(a+x)}{\Gamma(a)} \cdot \left(\frac{1}{1+b}\right)^a \left(\frac{b}{1+b}\right)^x \\ &= {}_{a+x-1}C_x \left(\frac{1}{1+b}\right)^a \left(\frac{b}{1+b}\right)^x \quad (x = 0, 1, 2, \ldots)\end{aligned} \quad (6.18)$$

で与えられる.

(証明)

ポアソン分布 $Poisson(\lambda)$ の確率関数は $h(x;\lambda)=\Pr(X=x|\lambda)=\lambda^x e^{-\lambda}/x!$ $(x=0,1,...)$ であり, ガンマ分布 $Gamma(a,b)$ の確率密度関数は $g(\lambda;a,b)=\lambda^{a-1}e^{-\lambda/b}/(\Gamma(a)b^a)$ である. これらより, X の確率関数は

$$\Pr(X=x)=\int_0^\infty \frac{\lambda^x}{x!}e^{-\lambda}\cdot\frac{1}{\Gamma(a)b^a}\lambda^{a-1}e^{-\lambda/b}d\lambda=\frac{1}{x!\,\Gamma(a)b^a}\int_0^\infty \lambda^{x+a-1}e^{-(1+1/b)\lambda}d\lambda$$

$$=\frac{1}{x!\,\Gamma(a)b^a}\cdot\frac{\Gamma(x+a)}{(1+1/b)^{x+a}}=\frac{1}{x!}\cdot\frac{\Gamma(a+x)}{\Gamma(a)}\left(\frac{1}{1+b}\right)^a\left(\frac{b}{1+b}\right)^x={}_{a+x-1}C_x\left(\frac{1}{1+b}\right)^a\left(\frac{b}{1+b}\right)^x$$

となる. ここで $\Gamma(a+x)/\Gamma(a)=(a+x-1)(a+x-2)\cdots(a+1)a$ であることを用いた. (証明終)

(6.18) および (6.7) の比較により, ガンマポアソン分布 $GP(a,b)$ は負の二項分布 $NB(a,b/(1+b))$ であることがわかる. パラメータの対応は $\xi=b/(1+b)$ および逆に $b=\xi/(1-\xi)$ である. $a=1$ のガンマ分布は指数分布であるので, $GP(1,b)$ すなわち $NB(1,b/(1+b))$ は成功の確率 $1/(1+b)$ (失敗の確率 $b/(1+b)$) の幾何分布となる. ガンマポアソン分布と負の二項分布の対応から次が成り立つ.

定理 6.9 (ガンマポアソン分布の期待値と分散)

ガンマポアソン分布 $GP(a,b)$ に従う確率変数 X の期待値と分散は

$$E[X]=ab,\quad V[X]=ab(1+b) \tag{6.19}$$

で与えられる.

(証明)

負の二項分布 $NB(a,\xi)$ の期待値と分散はそれぞれ $a\xi/(1-\xi)$ および $a\xi/(1-\xi)^2$ であるので (定理6.4), $b=\xi/(1-\xi)$ および $1+b=1/(1-\xi)$ を代入して (6.19) を得る. (証明終)

ガンマ分布 $Gamma(a,b)$ の期待値と分散はそれぞれ ab,ab^2 であるので, $GP(a,b)$ の期待値は $Gamma(a,b)$ と同じであるが, 分散は $GP(a,b)$ のほうがやや大きい. また, ガンマ分布の定義では $b>0$ であるので, (6.19) より $V[X]>E[X]$ であることがわかる. ガンマ分布 $Gamma(a,b)$ は $ab=\lambda$ と置いて $b\to 0$

$(a\to\infty)$ とすると $V[X]=ab^2=\lambda b\to 0$ となることから1点分布に近づく（問題6.4）．このときのガンマポアソン分布はパラメータ λ のポアソン分布に近づく．

定理6.10（確率母関数，モーメント母関数，キュミュラント母関数）

ガンマポアソン分布 $GP(a, b)$ の確率母関数 $H_X(t)$，モーメント母関数 $M_X(t)$ およびキュミュラント母関数 $\psi_X(t)$ はそれぞれ

$$H_X(t) = \{(1+b) - bt\}^{-a} \tag{6.20}$$

$$M_X(t) = \{(1+b) - be^t\}^{-a} \tag{6.21}$$

および

$$\psi_X(t) = -a \log\{(1+b) - be^t\} \tag{6.22}$$

で与えられる．

(証明)

定理6.5の各母関数で $\xi = b/(1+b)$ として得られる．（証明終）

ガンマポアソン分布のパラメータ a, b はガンマ分布における形状および尺度パラメータとしての意味づけはあるが，ガンマポアソン分布としてみた場合の具体的な意味づけははっきりしない．むしろ期待値 $\mu=ab$ および分散 $ab(1+b)=\mu(1+b)$ の期待値からの超過分 $1+b(=1/(1-\xi))$ としたほうがわかりやすい．

問題6.4（ガンマ分布の極限） ガンマ分布 $Gamma(a, b)$ は $ab=\lambda$ と置いて $b\to 0 (a\to\infty)$ とすると1点分布に近づくことをガンマ分布のモーメント母関数を用いて示せ．

6.1.4 パラメータの推定

$NB(a, \xi)$ の定義式でのパラメータは a および ξ であるが，パラメータの取り方には幾通りかのものがあり，どのパラメータが推定しやすいかの吟味は必要である．$NB(a, \xi)$ からの互いに独立な観測値を $x_1, \ldots, x_n$ とする．それらに対応する確率変数 $X_1, \ldots, X_n$ の同時確率関数は，$t = x_1 + \cdots + x_n$ として

$$\begin{aligned} f(x_1, \ldots, x_n; a, \xi) &= \prod_{i=1}^{n} \frac{1}{x_i!} \cdot \frac{\Gamma(a+x_i)}{\Gamma(a)} (1-\xi)^a \xi^{x_i} \\ &= (1-\xi)^{na} \xi^t \prod_{i=1}^{n} \frac{1}{x_i!} \cdot \frac{\Gamma(a+x_i)}{\Gamma(a)} \end{aligned} \tag{6.23}$$

となる.ここで和 t に対応する確率変数 $T=X_1+\cdots+X_n$ は負の二項分布の再生性により $NB(na, \xi)$ に従い,その確率関数は

$$f(t\,;a,\xi)=\frac{1}{t\,!}\cdot\frac{\Gamma(na+t)}{\Gamma(na)}(1-\xi)^{na}\xi^t$$

で与えられる.

まず a が既知とする. ξ の対数尤度関数は, x に無関係な部分を C と置くと $l(\xi)=\log L(\xi)=\log f(t)=na\log(1-\xi)+t\log\xi+C$ となるので,

$$\frac{\partial}{\partial\xi}l(\xi)=-\frac{na}{1-\xi}+\frac{t}{\xi}=0$$

より, ξ の最尤推定値は

$$\hat{\xi}=\frac{t}{na+t}=\frac{\bar{x}}{a+\bar{x}} \tag{6.24}$$

となる.ここで, $\bar{x}=t/n$ は観測値 $x_1,\ldots,x_n$ の標本平均である. $NB(a,\xi)$ に従う確率変数 X の期待値は $E[X]=a\xi/(1-\xi)$ であるので,この左辺の $E[X]$ を標本平均 $\bar{x}$ に置き換えた方程式 $\bar{x}=a\xi/(1-\xi)$ を ξ について解き直すと (6.24) の $\hat{\xi}$ が得られることから, $\hat{\xi}$ はモーメント法による推定値でもある.

パラメータ a が自然数 m のときは, X は成功が m 回得られるまでの失敗の回数であるので, n 個の $x_1,\ldots,x_n$ に対して成功が nm 回得られているため総試行回数は $nm+t$ となる. ξ は失敗の確率であるので, ξ の推定値は $\hat{\xi}=t/(nm+t)$ $=\bar{x}/(m+\bar{x})$ と (6.24) の形となる.

ガンマポアソン分布 $GP(a,b)$ の b の推定を同じく a が既知として行なうと, $GP(a,b)$ は $NB(a,b/(1+b))$ であることから $\hat{b}=\bar{x}/a$ となる.和 T の期待値は $E[T]=nab$ であるので $E[\bar{X}/a]=b$ となり, $\bar{X}/a$ は b の不偏推定量であることがわかる.しかし (6.24) の $\hat{\xi}$ は厳密には ξ の不偏推定量ではない.

パラメータ a が既知のときの $NB(a,\xi)$ の ξ の推定では,(6.24) を推定量と見た最尤推定量 $\hat{\xi}=\bar{X}/(a+\bar{X})$ は,最尤推定量の漸近理論 (1.3.1 項) より, n が大きいとき期待値 ξ ,分散 $\xi(1-\xi)^2/(na)$ の正規分布に従う (問題 6.5).標準誤差は $(1-\xi)\sqrt{\xi/na}$ であるが,この表現は未知パラメータ ξ を含むので実用上は推定値 $\hat{\xi}$ を代入して $SE[\hat{\xi}]=(1-\hat{\xi})\sqrt{\hat{\xi}/na}$ により計算する.また, $GP(a,b)$ の b の推定では, $\bar{b}=\bar{X}/a$ は n が大きいとき近似的に期待値 b および分散 $b(1+b)/an$ の正規分布に従う.よって標準誤差は $\sqrt{b(1+b)/an}$ であるが,これ

も推定値を代入して $SE[\hat{b}]=\sqrt{\hat{b}(1+\hat{b})/an}$ とする．これらの結果を用いてパラメータに関する推定・検定を行なうことができる．

次に a および ξ が共に未知の場合を扱う．観測値の標本平均と標本分散を $\bar{x}=\sum_{i=1}^{n}x_i/n$, $s^2=\sum_{i=1}^{n}(x_i-\bar{x})^2/(n-1)$ とする．モーメント法による推定では，定理 6.4 より

$$\frac{V[X]}{E[X]}=\frac{1}{1-\xi}, \qquad E[X]\cdot\frac{1-\xi}{\xi}=a$$

であるので，$E[X]$ および $V[X]$ をそれぞれ $\bar{x}$ および s^2 で置き換えて

$$\frac{s^2}{\bar{x}}=\frac{1}{1-\xi} \Rightarrow \tilde{\xi}=\frac{s^2-\bar{x}}{s^2} \tag{6.25}$$

および

$$\bar{x}\cdot\frac{1-\xi}{\xi}=a \Rightarrow \tilde{a}=\frac{(\bar{x})^2}{s^2-\bar{x}} \tag{6.26}$$

を得る．どちらも $s^2-\bar{x}\leq 0$ のときは意味のない推定値となる．負の二項分布は分散が期待値よりも大きいという特徴を持つ分布であり，$s^2-\bar{x}\leq 0$ のときは負の二項分布のモデル自体が適切でないことになる．ガンマポアソン分布 $GP(a,b)$ のパラメータ化では定理 6.9 より上記と同じ計算により

$$\tilde{a}=\frac{(\bar{x})^2}{s^2-\bar{x}}, \quad \tilde{b}=\frac{s^2-\bar{x}}{\bar{x}} \tag{6.27}$$

となる．最尤法の適用も考えられるが，計算は面倒であり，サンプルサイズ n があまり小さくなければ，実用上は簡便なモーメント法による推定値で事足りる．

例 6.3（パラメータの推定）

$n=10$ 個の独立に観測されたデータが 0, 1, 1, 2, 2, 3, 3, 4, 5, 8 であるとする．標本平均は $\bar{x}=2.9$，標本分散は $s^2=5.4$ である．$a=3$ が既知とすると，これらは負の二項分布（パスカル分布）$NB(3,\xi)$ からの無作為標本となる．パラメータ ξ の最尤推定値は (6.24) より $\hat{\xi}=\bar{x}/(3+\bar{x})=0.492$ となり，標準誤差は $SE[\hat{\xi}]=(1-\hat{\xi})\sqrt{\hat{\xi}/na}=(1-0.492)\sqrt{0.492/(10\times 3)}=0.0651$ となる．ガンマポアソン分布 $GP(3,b)$ における b の推定値は $\hat{b}=\bar{x}/3=0.967$ であり，これは $\hat{b}=\hat{\xi}/(1-\hat{\xi})=0.492/(1-0.492)=0.967$ からも求められる．標準誤差は $SE[\hat{b}]=\sqrt{\hat{b}(1+\hat{b})/an}=\sqrt{0.967(1+0.967)/(10\times 3)}=0.252$ である．

$NB(a,\xi)$ のパラメータ a および ξ が両方とも未知の場合には，それらのモー

メント法による推定値は（6.25）および（6.26）よりそれぞれ

$$\tilde{\xi} = \frac{s^2 - \bar{x}}{s^2} = \frac{4.4 - 2.9}{5.4} = 0.466, \quad \tilde{a} = \frac{(\bar{x})^2}{s^2 - \bar{x}} = \frac{(2.9)^2}{5.4 - 2.9} = 3.32$$

となる．同じく a が未知の場合のガンマポアソン分布 $GP(a,b)$ の b の推定値は（6.27）より $\tilde{b} = (s^2 - \bar{x})/\bar{x} = (5.4 - 2.9)/2.9 = 0.874$ となる．

問題 6.5 負の二項分布 $NB(a, \xi)$ の ξ の推定において，a が既知のときは最尤推定量 $\hat{\xi}$ は漸近的に正規分布 $N(\xi, \xi(1-\xi)^2/(na))$ に従うことを示せ．

6.2 ゼロトランケートおよびゼロ過剰

負の二項分布でもゼロ度数が他の度数とは異なる状況が見られる．ここではゼロトランケートおよびゼロ過剰な負の二項分布を議論する．6.2.1項でトランケートされた負の二項分布を定義してその性質を調べ，6.2.2項ではパラメータの推定を扱う．6.2.3項では，ゼロ度数が通常の負の二項分布の場合より過剰もしくは過少である場合のモデルを導入し，パラメータの推定法を議論する．

6.2.1 ゼロトランケートされた負の二項分布

負の二項分布 $NB(a, \xi)$ に従う確率変数 X が，ある定数 k に対し，$X \geq k$ でのみ観測値が得られ，$X < k$ では観測値が得られないとき，左側トランケートされた負の二項分布という．確率関数は

$$p(x | x \geq k; a, \xi) = \Pr(X = x | X \geq k; a, \xi)$$
$$= \frac{1}{\Pr(X \geq k; a, \xi)} \cdot \frac{1}{x!} \cdot \frac{\Gamma(a+x)}{\Gamma(a)} (1-\xi)^a \xi^x \quad (x = k, k+1, k+2, \ldots)$$
(6.28)

である．ここで（6.28）の $\Pr(\cdot)$ はトランケーションのない分布での確率を表わし，トランケーションがある場合には条件付きの記号を用いる（以下同様）．（6.28）で特に，$k=1$ すなわち $X \geq 1$ でのみ値が得られるものをゼロトランケートされた負の二項分布（zero-truncated negative binomial (ZTNB) distribution）という．左側トランケートとは逆に，与えられた値 l に対し，$X \leq l$ でのみ観測値が得られ，$X > l$ では観測値が得られない場合を右側トランケートされた負の二項分布という．このときの確率関数は

$$p(x|x \leq l; a, \xi) = \Pr(X=x|X \leq l; a, \xi)$$
$$= \frac{1}{\Pr(X \leq l; a, \xi)} \cdot \frac{1}{x!} \cdot \frac{\Gamma(a+x)}{\Gamma(a)}(1-\xi)^a \xi^x \quad (x=0, 1, \ldots, l) \tag{6.29}$$

である.

定理 6.11（期待値）

左側トランケートされたパラメータ a, ξ の負の二項分布の期待値は

$$E[X|X \geq k; a, \xi] = a \cdot \frac{\xi}{1-\xi} \cdot \frac{\Pr(X \geq k-1; a+1, \xi)}{\Pr(X \geq k; a, \xi)} \tag{6.30}$$

で与えられ，右側トランケートされた負の二項分布の期待値は

$$E[X|X \leq l; a, \xi] = a \cdot \frac{\xi}{1-\xi} \cdot \frac{\Pr(X \leq l-1; a+1, \xi)}{\Pr(X \leq l; a, \xi)} \tag{6.31}$$

となる.

（証明）

期待値の定義により

$$E[X|X \geq k; a, \xi] = \frac{1}{\Pr(X \geq k; a, \xi)} \sum_{x=k}^{\infty} x \times \frac{1}{x!} \cdot \frac{\Gamma(a+x)}{\Gamma(a)}(1-\xi)^a \xi^x$$
$$= \frac{1}{\Pr(X \geq k; a, \xi)} \sum_{x=k}^{\infty} \frac{1}{(x-1)!} \cdot \frac{\Gamma(a+1+x-1)}{\Gamma(a+1)/a} \cdot \frac{1}{1-\xi}(1-\xi)^{a+1} \xi \cdot \xi^{x-1}$$
$$= \frac{1}{\Pr(X \geq k; a, \xi)} \cdot a \cdot \frac{\xi}{1-\xi} \sum_{y=k-1}^{\infty} \frac{1}{y!} \cdot \frac{\Gamma(a+1+y)}{\Gamma(a+1)}(1-\xi)^{a+1} \xi^y$$
$$= a \cdot \frac{\xi}{1-\xi} \cdot \frac{\Pr(X \geq k-1; a+1, \xi)}{\Pr(X \geq k; a, \xi)}$$

となる．同様に

$$E[X|X \leq l; a, \xi] = \frac{1}{\Pr(X \leq l; a, \xi)} \sum_{x=0}^{l} x \times \frac{1}{x!} \cdot \frac{\Gamma(a+x)}{\Gamma(a)}(1-\xi)^a \xi^x$$
$$= a \cdot \frac{\xi}{1-\xi} \cdot \frac{\Pr(X \leq l-1; a+1, \xi)}{\Pr(X \leq l; a, \xi)}$$

も示される．（証明終）

特に $a=1$ とした左側トランケートの場合，$\Pr(X \geq k; 1, \xi) = \sum_{x=k}^{\infty}(1-\xi)\xi^x = \xi^k$ であるので，確率関数は

$$p(x|x \geq k; 1, \xi) = (1-\xi)\xi^{x-k} \quad (x=k, k+1, k+2, \ldots) \tag{6.32}$$

と条件付きの幾何分布となる．このとき期待値は $\xi/(1-\xi)+k$ である．

以降，応用上最も重要なゼロトランケートされたパラメータ a,ξ の負の二項分布 $ZTNB(a,\xi)$ について調べる．確率関数は (6.28) で $k=1$ と置いて，$\Pr(X\geq 1;a,\xi)=1-\Pr(X=0;a,x)=1-(1-\xi)^a$ に注意すると

$$p(x|x\geq 1;a,\xi)=\frac{1}{1-(1-\xi)^a}\cdot\frac{1}{x!}\cdot\frac{\Gamma(a+x)}{\Gamma(a)}(1-\xi)^a\xi^x \quad (x=1,2,3,\ldots) \tag{6.33}$$

となる．期待値と分散は次のように与えられる．

定理 6.12（期待値と分散）

$ZTNB(a,\xi)$ に従う確率変数 X の期待値と分散は次で与えられる．

$$E[X|X\geq 1;a,\xi]=a\cdot\frac{\xi}{1-\xi}\cdot\frac{1}{1-(1-\xi)^a} \tag{6.34}$$

$$V[X|X\geq 1;a,\xi]=E[X|X\geq 1;a,\xi]\left\{(a+1)\cdot\frac{\xi}{1-\xi}+1-E[X|X\geq 1;a,\xi]\right\} \tag{6.35}$$

（証明）

期待値は (6.30) で $k=1$ と置いて

$$E[X|X\geq 1;a,\xi]=a\cdot\frac{\xi}{1-\xi}\cdot\frac{1}{\Pr(X\geq 1;a,\xi)}=a\cdot\frac{\xi}{1-\xi}\cdot\frac{1}{1-(1-\xi)^a}$$

となる．分散については，

$$E[X(X-1)|X\geq 1;a,\xi]=(a+1)\cdot\frac{\xi}{1-\xi}\cdot E[X|X\geq 1;a,\xi]$$

であるので（問題 6.6），

$$\begin{aligned}V[X|X\geq 1;a,\xi]&=E[X(X-1)|X\geq 1;a,\xi]+E[X|X\geq 1;a,\xi]-\{E[X|X\geq 1;a,\xi]\}^2\\&=(a+1)\cdot\frac{\xi}{1-\xi}\cdot E[X|X\geq 1;a,\xi]+E[X|X\geq 1;a,\xi]-\{E[X|X\geq 1;a,\xi]\}^2\\&=E[X|X\geq 1;a,\xi]\left\{(a+1)\cdot\frac{\xi}{1-\xi}+1-E[X|X\geq 1;a,\xi]\right\}\end{aligned}$$

となる．（証明終）

負の二項分布 $NB(a,\xi)$ をガンマポアソン分布 $GP(a,b)$ として定式化すると，ゼロトランケートされたガンマポアソン分布 $ZTGP(a,b)$ では $\xi=b/(1+b)$ およ

び $b=\xi/(1-\xi)$ であるので,(6.34) および (6.35) はそれぞれ以下のようになる.

$$E[X|X\geq 1\,;a,b]=ab\cdot\frac{1}{1-(1+b)^{-a}} \tag{6.36}$$

$$V[X|X\geq 1\,;a,b]=E[X|X\geq 1\,;a,b]\{(a+1)b+1-E[X|X\geq 1\,;a,b]\} \tag{6.37}$$

問題 6.6 $E[X(X-1)|X\geq 1\,;a,\xi]=(a+1)\cdot\dfrac{\xi}{1-\xi}\cdot E[X|X\geq 1\,;a,\xi]$ となることを示せ.

6.2.2 パラメータの推定

ゼロトランケートされた負の二項分布 $ZTNB(a,\xi)$ からの独立な m 個の観測値を $x_1,\ldots,x_m$ とし,それらの和および 2 乗和をそれぞれ $t=x_1+\cdots+x_m$,$w=x_1^2+\cdots+x_m^2$ とする.

まずパラメータ a が既知のときの最尤推定値を求めるアルゴリズム(EM アルゴリズム)を与える.トランケーションのない $NB(a,\xi)$ では $\Pr(X=0)=(1-\xi)^a$ であるので,トランケートされた部分を含めた(仮想的な)サンプルサイズを n としたとき,ゼロ度数 f_0 の期待値は $n(1-\xi)^a$ となる($n=f_0+m$ であることに注意).$NB(a,\xi)$ での ξ の最尤推定値は (6.24) より $(t/n)/\{a+(t/n)\}$ であるので,a が既知のときの $ZTNB(a,\xi)$ の ξ の最尤推定値 $\hat{\xi}$ は,適当な初期値 $f_0^{(0)}$ から始め($f_0^{(0)}=0$ でよい)

$$\begin{cases} \xi^{(t)}=\dfrac{t/(f_0^{(t)}+m)}{a+\{t/(f_0^{(t)}+m)\}} \\ f_0^{(t+1)}=(m+f_0^{(t)})(1-\xi^{(t)})^a \end{cases} \tag{6.38}$$

の反復によって得られる.

パラメータ a が既知のとき (6.34) の左辺の期待値を推定値 $\bar{x}=t/m$ で置き換えた

$$\bar{x}=a\cdot\frac{\xi}{1-\xi}\cdot\frac{1}{1-(1-\xi)^a}$$

を ξ について解いた反復法

$$\xi^{(t+1)}=\frac{\bar{x}}{a}(1-\xi^{(t)})\{1-(1-\xi^{(t)})^a\} \tag{6.39}$$

によりモーメント法による推定値が得られる(これは (6.38) の最尤推定値と一

致する).初期値は (6.24) で与えられるトランケーションのない場合の ξ の推定値 $\xi^{(0)} = \bar{x}/(a+\bar{x})$ とすればよいだろう.この反復では a がある程度大きくて $\bar{x} > a$ のときに収束しないことがある.

一方,ゼロトランケートされたガンマポアソン分布 $ZTGP(a,b)$ の定式化では,a が既知のとき,関係式 (6.36) の左辺を $\bar{x}$ として得られる反復法

$$b^{(t+1)} = \frac{\bar{x}}{a}\{1-(1+b^{(t)})^{-a}\} \tag{6.40}$$

を用いて b の推定値 $\tilde{b}$ を得る.この場合の初期値は $b^{(0)} = \bar{x} - 1$ とすればよい.経験上,(6.39) よりも (6.40) のほうが収束は速く,しかもどんな a および $\bar{x}$ の値に対しても収束が得られる.よって,(6.40) の反復で収束を得た後 ξ の推定値は $\tilde{\xi} = \tilde{b}/(1+\tilde{b})$ によって計算するのがよい.

例 6.4 (a が既知の場合)

例 6.3 では $n=10$ の観測データが 0,1,1,2,2,3,3,4,5,8 であるとしてパラメータの推定を行なった.ここでは,$a=3$ を既知とし,0 以外の $m=9$ 個のデータが観測されたとして $ZTNB(a,\xi)$ もしくは $ZTGP(a,b)$ とした場合のパラメータの推定値を求める.観測値の和は $t=29$ であり,標本平均は $\bar{x} = 29/9 = 3.22222$ である.$f_0^{(0)} = 0$ とした場合の (6.38) の EM アルゴリズムによる反復,ならびに初期値を $\xi^{(0)} = (29/9)/\{3+29/9\} = 0.51786$ もしくは $b^{(0)} = 3.22222 - 1 = 2.22222$ と

表 6.1　a が既知の場合の ξ の推定アルゴリズムの推移

ITE	f_0	x_i	ITE	x_i	b
0	0.00000	0.51786	0	0.51786	2.22222
1	1.00872	0.49131	1	0.45982	1.04197
2	1.31748	0.48372	2	0.48874	0.94792
3	1.41983	0.48125	3	0.47575	0.92876
4	1.45456	0.48042	4	0.48195	0.92438
5	1.46642	0.48014	5	0.47906	0.92336
6	1.47049	0.48004	6	0.48043	0.92312
7	1.47188	0.48001	7	0.47979	0.92306
8	1.47236	0.48000	8	0.48009	0.92305
9	1.47253	0.47999	9	0.47995	0.92304
10	1.47258	0.47999	10	0.48001	0.92304
11	1.47260	0.47999	11	0.47988	0.92304
12	1.47261	0.47999	12	0.48000	0.92304
13	1.47261	0.47999	13	0.47999	0.92304
14	1.47261	0.47999	14	0.47999	0.92304
15	1.47261	0.47999	15	0.47999	0.92304

した場合の (6.39) および (6.40) の反復では，表6.1のような経過をたどり，$\hat{\xi}=0.47999$ および $\hat{b}=0.92304$ に収束する．$0.47999=0.92304/(1-0.92374)$ である．

次に a および ξ が共に未知の場合を議論する．a が既知の場合と同様，トランケートされた部分を含めたサンプルサイズを n としたとき，ゼロ度数 f_0 の期待値は $n(1-\xi)^a$ となる．ここで a および ξ の推定をトランケーションのない場合の (6.25) および (6.26) のように行なうこととし，適当な初期値 $f_0^{(0)}$ から始める反復法

$$\begin{cases} \bar{x}^{(t)}=t/(f_0^{(t)}+m) \\ (s^2)^{(t)}=\dfrac{1}{f_0^{(t)}+m-1}\{w-(f_0^{(t)}+m)(\bar{x}^{(t)})^2\} \end{cases} \quad (6.41)$$

$$\begin{cases} \tilde{\xi}^{(t)}=\dfrac{(s^2)^{(t)}-\bar{x}^{(t)}}{s^2} \\ \tilde{a}^{(t)}=\dfrac{\{(\bar{x})^{(t)}\}^2}{(s^2)^{(t)}-\bar{x}^{(t)}} \end{cases} \quad (6.42)$$

および

$$f_0^{(t+1)}=(f_0^{(t)}+m)(1-\xi^{(t)})^{a^{(t)}} \quad (6.43)$$

により計算する．

例 6.5 (a も未知の場合)

例6.4の数値を用いて a および ξ の両方が未知の場合の推定値を求める．この例では $t=29$，$w=133$ である．$f_0^{(0)}=0$ を初期値とした (6.41)，(6.42) および

ITE	f_0	n	AVE	VAR	x_i	a
0	0.00000	9.00000	3.22222	4.94444	0.34831	6.02867
1	0.68099	9.68099	2.99556	5.31376	0.43626	3.87085
2	1.05287	10.05287	2.88475	5.45046	0.47073	3.24346
3	1.27656	10.27656	2.82196	5.51533	0.48834	2.95668
4	1.41707	10.41707	2.78389	5.55025	0.49842	2.80153
5	1.50743	10.50743	2.75995	5.57053	0.50454	2.71024
⋮						
28	1.68163	10.68163	2.71494	5.60512	0.51563	2.55033
29	1.68163	10.68163	2.71494	5.60512	0.51563	2.55033
30	1.68164	10.68164	2.71494	5.60512	0.51563	2.55032
31	1.68164	10.68164	2.71494	5.60512	0.51563	2.55032

(6.43) の反復法による計算結果は以下のようであり，おおよそ 30 回の反復で $\tilde{\xi}=0.51563$ および $\tilde{a}=2.55032$ に収束する．

6.2.3 ゼロ過剰な負の二項分布

負の二項分布でもポアソン分布同様，カウント 0 となった度数に特殊な事情があることが多い．このときの確率分布は，負の二項分布 $NB(a,\xi)$ に従う確率変数を Y としたとき

$$\Pr(Y=y) = \begin{cases} \omega + (1-\omega)p(0), & (y=0) \\ (1-\omega)p(y), & (y \geq 1) \end{cases} \quad (6.44)$$

とモデル化される．ここで，ω はゼロ度数の過剰もしくは過少を表わすパラメータであり，$p(y)$ は (6.7) で与えられる $NB(a,\xi)$ の確率である．(6.44) で $0<\omega<1$ のときゼロ度数は過剰であり，ゼロ過剰な負の二項分布 (zero-inflated negative binomial (ZINB) distribution) という．逆に $\omega<0$ のときはゼロ度数が過少な負の二項分布 (zero-deflated negative binomial (ZDNB) distribution) となる．実際上はゼロ過剰な場合が多いので，ゼロ過少な場合も含め，以降 (6.44) で定義される分布を $ZINB(a,\xi,\omega)$ と表わすことにする．

定理 6.13（モーメントと母関数）

$ZINB(a,\xi,\omega)$ の確率母関数 $H_Y(t)$ およびモーメント母関数 $M_Y(t)$ はそれぞれ

$$H_Y(t) = E[t^Y] = \omega + (1-\omega)\left\{\frac{1-\xi t}{1-\xi}\right\}^{-a} \quad (6.45)$$

$$M_Y(t) = E[e^{tY}] = \omega + (1-\omega)\left\{\frac{1-\xi e^t}{1-\xi}\right\}^{-a} \quad (6.46)$$

で与えられる．$Y \sim ZINB(a,\xi,\omega)$ のときの Y の期待値と分散はそれぞれ

$$E[Y] = (1-\omega) \cdot a \cdot \frac{\xi}{1-\xi} \quad (6.47)$$

$$V[Y] = (1-\omega) \cdot a \cdot \frac{\xi}{1-\xi}\left\{1 + \frac{\xi}{1-\xi}(1+\omega a)\right\} \quad (6.48)$$

となる．

（証明）

$ZINB(a,\xi,\omega)$ の確率母関数 $H_Y(t)$ は

$$H_Y(t) = \omega + (1-\omega)\sum_{y=0}^{\infty} p(y)t^y = \omega + (1-\omega)\left\{\frac{1-\xi t}{1-\xi}\right\}^{-a}$$

となり，モーメント母関数はこの t に e^t を代入して得られる．期待値は，(6.46) の $M_Y(t)$ を t で微分して0と置くことにより，

$$E[Y]=M_Y'(0)=(1-\omega)\cdot a\cdot\frac{\xi}{1-\xi}e^t\left\{\frac{1-\xi e^t}{1-\xi}\right\}^{-a-1}\bigg|_{t=0}=(1-\omega)\cdot a\cdot\frac{\xi}{1-\xi}$$

となる．さらに，

$$E[Y^2]=M_Y''(0)=(1-\omega)\cdot a\cdot\frac{\xi}{1-\xi}+(1-\omega)a(a+1)\left(\frac{\xi}{1-\xi}\right)^2$$

であるので，分散は

$$\begin{aligned}V[Y]&=E[Y^2]-(E[Y])^2\\&=(1-\omega)\cdot a\cdot\frac{\xi}{1-\xi}+(1-\omega)a(a+1)\left(\frac{\xi}{1-\xi}\right)^2-(1-\omega)^2 a^2\left(\frac{\xi}{1-\xi}\right)^2\\&=(1-\omega)\cdot a\cdot\frac{\xi}{1-\xi}\left\{1+\frac{\xi}{1-\xi}(1+\omega a)\right\}\end{aligned}$$

と求められる．（証明終）

$ZINB(a,\xi,\omega)$ のパラメータの推定では，0となった観測値数は負の二項分布のパラメータ a および ξ の推測には使えないことから，ゼロ度数がないものとしたゼロトランケートな負の二項分布としてパラメータの推定値 $\tilde{a}$ および $\tilde{\xi}$ を得る．その後ゼロ度数における負の二項分布部分の観測値数の推定値と観測されたゼロ度数の値からゼロ過剰のパラメータ ω を推定する．具体的には，全部で n 個の観測値が得られているとし，1以上の観測値数を m とする．そして，m 個の1以上の観測値から6.2.2項の方法でパラメータの推定値 $\tilde{a}$ および $\tilde{\xi}$ を得る．負の二項分布部分のみの（仮想的な）観測値数を M としたとき，負の二項分布でのゼロ度数の期待値は $M(1-\xi)^a$ となる．よって $M(1-\xi)^a+m=M$ の関係式より

$$\tilde{M}=\frac{m}{1-(1-\tilde{\xi})^{\tilde{a}}} \tag{6.49}$$

となることから，ω の推定値は

$$\tilde{\omega}=1-\frac{\tilde{M}}{n} \tag{6.50}$$

と求められる．

負の二項分布をガンマポアソン分布として定式化した場合もゼロ過剰な分布

$ZIGP(a, b, \omega)$ が定義され，そのパラメータの推定値も $b=\xi/(1-\xi)$ の関係式より容易に求めることができる．

例 6.6

例 6.3 で扱った 10 個のデータに 3 個の 0 が余分に観測された $n=13$ 個のデータ 0, 0, 0, 0, 1, 1, 2, 2, 3, 3, 4, 5, 8 が観測されたとする．すなわち，ゼロ過剰パラメータ ω の真値は $3/13=0.23077$ である．このデータに $ZINB(a, \xi, \omega)$ を当てはめるには，まず 0 度数以外の 9 個のデータから $ZTNB(a, \xi)$ としてパラメータの推定値を求める．a が既知の場合は例 6.4 より $\hat{\xi}=0.47999$ である．このとき，(6.49) および (6.50) より $\hat{M}=9/\{1-(1-0.47999)^3\}=10.47262$ および $\hat{\omega}=1-10.47262/13=0.19441$ と求められる．a および ξ の両方が未知の場合の推定値は例 6.5 より $\tilde{\xi}=0.51563$ および $\tilde{a}=2.44032$ であるので，同じく $\tilde{M}=9/\{1-(1-0.51563)^{2.44032}\}=10.68164$ および $\tilde{\omega}=1-10.68164/13=0.17834$ となる．

第A章

付　　録

A.1　ガンマ分布とカイ2乗分布

ここでは，ガンマ分布とその特別な場合であるが統計での応用範囲の広いカイ2乗分布の基本的な性質を示す．

定義 A.1（ガンマ関数）

0よりも大きな実数αに対し，積分

$$\Gamma(\alpha) = \int_0^\infty t^{\alpha-1} e^{-t} dt \tag{A.1}$$

で定義されるαの関数をガンマ関数という．

定理 A.1（ガンマ関数の性質）

ガンマ関数$\Gamma(\alpha)$に対し，αに関する漸化式$\Gamma(\alpha)=(\alpha-1)\Gamma(\alpha-1)$が成り立つ．特に$\Gamma(1)=1$，$\Gamma(1/2)=\sqrt{\pi}$である．また，$\alpha$が自然数$n$のときは$\Gamma(n)=(n-1)!$となる．

（証明）

定義式（A.1）のtに関する部分積分により

$$\Gamma(\alpha) = [-t^{\alpha-1} e^{-t}]_0^\infty + (\alpha-1)\int_0^\infty t^{\alpha-2} e^{-t} dt = (\alpha-1)\Gamma(\alpha-1)$$

となる．$\alpha=1$とすると，$\Gamma(1)=\int_0^\infty e^{-t} dt = [-e^{-t}]_0^\infty = 1$である．また，$\Gamma(1/2)=\int_0^\infty t^{-1/2} e^{-t} dt$では，$t=z^2/2$（ただし$z>0$）と変数変換すると，$dt=zdz$より

$$\Gamma(1/2) = \int_0^\infty \frac{\sqrt{2}}{z} e^{-z^2/2} z dz = 2\sqrt{\pi} \int_0^\infty \frac{1}{\sqrt{2\pi}} e^{-z^2/2} dz$$

となる．最後の定積分は標準正規分布$N(0,1)$の0以上の確率であるので1/2と

なり与式が示される．$\Gamma(n)=(n-1)!$ は以上の結果から導かれる．（証明終）

定理 A.1 より，ガンマ関数は自然数 n の階乗 $n!$ の n を実数 α に拡張したものである．Excel には $\Gamma(\alpha)$ そのものを計算する関数は用意されていないが，対数ガンマ関数 $\log\Gamma(\alpha)$ の値を求める関数として GAMMALN がある．たとえば，$\log\Gamma(5)=\text{GAMMALN}(5)\approx 3.178054$ であり，$\Gamma(5)=\text{EXP}(\text{GAMMALN}(5))=24$ $(=4!)$ となる．

定義 A.2（ガンマ分布）

連続型確率変数 X の確率密度関数が，α, β を 0 よりも大きな定数として

$$f(x;\alpha,\beta)=\begin{cases}\dfrac{1}{\Gamma(\alpha)\beta^{\alpha}}x^{\alpha-1}e^{-x/\beta}, & (0\leq x)\\ 0, & (x<0)\end{cases} \quad\quad (\text{A.2})$$

で与えられるとき，この確率分布をガンマ分布（gamma distribution）といい，$Gamma(\alpha,\beta)$ と書く．α は形状母数，β は尺度母数である．特に $\beta=1$ であるものを標準形という（下の定理 A.2 参照）．

ガンマ分布で $\alpha=1$ とすると

$$f(x;\beta)=\begin{cases}\dfrac{1}{\beta}e^{-x/\beta}, & (0\leq x)\\ 0, & (x<0)\end{cases}$$

となり，これはパラメータ β の指数分布である．

定理 A.2（標準形のガンマ関数）

$X\sim Gamma(\alpha,\beta)$ のとき，$Z=X/\beta$ は標準形のガンマ分布 $Gamma(\alpha,1)$ に従う．逆に，$Z\sim Gamma(\alpha,1)$ のとき，$X=\beta Z$ は $Gamma(\alpha,\beta)$ に従う．

（証明）

$Gamma(\alpha,\beta)$ の確率密度関数（A.2）において $z=x/\beta$ とすると，$dx=\beta dz$ であるので，Z の確率密度関数は

$$f(z)=\begin{cases}\dfrac{1}{\Gamma(\alpha)}z^{\alpha-1}e^{-z}, & (0\leq z)\\ 0, & (z<0)\end{cases}$$

となり,$Gamma(\alpha, 1)$ に従うことがわかる.$X=\beta Z$ が $Gamma(\alpha, \beta)$ に従うことも $dz=dx/\beta$ より示される.(証明終)

定理 A.3

$X \sim Gamma(\alpha, \beta)$ のとき,そのモーメント母関数は
$$M_X(t)=E[e^{tX}]=(1-\beta t)^{-\alpha} \tag{A.3}$$
となり,原点まわりの r 次のモーメントは $\mu'_r=E[X^r]=\beta^r \Gamma(\alpha+r)/\Gamma(\alpha)$ となる.特に,期待値と分散は $E[X]=\alpha\beta$,$V[X]=\alpha\beta^2$ である.また,モード(最頻値)は $\alpha>1$ のとき $x=(\alpha-1)\beta$ で与えられる.

(証明)

まず,標準形のガンマ分布 $Gamma(\alpha, 1)$ について証明する.$Z \sim Gamma(\alpha, 1)$ とするとき,モーメント母関数は,
$$M_Z(t)=E[e^{tZ}]=\int_0^\infty e^{tz}\frac{1}{\Gamma(\alpha)}z^{\alpha-1}e^{-z}dz=\frac{1}{\Gamma(\alpha)}\int_0^\infty z^{\alpha-1}e^{-(1-t)z}dz$$
において $s=(1-t)z$ と変数変換すると,$ds=(1-t)dz$ であるので
$$M_Z(t)=(1-t)^{-\alpha}\frac{1}{\Gamma(\alpha)}\int_0^\infty s^{\alpha-1}e^{-s}ds=(1-t)^{-\alpha}$$
となる.原点まわりの r 次のモーメントは
$$\mu'_r=E[Z^r]=\int_0^\infty z^r \frac{1}{\Gamma(\alpha)}z^{\alpha-1}e^{-z}dz=\frac{1}{\Gamma(\alpha)}\int_0^\infty z^{\alpha+r-1}e^{-z}dz=\frac{\Gamma(\alpha+r)}{\Gamma(\alpha)}$$
となる.ここで $r=1$ とすると $E[Z]=\Gamma(\alpha+1)/\Gamma(\alpha)=\alpha$ が得られ,$r=2$ とすると $E[Z^2]=\Gamma(\alpha+2)/\Gamma(\alpha)=\alpha(\alpha+1)$ であるので,$V[Z]=E[Z^2]-(E[Z])^2=\alpha(\alpha+1)-\alpha^2=\alpha$ となる.モードは
$$\frac{d}{dz}\frac{1}{\Gamma(\alpha)}z^{\alpha-1}e^{-z}=\{(\alpha-1)-z\}\frac{1}{\Gamma(\alpha)}z^{\alpha-2}e^{-z}=0$$
より $z=\alpha-1$ となる.一般のガンマ分布 $Gamma(\alpha, \beta)$ については,定理 A.2 より $X=\beta Z$ とすればよい.Z のモーメント母関数を $M_Z(t)$ とすると,$X=\beta Z$ のモーメント母関数は $M_X(t)=M_Z(\beta t)$ であるので,(A.3) が得られる.期待値と分散は
$$E[X]=E[\beta Z]=\beta \times E[Z]=\beta\alpha$$
$$V[X]=V[\beta Z]=\beta^2 \times V[Z]=\beta^2 \alpha$$
となる.X のモードも Z のモード $\alpha-1$ の β 倍として得られる.(証明終)

X および Y をそれぞれ尺度母数 β が共通なガンマ分布 $Gamma(\alpha_1, \beta)$, $Gamma(\alpha_2, \beta)$ に従う独立な確率変数としたとき，それらの和 $X+Y$ のモーメント母関数は各モーメント母関数の積であり，(A.3) から

$$M_{X+Y}(t) = E[\exp\{t(X+Y)\}] = E[\exp(tX)]E[\exp(tY)]$$
$$= (1-\beta t)^{-\alpha_1}(1-\beta t)^{-\alpha_2} = (1-\beta t)^{-(\alpha_1+\alpha_2)}$$

となるので，$X+Y$ は $Gamma(\alpha_1+\alpha_2, \beta)$ に従うことがわかる．この性質をガンマ分布の再生性という．独立な標準正規変量の2乗和がカイ2乗分布に従うことなどがこの再生性から示される．

ガンマ分布の確率計算は Excel の GAMMADIST 関数および GAMMAINV 関数によって簡単に実行できる．$X \sim Gamma(\alpha, \beta)$ とし，その確率密度関数を $f(x; \alpha, \beta)$ としたとき，確率密度関数の値は

$$f(x; \alpha, \beta) = \text{GAMMADIST}(x, \alpha, \beta, 0)$$

によって求められ，累積分布関数（下側累積確率）は

$$F(x; \alpha, \beta) = \Pr(X \leq x) = \text{GAMMADIST}(x, \alpha, \beta, 1)$$

で計算される．また，確率値 c に対し，$F(x; \alpha, \beta) = \Pr(X \leq x) = c$ となる点，すなわち下側 $100c\%$ 点は

$$x = F^{-1}(c; \alpha, \beta) = \text{GAMMAINV}(c, \alpha, \beta)$$

により求められる．具体的に，$\alpha = 2.5$, $\beta = 2$ とした $Gamma(2.5, 2)$ で $x = 7$ とすると，$f(7; 2.5, 2) = \text{GAMMADIST}(7, 2.5, 2, 0) = 0.07437$, $F(7; 2.5, 2) = \text{GAMMADIST}(7, 2.5, 2, 1) = 0.77936$ となる．逆に，$\text{GAMMAINV}(0.77936, 2.5, 2) = 7$ であり，中央値は $\text{GAMMAINV}(0.5, 2.5, 2) = 4.35146$ と求められる．

定義 A.3（カイ2乗分布）

互いに独立に標準正規分布 $N(0, 1)$ に従う k 個の確率変数 $Z_1, \ldots, Z_k$ の2乗和を $Y = Z_1^2 + \cdots + Z_k^2$ とするとき，Y の従う分布を自由度 k のカイ2乗（χ^2）分布という．

定理 A.4（カイ2乗分布の確率密度関数）

自由度 k のカイ2乗分布の確率密度関数 $g_k(y)$ は，$\alpha = k/2$, $\beta = 2$ としたガンマ分布 $Gamma(k/2, 2)$ の確率密度関数で与えられる．すなわち，

$$g_k(y) = \begin{cases} \dfrac{(1/2)^{k/2}}{\Gamma(k/2)} y^{(k/2)-1} e^{-y/2}, & (y \geq 0) \\ 0, & (y < 0) \end{cases} \tag{A.4}$$

である．

（証明）

モーメント母関数を用いて証明する．まず $k=1$ とすると，Y は $N(0,1)$ に従う確率変数 Z の 2 乗となる．したがって Y の確率密度関数 $g_1(y)$ は，$N(0,1)$ の確率密度関数 $\varphi(z)=\exp[-z^2/2]/\sqrt{2\pi}$ で $y=z^2$ とし，$dy=2zdz$ であること，および $\pm z$ が y に対応することより，

$$g_1(y) = \frac{2}{\sqrt{2\pi}}\exp\left[-\frac{y}{2}\right]\times\frac{1}{2\sqrt{y}} = \frac{1}{\sqrt{2\pi}}y^{-1/2}e^{-y/2} = \frac{(1/2)^{1/2}}{\Gamma(1/2)}y^{(1/2)-1}e^{-y/2}$$

となる．そのモーメント母関数は，

$$M_1(t) = E[e^{tY}] = \frac{1}{\sqrt{2\pi}}\int_0^\infty e^{ty}y^{-1/2}e^{-y/2}dy = \frac{1}{\sqrt{2\pi}}\int_0^\infty y^{-1/2}e^{-(1-2t)y/2}dy$$

において $s=(1-2t)y/2$ と変換すると，$ds=(1-2t)dy/2$ であるので，

$$M_1(t) = \frac{1}{\sqrt{2\pi}}\int_0^\infty \left(\frac{2s}{1-2t}\right)^{-1/2}e^{-s}\frac{2}{1-2t}ds = \frac{1}{\sqrt{2\pi}}(1-2t)^{-1/2}\sqrt{2}\int_0^\infty s^{(1/2)-1}e^{-s}ds$$

となるが，最後の積分は $\Gamma(1/2)=\sqrt{\pi}$ であることから，$M_1(t)=(1-2t)^{-1/2}$ となる．Y は k 個の $N(0,1)$ 変量の 2 乗和であるので，Y のモーメント母関数 $M_k(t)$ は $M_1(t)$ の k 乗であり，$M_k(t)=(1-2t)^{-k/2}$ を得る．これは，(A.3) のガンマ分布のモーメント母関数 $(1-\beta t)^{-\alpha}$ で $\alpha=k/2, \beta=2$ とした場合に相当する．確率密度関数 (A.4) はガンマ分布の確率密度関数 (A.2) で $\alpha=k/2, \beta=2$ とすることにより得られる．（証明終）

定理 A.5（カイ 2 乗分布の期待値と分散）

自由度 k のカイ 2 乗分布に従う確率変数 Y では $E[Y]=k, V[k]=2k$ である．

（証明）

定理 A.4 で見たように，自由度 k のカイ 2 乗分布は $Gamma(k/2,2)$ であるので，定理 A.3 より $E[Y]=(k/2)\times 2=k, V[Y]=k/2\times 2^2=2k$ を得る．（証明終）

カイ 2 乗分布に関する確率計算は Excel で容易に実行できる．Y を自由度 k のカイ 2 乗分布に従う確率変数とし，その上側累積確率を $q=Q(b)=\Pr(Y\geq b)$ とするとき，$q=\text{CHIDIST}(b,k), b=\text{CHINV}(q,k)$ である．たとえば $k=5$ とし，$b=7$ とすると，$q=Q(7)=\Pr(Y\geq 7)=\text{CHIDIST}(7,5)\approx 0.22064$ であり，逆に $\text{CHINV}(0.22064,5)\approx 7$ となる．

A.2 ベータ分布と F 分布

ここではベータ分布と，分散分析を始めとする各種の統計的検定で用いられる F 分布の基本的な性質を示す．

定義 A.4（ベータ関数）

0 よりも大きな実数 a, b に対し，

$$\mathrm{B}(a, b) = \int_0^1 t^{a-1}(1-t)^{b-1} dt \tag{A.5}$$

で定義される関数 $\mathrm{B}(a, b)$ をベータ関数という．

定理 A.6（ベータ関数とガンマ関数の関係）

ベータ関数 $\mathrm{B}(a, b)$ について

$$\mathrm{B}(a, b) = \frac{\Gamma(a)\Gamma(b)}{\Gamma(a+b)} = \mathrm{B}(b, a) \tag{A.6}$$

が成り立つ．ここで $\Gamma(a)$ はガンマ関数である．

(証明)

ガンマ関数の積は

$$\Gamma(a)\Gamma(b) = \int_0^\infty t^{a-1} e^{-t} dt \int_0^\infty s^{b-1} e^{-s} ds = \int_0^\infty \int_0^\infty t^{a-1} s^{b-1} e^{-(t+s)} dt ds$$

$$= \int_0^\infty \int_0^\infty \left(\frac{t}{t+s}\right)^{a-1} \left(\frac{s}{s+t}\right)^{b-1} (t+s)^{a+b-2} e^{-(t+s)} dt ds$$

となる．ここで $u = t/(t+s)$, $v = t+s$ と変数変換すると，$t = u(t+s)$, $s = v - t = v - uv = v(1-u)$ であり，変換のヤコビアンは

$$\begin{vmatrix} \dfrac{\partial t}{\partial u} & \dfrac{\partial t}{\partial v} \\ \dfrac{\partial s}{\partial u} & \dfrac{\partial s}{\partial v} \end{vmatrix} = \begin{vmatrix} v & u \\ -v & 1-u \end{vmatrix} = v(1-u) + uv = v$$

となる．また，積分範囲は $0 \leq u \leq 1$ および $0 \leq v$ である．したがって，

$$\Gamma(a)\Gamma(b) = \int_0^1 \int_0^\infty u^{a-1}(1-u)^{b-1} v^{a+b-2} e^{-v} v \, du \, dv$$

$$= \int_0^1 u^{a-1}(1-u)^{b-1} du \int_0^\infty v^{(a+b)-1} e^{-v} dv = \mathrm{B}(a, b) \Gamma(a+b)$$

より $\mathrm{B}(a, b) = \Gamma(a)\Gamma(b)/\Gamma(a+b)$ が得られる．ベータ関数の定義（A.5）において

$s=1-t$ と変数変換すると,

$$\mathrm{B}(a,b) = -\int_1^0 (1-s)^{a-1}s^{b-1}ds = \int_0^1 (1-s)^{a-1}s^{b-1}ds = \mathrm{B}(b,a)$$

となる.（証明終）

定義 A.5（ベータ分布）

区間 $(0,1)$ 上で定義された連続型確率変数 X の確率密度関数が, a および b を 0 よりも大きな定数として

$$f(x\,;a,b) = \begin{cases} \dfrac{1}{\mathrm{B}(a,b)} x^{a-1}(1-x)^{b-1}, & (0 \le x \le 1) \\ 0, & (その他) \end{cases} \quad (\mathrm{A}.7)$$

で与えられるとき, X の分布をパラメータ a,b のベータ分布（beta distribution）といい, $Beta(a,b)$ と書く.

ベータ分布で $a=1$, $b=1$ とすると区間 $(0,1)$ 上の一様分布になる. また, $a=1/2$, $b=1/2$ としたものは, $\Pr(X \le x)=(2/\pi)\sin^{-1}(\sqrt{x})$ となることより逆正弦分布とも呼ばれる. 一般に, $a=b$ のとき分布は $x=1/2$ を中心に左右対称となる. ベータ分布の特性値は次で与えられる.

定理 A.7

確率変数 X が $Beta(a,b)$ に従うとき, X の原点まわりの r 次のモーメントは

$$\mu'_r = E[X^r] = \frac{\mathrm{B}(a+r,b)}{\mathrm{B}(a,b)} = \frac{\Gamma(a+r)\Gamma(a+b)}{\Gamma(a)\Gamma(a+b+r)}$$

$$= \frac{a(a+1)\cdots(a+r-1)}{(a+b)(a+b+1)\cdots(a+b+r-1)} = \frac{(a)_r}{(a+b)_r} \quad (\mathrm{A}.8)$$

で与えられる. ここで $(a)_r = \Gamma(a+r)/\Gamma(a) = a(a+1)\cdots(a+r-1)$ は昇べきの記号である. 特に, 期待値と分散は $E[X]=a/(a+b)$, $V[X]=ab/\{(a+b)^2(a+b+1)\}$ となる. また, $a>1$, $b>1$ のとき, モード（最頻値）は $x=(a-1)/(a+b-2)$ となる.

(証明)

原点まわりの r 次のモーメントは

$$\mu'_r = E[X^r] = \frac{1}{\mathrm{B}(a,b)} \int_0^1 x^r x^{a-1}(1-x)^{b-1}dx = \frac{1}{\mathrm{B}(a,b)} \int_0^1 x^{a+r-1}(1-x)^{b-1}dx$$

$$= \frac{\mathrm{B}(a+r,b)}{\mathrm{B}(a,b)}$$

となる．ベータ関数とガンマ関数の関係 (A.6) より (A.8) の各等号が成り立つことがわかる．(A.8) で $r=1$ とすると $E[X]=a/(a+b)$ が導かれ，$r=2$ とすると $E[X^2]=a(a+1)/\{(a+b)(a+b+1)\}$ であるので，

$$V[X]=E[X^2]-(E[X])^2=\frac{a(a+1)}{(a+b)(a+b+1)}-\left(\frac{a}{a+b}\right)^2$$

$$=\frac{a(a+1)(a+b)-a^2(a+b+1)}{(a+b)^2(a+b+1)}=\frac{ab}{(a+b)^2(a+b+1)}$$

を得る．モードは

$$\frac{d}{dx}x^{a-1}(1-x)^{b-1}=(a-1)x^{a-2}(1-x)^{b-1}-(b-1)x^{a-1}(1-x)^{b-2}$$

$$=\{(a-1)(1-x)-(b-1)x\}x^{a-2}(1-x)^{b-2}=0$$

より得られる方程式 $(a-1)(1-x)-(b-1)x=0$ を x について解いて $x=(a-1)/(a+b-2)$ となる．（証明終）

この定理より，$a/(a+b)=p$ として $a,b\to\infty$ とすると，分散が 0 に収束することから，分布は $X=p$ の 1 点分布に近づくことがわかる．X を $Beta(a,b)$ に従う確率変数としたとき，$Y=c+(d-c)X$ と置くと，Y は区間 (c,d) 上で定義された確率変数となり，このときの Y の確率分布を区間 (c,d) 上のベータ分布ということもある．Y の確率密度関数は

$$g(y\,;a,b)=\begin{cases}\dfrac{1}{(d-c)^{a+b-1}\mathrm{B}(a,b)}(y-c)^{a-1}(d-y)^{b-1}, & (c\leq x\leq d) \\ 0, & (その他)\end{cases}$$

である．逆に Y が (c,d) 上の確率変数のとき，$X=(Y-c)/(d-c)$ は $(0,1)$ 上の変数となる．この関係からベータ分布は，区間 $(0,1)$ 上はもとより一般の有限の区間上で定義されたデータの確率分布の近似としてよく用いられる．

ベータ分布の確率計算は Excel の BETADIST 関数および BETAINV 関数により容易に行なうことができる．X が区間 (c,d) 上のパラメータ a,b のベータ分布に従うとき，累積分布関数（下側累積確率）は

$$F(x)=\mathrm{Pr}(X\leq x)=\mathrm{BETADIST}(x,a,b,c,d)$$

により求められる．また，確率値 α に対し $F(x)=\alpha$ となる下側 $100\alpha\%$ 点 x は

$$x=F^{-1}(\alpha)=\mathrm{BETAINV}(\alpha,a,b,c,d)$$

により計算される．具体的に X が区間 $(0,1)$ 上のベータ分布 $Beta(3,2)$ に従う

A.2 ベータ分布とF分布

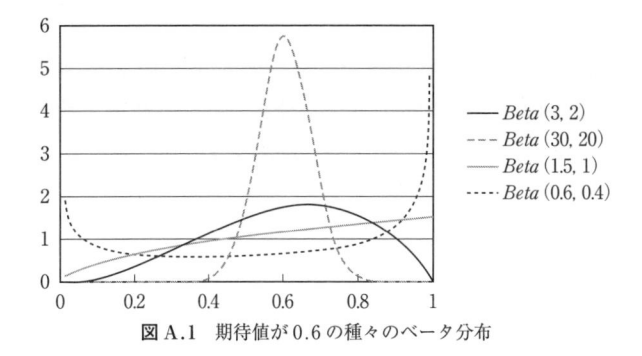

図 A.1 期待値が0.6の種々のベータ分布

とすると，$F(0.6)=\Pr(X\leq 0.6)=\text{BETADIST}(6,3,2,0,1)=0.4752$ であり，逆に $F^{-1}(0.4752)=\text{BETAINV}(0.472,3,2,0,1)=0.6$ となる．中央値は $F^{-1}(0.5)=\text{BETAINV}(0.5,3,2,0,1)\approx 0.61427$ と求められる．$Beta(3,2)$ と同じ期待値 0.6 を持ついくつかのベータ分布の確率密度関数は図 A.1 のようである．図からもわかるように，ベータ分布はパラメータの値により様々な形状を示す．

ガンマ分布，ベータ分布および F 分布間には次の関係がある．

定理 A.8（ガンマ分布とベータ分布）

X_1, X_2 をそれぞれ互いに独立にガンマ分布 $Gamma(\alpha_1, \beta)$, $Gamma(\alpha_2, \beta)$ に従う確率変数とするとき，$U=X_1/(X_1+X_2)$ は $Beta(\alpha_1, \alpha_2)$ に従う．

（証明）

$Y_1=X_1/\beta, Y_2=X_2/\beta$ とすると，定理 A.2 より Y_1, Y_2 は互いに独立に標準形のガンマ分布に従う．このとき，$U=Y_1/(Y_1+Y_2)(=X_1/(X_1+X_2))$ の分布は，定理 A.6 の証明より $Beta(\alpha_1, \alpha_2)$ となる．（証明終）

定義 A.6（F 分布）

互いに独立にそれぞれ自由度 k_1 および k_2 のカイ 2 乗分布に従う確率変数を Y_1, Y_2 とするとき，比 $F=(Y_1/k_1)/(Y_2/k_2)$ の従う分布を自由度 (k_1, k_2) の F 分布という．

定理 A.9（ベータ分布と F 分布）

k_1, k_2 を整数として，$U \sim Beta(k_1/2, k_2/2)$ のとき，$F=(k_2/k_1)\{U/(1-U)\}$ は自由度 (k_1, k_2) の F 分布に従う．

(証明)

Y_1 および Y_2 を互いに独立にそれぞれ自由度 k_1 および k_2 のカイ 2 乗分布（パラメータ $(k_1/2, 2)$ および $(k_2/2, 2)$ のガンマ分布）に従う確率変数としたとき，定理 A.6 より $U = Y_1/(Y_1+Y_2)$ の分布は $Beta(k_1/2, k_2/2)$ となる．よって，

$$F = \frac{k_2}{k_1} \cdot \frac{U}{1-U} = \frac{k_2}{k_1} \cdot \frac{Y_1/(Y_1+Y_2)}{1-Y_1/(Y_1+Y_2)} = \frac{k_2}{k_1} \cdot \frac{Y_1}{Y_2} = \frac{Y_1/k_1}{Y_2/k_2}$$

より，F は自由度 (k_1, k_2) の F 分布に従うことがわかる．（証明終）

定理 A.10 （F 分布の確率密度関数と期待値，分散）

自由度 (k_1, k_2) の F 分布に従う確率変数 F の確率密度関数は，$0 < F < \infty$ において

$$h(F) = \frac{1}{B(k_1/2, k_2/2)} \times \frac{(k_1/k_2)^{k_1/2} F^{(k_1/2)-1}}{\{1+(k_1/k_2)F\}^{(k_1+k_2)/2}} \tag{A.9}$$

で与えられ，$k_2 > 2$ のとき $E[F] = k_2/(k_2-2)$ であり，$k_2 > 4$ のとき $V[F] = 2k_2^2(k_1+k_2-2)/\{k_1(k_2-2)^2(k_2-4)\}$ となる．

(証明)

定理 A.9 の変換 $F = (k_2/k_1)\{U/(1-U)\}$ の逆変換は $U = \{(k_1/k_2)F\}/\{1+(k_1/k_2)F\}$ である．$0 \leq u \leq 1$ における $Beta(k_1/2, k_2/2)$ の確率密度関数

$$f(u; k_1/2, k_2/2) = \frac{1}{B(k_1/2, k_2/2)} u^{(k_1/2)-1} (1-u)^{(k_2/2)-1}$$

において，変数 u を $u = \{(k_1/k_2)F\}/\{1+(k_1/k_2)F\}$ と変数変換すると，$1-u = 1/\{1+(k_1/k_2)F\}$ であり，また $du = (k_1/k_2)/\{1+(k_1/k_2)F\}$ であるので

$$\begin{aligned}
f(u; &k_1/2, k_2/2) \\
&= \frac{1}{B(k_1/2, k_2/2)} \left\{\frac{(k_1/k_2)F}{1+(k_1/k_2)F}\right\}^{(k_1/2)-1} \left\{\frac{1}{1+(k_1/k_2)F}\right\}^{(k_2-1)-1} \frac{k_1/k_2}{\{1+(k_1/k_2)F\}^2} \\
&= \frac{1}{B(k_1/2, k_2/2)} \times \frac{(k_1/k_2)\{(k_1/k_2)F\}^{(k_1/2)-1}}{\{1+(k_1/k_2)F\}^{(k_1/2)-1+(k_2/2)-1+2}} \\
&= \frac{1}{B(k_1/2, k_2/2)} \times \frac{(k_1/k_2)^{k_1/2} F^{(k_1/2)-1}}{\{1+(k_1/k_2)F\}^{(k_1+k_2)/2}}
\end{aligned}$$

となり，(A.9) が示される．F 分布の期待値と分散は (A.9) を用いた積分計算で得られるが，詳細はここでは省略する．（証明終）

F 分布の確率計算も Excel で容易に実行できる．自由度 (k_1, k_2) の F 分布に従う確率変数 F に対し，その上側確率を $q=Q(b)=\Pr(F\geq b)$ とすると，
$$q=\text{FDIST}(b, k_1, k_2), \qquad b=\text{FINV}(q, k_1, k_2)$$
である．たとえば $k_1=3$, $k_2=5$ とし，$b=2$ とすると，$q=Q(2)=\Pr(F\geq 2)=\text{FDIST}(2, 3, 5)\approx 0.2326$ であり，逆に，$\text{FINV}(0.2326, 3, 5)\approx 2$ となる．

自由度 k の t 分布に従う確率変数 T の 2 乗を $F=T^2$ とすると，F は自由度 $(1, k)$ の F 分布に従う．このことから t 分布の確率密度関数が次のように求められる．

定理 A.11（自由度 k の t 分布の確率密度関数）

自由度 k の t 分布の確率密度関数は
$$g(t)=\frac{\Gamma((k+1)/2)}{\sqrt{k\pi}\,\Gamma(k/2)}\{1+(t^2/k)\}^{-(k+1)/2} \tag{A.10}$$
となる．

（証明）

自由度 $(1, k)$ の F 分布の確率密度関数は（A.10）で $k_1=1$, $k_2=k$ とおいて，
$$h(F)=\frac{1}{\mathrm{B}(1/2, k/2)}\times \frac{(1/k)^{1/2}F^{-1/2}}{\{1+F/k\}^{(k+1)/2}}$$
となる．ここで $F=t^2$ とすると，$dF=2tdt$ であるので，$t>0$ に対し，
$$\begin{aligned}g(t|t>0)&=\frac{1}{\mathrm{B}(1/2, k/2)}\times \frac{(1/k)^{1/2}t^{-1}}{\{1+t^2/k\}^{(k+1)/2}}\times 2t\\&=\frac{\Gamma((k+1)/2)}{\Gamma(1/2)\Gamma(k/2)}\times \frac{2\sqrt{1/k}}{\{1+t^2/k\}^{(k+1)/2}}=2\frac{\Gamma((k+1)/2)}{\sqrt{k\pi}\,\Gamma(k/2)}\{1+t^2/k\}^{-(k+1)/2}\end{aligned}$$
を得る．ここで $\Gamma(1/2)=\sqrt{\pi}$ であること（定理 A.1）を用いた．t 分布は 0 を中心に左右対称であるので，$g(t|t>0)$ を 2 で割って（A.10）を得る．（証明終）

参 考 文 献

Agresti, A. and Coull, B. A. (1998) Approximate is better than "exact" for interval estimation of binomial proportions. *American Statistician*, 52, 119-126.

Agresti, A. and Caffo, B. (2000) Simple and effective confidence intervals for proportions and differences of proportions result from adding two success and two failures. *American Statistician*, 54, 280-288.

Agresti, A. and Min, Y. (2001) On small-sample confidence intervals for parameters in discrete distributions. *Biometrics*, 57, 963-971.

Agresti, A. and Min, Y. (2002) Unconditional small-sample confidence intervals for the odds ratio. *Biostatistics*, 3, 379-386.

Agresti, A. and Min, Y. (2004) Effects and non-effects of paired identical observations in comparing proportions with binary matched-pairs data. *Statistics in Medicine*, 23, 65-75.

Agresti, A. and Min, Y. (2005) Simple improved confidence intervals for comparing matched proportions. *Statistics in Medicine*, 24, 729-740.

Barker, L. (2002) A comparison of nine confidence intervals for a Poisson parameter when the expected number of events is ≤ 5. *American Statistician*, 56, 85-89.

Casagrande, J. T., Pike, M. C. and Smith, P. G. (1978) An improved approximate formula for calculating sample sizes for comparing two binomial distributions. *Biometrics*, 34, 483-486.

Chueng, Y. B. (2006) Growth and cognitive function of Indonesian children: Zero-inflated proportion models. *Statistics in Medicine*, 25, 3011-3022.

Clopper, C. J. and Pearson, E. S. (1934) The use of confidence or fiducial limits illustrated in the case of the binomial. *Biometrika*, 26, 404-413.

Collett, D. (1991) *Modelling Binary Data*. Chapman & Hall, London.

Connett, J. E., Smith, J. A. and McHugh, R. B. (1987) Sample size and power for pair-matched case-control studies. *Statistics in Medicine*, 6, 53-59.

Connor, R. J. (1987) Sample size for testing differences in proportions for the paired-sample design. *Biometrics*, 43, 207-211.

Cox, D. R. and Hinkley, D. V. (1974) *Theoretical Statistics*. Chapman & Hall, London.

Dempster, A. P., Laird, N. M. and Rubin, D. B. (1977) Maximum likelihood estimation from incomplete data via the EM algorithm. *Journal of the Royal Statistical Society, Series B*, 39, 1-38 (with discussion).

Dietz, E. and Böhning, D. (2000) On estimation of the Poisson parameter in zero-inflated Poisson models. *Computational Statistics and Data Analysis*, 34, 441-459.

Dobson, A. J. and Barnett, A. G. (2008) *An Introduction to Generalized Linear Models, Third Edition*. Chapman & Hall, Boca Raton.

Fleiss, J. L. (1981) *Statistical Methods for Rates and Proportions, Second Edition*. John Wiley & Sons, New York.

Fleiss, J. L., Tytun, A. and Ury, H. K. (1980) A simple approximation for calculating sample sizes for comparing independent proportions. *Biometrics*, 36, 343-346.

岩崎　学（1993）mid-P value：その考え方と特性．応用統計学，**22**，67-80．
岩崎　学（2007）確率・統計の基礎．東京図書．
岩崎　学・大道寺香澄（2009）ゼロ過剰な確率モデルとそのテスト得点の解析への応用．行動計量学，**36**，25-34．
岩崎　学・橋垣　学（2004）独立な2つの二項分布の差の信頼区間．成蹊大学工学研究報告，**41**，9-20．
Iwasaki, M. and Hidaka, N.（2001）Notes on the central and shortest confidence intervals for a binomial parameter. *Japanese Journal of Biometrics*, **22**, 1-13.
岩崎　学・吉田清隆（2007）正の二項分布に関する統計的推測．成蹊大学理工学研究報告，**44**，79-82．
岩崎　学・廉　民善（2007）ゼロトランケーションのあるカウントデータの解析．行動計量学，**34**，91-100．
Johnson, N. L., Kemp, A. W. and Kotz, S.（2005）*Univariate Discrete Distributions, Third Edition*. John Wiley & Sons, New York.
Johnson, N. L., Kotz, S. and Balakrishnan, N.（1997）*Discrete Multivariate Distributions*. John Wiley & Sons, New York.
Levin, B. and Chen, X.（1999）Is the one-half continuity correction used once or twice to derive a well-known approximate sample size formula to compare two independent binomial distributions? *American Statistician*, **53**, 62-66.
May, W. L. and Johnson, W. D.（1997a）The validity and power of tests for equality of two correlated proportions. *Statistics in Medicine*, **16**, 1081-1096.
May, W. L. and Johnson, W. D.（1997b）Confidence intervals for differences in correlated binary proportions. *Statistics in Medicine*, **16**, 2127-2136.
McKendrick, A. G.（1926）Applications of mathematics to medical problems. *Proceedings of the Edinburgh Mathematical Society*, **44**, 98-130.
McNemar, Q.（1947）Note on the sampling error of the difference between correlated proportions or percentages. *Psychometrika*, **12**, 153-157.
Moore, P. G.（1954）A note on truncated Poisson distribution. *Biometrics*, **10**, 402-406.
Morgan, B. J. T. and Ridout, M. S.（2008）A new mixture model for capture heterogeneity. *Applied Statistics*, **57**, 433-446.
Newcombe, R. G.（1998a）Two-sided confidence intervals for the single proportion: comparison of seven methods. *Statistics in Medicine*, **17**, 857-872.
Newcombe, R. G.（1998b）Interval estimation for the difference between independent proportions: comparison of eleven methods. *Statistics in Medicine*, **17**, 873-890.
Newcombe, R. G.（1998c）Improved confidence intervals for the difference between binomial proportions based on paired data. *Statistics in Medicine*, **17**, 2635-2650.
Sahai, H. and Khurshid, A.（1996）Formulae and tables for the determination of sample sizes and power in clinical trials for testing differences in proportions for the two-sample design: a review. *Statistics in Medicine*, **15**, 1-21.
竹内　啓・藤野和建（1981）2項分布とポアソン分布．東京大学出版会．
Vieira, A. M. C., Hinde, J. P. and Demetrio, C. G. B.（2000）Zero-inflated proportion data models applied to a biological control assay. *Journal of Applied Statistics*, **27**, 373-389.

Wardell, D. G. (1997) Small-sample interval estimation of Bernoulli and Poisson parameters. *American Statistician*, **51**, 321-325.

van den Broek, J. (1995) A score test for zero inflation in a Poisson distribution. *Biometrics*, **51**, 738-743.

Wilson, E. B. (1927) Probable inference, the law of succession, and statistical inference. *Journal of the American Statistical Association*, **22**, 209-212.

Yates, F. (1984) Tests of significance for 2 × 2 contingency tables. *Journal of the Royal Statistical Society, Series A*, **147**, 426-463 (with discussion).

索　引

欧文

Clopper-Pearson 型区間　Clopper-Pearson type interval　47
EM アルゴリズム　EM algorithm　63,64,159, 165,184
F 分布　F distribution　31,32,47,199
mid-P 値　mid-P value　18,74,142
P-値　P-value　16
t 分布　t distribution　201

あ 行

イェーツの補正　Yates's correction　77,80,110
一様分布　uniform distribution　120,197
一般化された二項係数　generalized binomial coefficient　169
一般化二項展開　generalized binomial expansion　172
ウィルソン法　Wilson method　48
上側確率　upper probability　31,32
上側累積確率　upper cumulative probability　3,137
後ろ向き研究　retrospective study　89
オッズ　odds　56
オッズ比　odds ratio　67,88,89,91,94,103

か 行

回帰モデル　regression model　68
カイ 2 乗検定　chi-square test　79
カイ 2 乗統計量　chi-square statistic　76
カイ 2 乗分布　chi-square distribution　76,96, 135,136,194
階乗モーメント　factorial moment　9,11,157
攪乱母数　nuisance parameter　67,69
確率　probability　1
確率関数　probability (mass) function　3, 117
確率区間　probability interval　56

確率の一様性　homogeneity of probabilities　97
確率分布　probability distribution　3
確率母関数　probability generating function　9, 10,26,133,157,163,174,178
確率密度関数　probability density function　4, 194
仮説検定　hypothesis testing　16
片側仮説　one-sided hypothesis　16
片側検定　one-sided testing　16,21
片側 P-値　one-sided P-value　17
偏り　bias　45,46
ガンマ関数　gamma function　118,191
ガンマ分布　gamma distribution　135,136,176, 192
ガンマポアソン分布　gamma-Poisson distribution　176,183
幾何分布　exponential distribution　5,12,170
棄却　reject　17
棄却域　critical region　17
危険率　significance level　17
期待値　expectation　7, 28,132,156,172,177
帰無仮説　null hypothesis　16
帰無分布　null distribution　16
逆正弦変換　arcsine transformation　34
キュムラント　cumulant　11
キュムラント母関数　cumulant generating function　9,133,174,178
共分散　covariance　8,37
共役事前分布　conjugate prior distribution　23
近似検定　approximate test　40
区間推定　interval estimation　19
形状母数　shape parameter　192
検出力　power　17
検定統計量　test statistic　16
原点まわりのモーメント　moment around the origin　9
交絡因子　confounding factor　102
コクラン-アーミテージの傾向性検定　Cochran-Armitage trend test　100

さ 行

再生性　reproducibility　29, 133, 145, 175, 194
採択　accept　17
最短信頼区間　shortest confidence interval　21, 50, 52
最尤推定値　maximum likelihood estimate　15, 44, 60, 63, 158, 164, 179
最尤推定量　maximum likelihood estimator　15
サンプルサイズ　sample size　110
事後確率　posterior probability　2
事後分布　posterior distribution　22
事後平均　posterior mean　55
事後モード　posterior mode　23, 56
事象　event　1
指数型分布族　exponential family　4, 26, 129
指数関数　exponential function　129
事前確率　prior probability　2
事前分布　prior distribution　22, 176
自然対数の底　base of natural logarithm　129
自然母数　natural parameter　4, 26, 56, 129
下側確率　lower probability　31
下側累積確率　lower cumulative probability　3, 137
実際の有意確率　actual significance probability　18, 39, 42
実際の有意水準　actual significance level　143
尺度母数　scale parameter　192
自由度　degrees of freedom　194, 199
十分統計量　sufficient statistic　150
周辺確率　marginal probability　6
周辺確率分布　marginal probability distribution　6
周辺分布　marginal distribution　36
条件付き確率　conditional probability　2, 6, 103
条件付き検定　conditional test　74, 146
条件付きの幾何分布　conditional geometric distribution　183
条件付き分布　conditional distribution　123, 134, 150
昇べき　ascending factorial　118
症例対照研究　case-control study　89
初期値　initial number　51,
信頼下限　lower confidence limit　20
信頼区間　confidence interval　20, 46, 52, 83, 150
信頼係数　confidence coefficient　20
信頼上限　upper confidence limit　20

推定　estimation　19
推定量　estimator　20
推定値　estimate　20
スコア　score　14
スコア型統計量　score-type statistic　19
スコア型の信頼区間　score-type confidence interval　84, 151
スコア関数　score function　159
スコア検定　score test　167
スコア法　score method　48
正確な検定　exact test　38, 106, 141
正確法　exact method　46
正規近似　normal approximation　33, 75, 138, 144
正規近似法　normal approximation method　48
正規分布　normal distribution　15, 32
ゼロ過少な二項分布　zero-deflated binomial distribution　62
ゼロ過剰な二項分布　zero-inflated binomial distribution　61
ゼロ過少な負の二項分布　zero-deflated negative binomial distribution　187
ゼロ過剰な負の二項分布　zero-inflated negative binomial distribution　187
ゼロ過少なベータ二項分布　zero-deflated beta-binomial distribution　126
ゼロ過剰なベータ二項分布　zero-inflated beta-binomial distribution　126
ゼロ過少なポアソン分布　zero-deflated Poisson distribution　162
ゼロ過剰なポアソン分布　zero-inflated Poisson distribution　162
ゼロ度数　zero frequency　58
ゼロトランケート　zero truncate　58
ゼロトランケートされたガンマポアソン分布　zero-truncated gamma-Poisson distribution　183
ゼロトランケートされた二項分布　zero-truncated binomial distribution　123
ゼロトランケートされた負の二項分布　zero-truncated negative binomial distribution　181, 188
ゼロトランケートされたベータ二項分布　zero-truncated beta-binomial distribution　123
ゼロトランケートされたポアソン分布　zero-truncated Poisson distribution　155
漸化式　recursive formula　191

漸近正規性　asymptotic normality　15
漸近理論　asymptotic theory　179
尖度　kurtosis　9, 29, 71, 133, 175
相関係数　correlation coefficient　8, 37

た　行

第1種の過誤　type I error　17
第1種の過誤確率　probability of type I error　40
対応のある二項分布　matched binomial distributions　66, 102, 114
対数オッズ　log odds　56
対数オッズ比　log odds ratio　67, 88, 91, 94
対数ガンマ関数　log gamma function　192
対数変換　logarithmic transformation　13,
対数尤度関数　log-likelihood function　14, 43, 150
第2種の過誤　type II error　17
対比　contrast　98,
対立仮説　alternative hypothesis　16
互いに独立　mutually independent　6
多項係数　multinomial coefficient　36
多項式展開　polynomial expansion　169
多項分布　multinomial distribution　35, 105, 150
ダミー変数　dummy variable　68
中央値　median　199
中心極限定理　central limit theorem　15, 32
超幾何分布　hypergeometric distribution　34, 70
直接確率法　direct probability method　73
適合度の検定　test of goodness-of-fit　148
テーラー展開　Taylor expansion　10, 12
デルタ法　delta method　12, 57, 166
点推定　point estimation　19
同時確率分布　joint probability distribution　6
同時確率密度関数　joint probability density function　6
独立な二項分布　independent binomial distributions　66, 110

な　行

二項確率　binomial probability　26, 38
二項確率の差　difference of binomial probabilities　69, 72, 106
二項係数　binomial coefficient　168
二項展開　binomial expansion　26, 169

二項分布　binomial distribution　25, 36, 130

は　行

ハイブリッドスコア型信頼区間　hybrid score-type confidence interval　85
パスカル分布　Pascal distribution　170
パラメータ　parameter　4
反復法　iteration method　51, 159, 184
ピアソンカイ2乗統計量　Pearson chi-square statistic　76
非心超幾何分布　noncentral hypergeometric distribution　70, 92, 94
左側トランケート　left-truncated　155, 181
被覆確率　coverage probability　21, 49, 53, 86, 153
非復元抽出　sampling without replacement　34
標準化変換　standardizing transformation　7
標準形　standard form　191
標準誤差　standard error　19, 20
標準正規分布　standard normal distribution　33, 193
標準偏差　standard deviation　7
標本比率　sample proportion　81
ファイ係数　phi coefficient　103
フィッシャー検定　Fisher exact test　73, 79, 94
フィッシャー情報量　Fisher information　15, 159
復元抽出　sampling with replacement　34
負の二項分布　negative binomial distribution　169
不偏推定量　unbiased estimator　20, 44, 160, 179
不偏性　unbiasedness　20
分散　variance　7, 28, 132, 172, 177
分散安定化変換　variance stabilizing transformation　33, 139, 142, 152
分散指標　variance index　148
平均2乗誤差　mean square error　45
平均値まわりのモーメント　moment around the mean　9
ベイズ推定　Bayesian estimation　54, 82
ベイズの定理　Bayes' theorem　2, 89
ベイズ流の推測　Bayesian inference　22, 54
平方根変換　square root transformation　13
ベータ関数　beta function　30, 118, 196
ベータ二項分布　beta-binomial distribution　117
ベータ分布　beta distribution　30, 54, 117, 197

ベルヌーイ試行列　Bernoulli trials　25
ベルヌーイ分布　Bernoulli distribution　25
ポアソン分布　Poisson distribution　129,173
母関数　generating function　9
保守的　conservative　18,99
ボンフェロニの不等式　Bonferroni's inequality　1

ま 行

前向き研究　prospective study　89
マクネマー検定　McNemar test　107,114
マッチング　matching　67,102
稀な事象　rare event　130
右側トランケート　right-truncated　156,181
無記憶性　memoryless property　170
無情報事前分布　noninformative prior distribution　23,82
名目有意水準　nominal significance level　43
モード　mode　27,120,131,171,193
モーメント　moment　9
モーメント法　method of moments　60,122,124
モーメント法による推定値　estimate given by the method of moments　158,179
モーメント母関数　moment generating function　9,25,28,133,157,163,174,178,193

や 行

有意水準　significance level　17
有限母集団　finite population　34
有効　efficient　20
有効スコア　efficient score　14
有効率の差　difference between effective

probability　103
尤度　likelihood　14
尤度関数　likelihood function　14,150
尤度方程式　likelihood equation　44,60

ら 行

ラグランジュの未定乗数　Lagrange multiplier　51
ラプラスの定理　Laplace's theorem　32
離散一様分布　discrete uniform distribution　120
離散型確率変数　discrete random variable　3
リスク比　risk ratio　90
両側 P-値　two-sided P-value　17
両側仮説　two-sided hypothesis　16
両側検定　two-sided testing　16,21
累積分布関数　cumulative distribution function　3
連続型確率変数　continuous random variable　4
連続修正　continuity correction　5,33,41,77,138
ロジスティック回帰　logistic regression　69
ロジスティック関数　logistic function　57
ロジット変換　logit transformation　56
ロピタルの定理　l'Hopital's rule　59

わ 行

歪度　skewness　9,29,71,133,175
ワルド型統計量　Wald-type statistic　19
ワルド型の信頼区間　Wald-type confidence interval　83,151
ワルド法　Wald method　49

memo

著者紹介

岩崎 学(いわさき まなぶ)

1952年 静岡県に生まれる
1977年 東京理科大学大学院理学研究科数学専攻修士課程修了
現　在 成蹊大学理工学部情報科学科教授，理学博士
主　著 統計的データ解析のレシピ（日本評論社）
　　　 不完全データの統計解析（エコノミスト社）
　　　 統計的データ解析のための数値計算法入門（朝倉書店）
　　　 統計的データ解析入門　ノンパラメトリック法（東京図書）
　　　 統計的データ解析入門　実験計画法（東京図書）
　　　 統計的データ解析入門　単回帰分析（東京図書）
　　　 統計的データ解析入門　線形代数（東京図書）
　　　 確率・統計の基礎（東京図書）

統計ライブラリー
カウントデータの統計解析　　　　　　定価はカバーに表示

2010年7月5日　初版第1刷
2012年8月10日　第2刷

　　　　　著　者　岩　崎　　　学
　　　　　発行者　朝　倉　邦　造
　　　　　発行所　株式会社　朝　倉　書　店
　　　　　　　　　東京都新宿区新小川町6-29
　　　　　　　　　郵便番号　162-8707
　　　　　　　　　電話 03(3260)0141
　　　　　　　　　FAX 03(3260)0180
　　　　　　　　　http://www.asakura.co.jp

〈検印省略〉

© 2010〈無断複写・転載を禁ず〉　　　真興社・渡辺製本

ISBN 978-4-254-12794-2　C 3341　　Printed in Japan

JCOPY ＜(社)出版者著作権管理機構 委託出版物＞

本書の無断複写は著作権法上での例外を除き禁じられています．複写される場合は，そのつど事前に，(社)出版者著作権管理機構（電話 03-3513-6969，FAX 03-3513-6979，e-mail: info@jcopy.or.jp）の許諾を得てください．

前中大 杉山高一・前広大 藤越康祝・
前筑波大 杉浦成昭・東大 国友直人編

統計データ科学事典

12165-0　C3541　　　B 5 判　788頁　本体27000円

統計学の全領域を33章約300項目に整理，見開き形式で解説する総合的事典。〔内容〕確率分布／推測／検定／回帰分析／時系列解析／実験計画法／漸近展開／モデル選択／多重比較／離散データ解析／極値統計／欠測値／数量化／探索的データ解析／計算機統計学／経時データ解析／高次元データ解析／空間データ解析／ファイナンス統計／経済統計／経済時系列／医学統計／テストの統計／生存時間分析／DNAデータ解析／標本調査法／中学・高校の確率・統計／他

前長崎シーボルト大 武藤眞介著

統計解析ハンドブック （普及版）

12182-7　C3041　　　A 5 判　648頁　本体17000円

ひける・読める・わかる――。統計学の基本的事項302項目を具体的な数値例を用い，かつ可能なかぎり予備知識を必要としないで理解できるようやさしく解説。全項目が見開き 2 ページ読み切りのかたちで必要に応じてどこからでも読めるようにまとめられているのも特徴。実用的な統計の事典。〔内容〕記述統計(35項)／確率(37項)／統計理論(10項)／検定・推定の実際(112項)／ノンパラメトリック検定(39項)／多変量解析(47項)／数学的予備知識・統計数値表(28項)。

日大 蓑谷千凰彦著

統計分布ハンドブック （増補版）

12178-0　C3041　　　A 5 判　864頁　本体23000円

様々な確率分布の特性・数学的意味・展開等を豊富なグラフとともに詳説した名著を大幅に増補。各分布の最新知見を補うほか，新たにゴンペルツ分布・多変量t分布・デーガム分布システムの3章を追加。〔内容〕数学の基礎／統計学の基礎／極限定理と展開／確率分布（安定分布，一様分布，F分布，カイ2乗分布，ガンマ分布，極値分布，誤差分布，ジョンソン分布システム，正規分布，t分布，バー分布システム，パレート分布，ピアソン分布システム，ワイブル分布他）

早大 豊田秀樹監訳

数理統計学ハンドブック

12163-6　C3541　　　A 5 判　784頁　本体23000円

数理統計学の幅広い領域を詳細に解説した「定本」。基礎からブートストラップ法など最新の手法まで〔内容〕確率と分布／多変量分布（相関係数他）／特別な分布（ポアソン分布／t分布他）／不偏性，一致性，極限分布（確率収束他）／基本的な統計的推測法（標本抽出／χ^2検定／モンテカルロ法他）／最尤法（EMアルゴリズム他）／十分性／仮説の最適な検定／正規モデルに関する推測／ノンパラメトリック統計／ベイズ統計／線形モデル／付録：数学／RとS-PLUS／分布表／問題解

前国立保健医療科学院 丹後俊郎・九大 小西貞則編

医学統計学の事典

12176-6　C3541　　　A 5 判　472頁　本体12000円

「分野別調査：研究デザインと統計解析」，「統計的方法」，「統計数理」を大きな柱とし，その中から重要事項200を解説した事典。医学統計に携わるすべての人々の必携書となるべく編纂。〔内容〕実験計画法／多重比較／臨床試験／疫学研究／臨床検査・診断／調査／メタアナリシス／衛生統計と指標／データの記述・基礎統計量／2群比較・3群以上の比較／生存時間解析／回帰モデル分割表に関する解析／多変量解析／統計的推測理論／計算機を利用した統計的推測／確率過程／機械学習／他

D.K.デイ・C.R.ラオ編
帝京大 繁桝算男・東大 岸野洋久・東大 大森裕浩監訳

ベイズ統計分析ハンドブック

12181-0 C3041　　　　A 5 判 1076頁 本体28000円

発展著しいベイズ統計分析の近年の成果を集約したハンドブック。基礎理論，方法論，実証応用および関連する計算手法について，一流執筆陣による全35章で立体的に解説。〔内容〕ベイズ統計の基礎（因果関係の推論，モデル選択，モデル診断ほか）／ノンパラメトリック手法／ベイズ統計における計算／時空間モデル／頑健分析・感度解析／バイオインフォマティクス・生物統計／カテゴリカルデータ解析／生存時間解析，ソフトウェア信頼性／小地域推定／ベイズ的思考法の教育

日大 蓑谷千凰彦著

正 規 分 布 ハ ン ド ブ ッ ク

12188-9 C3041　　　　A 5 判 704頁 本体18000円

最も重要な確率分布である正規分布について，その特性や関連する数理などあらゆる知見をまとめた研究者・実務者必携のレファレンス。〔内容〕正規分布の特性／正規分布に関連する積分／中心極限定理とエッジワース展開／確率分布の正規近似／正規分布の歴史／2変量正規分布／対数正規分布およびその他の変換／特殊な正規分布／正規母集団からの標本分布／正規母集団からの標本順序統計量／多変量正規分布／パラメータの点推定／信頼区間と許容区間／仮説検定／正規性の検定

成蹊大 岩崎　学著
統計ライブラリー
統計的データ
解析のための **数 値 計 算 法 入 門**

12667-9 C3341　　　　A 5 判 216頁 本体3700円

統計的データ解析に多用される各種数値計算手法と乱数を用いたモンテカルロ法を詳述〔内容〕関数の展開と技法／非線形方程式の解法／最適化法／数値積分／乱数と疑似乱数／乱数の生成法／モンテカルロ積分／マルコフチェーンモンテカルロ

慶大 古谷知之著
統計ライブラリー
ベ イ ズ 統 計 デ ー タ 分 析
―R & WinBUGS―

12698-3 C3341　　　　A 5 判 208頁 本体3800円

統計プログラミング演習を交えながら実際のデータ分析の適用を詳述した教科書〔内容〕ベイズアプローチの基本／ベイズ推論／マルコフ連鎖モンテカルロ法／離散選択モデル／マルチレベルモデル／時系列モデル／R・WinBUGSの基礎

一橋大 沖本竜義著
統計ライブラリー
経済・ファイナンス
データの **計 量 時 系 列 分 析**

12792-8 C3341　　　　A 5 判 212頁 本体3600円

基礎的な考え方を丁寧に説明すると共に，時系列モデルを実際のデータに応用する際に必要な知識を紹介。〔内容〕基礎概念／ARMA過程／予測／VARモデル／単位根過程／見せかけの回帰と共和分／GARCHモデル／状態変化を伴うモデル

慶大 安道知寛著
統計ライブラリー
ベ イ ズ 統 計 モ デ リ ン グ

12793-5 C3341　　　　A 5 判 200頁 本体3300円

ベイズ的アプローチによる統計的モデリングの手法と様々なモデル評価基準を紹介。〔内容〕ベイズ分析入門／ベイズ推定（漸近的方法；数値計算）／ベイズ情報量規準／数値計算に基づくベイズ情報量規準の構築／ベイズ予測情報量規準

東大 国友直人著
シリーズ〈多変量データの統計科学〉10
構造方程式モデルと計量経済学

12810-9 C3341　　　　A 5 判 232頁 本体3900円

構造方程式モデルの基礎，適用と最近の展開。統一的視座に立つ計量分析。〔内容〕分析例／基礎／セミパラメトリック推定（GMM他）／検定問題／推定量の小標本特性／多操作変数・弱操作変数の漸近理論／単位根・共和分・構造変化／他

統数研 樋口知之編著
シリーズ〈予測と発見の科学〉6
デ ー タ 同 化 入 門
―次世代のシミュレーション技術―

12786-7 C3341　　　　A 5 判 256頁 本体4200円

データ解析（帰納的推論）とシミュレーション科学（演繹的推論）を繋ぎ，より有効な予測を実現する数理技術への招待〔内容〕状態ベクトル／状態空間モデル／逐次計算式／各種フィルタ／応用（大気海洋・津波・宇宙科学・遺伝子発現）／他

慶大 小暮厚之著
シリーズ〈統計科学のプラクティス〉1
Rによる統計データ分析入門
12811-6 C3341　　A 5 判 180頁 本体2900円

データ科学に必要な確率と統計の基本的な考え方をRを用いながら学ぶ教科書。〔内容〕データ／2変数のデータ／確率／確率変数と確率分布／確率分布モデル／ランダムサンプリング／仮説検定／回帰分析／重回帰分析／ロジット回帰モデル

東北大 照井伸彦著
シリーズ〈統計科学のプラクティス〉2
Rによるベイズ統計分析
12812-3 C3341　　A 5 判 180頁 本体2900円

事前情報を構造化しながら積極的にモデルへ組み入れる階層ベイズモデルまでを平易に解説〔内容〕確率とベイズの定理／尤度関数，事前分布，事後分布／統計モデルとベイズ推測／確率モデルのベイズ推測／事後分布の評価／線形回帰モデル／他

東北大 照井伸彦・目白大 ウィラワン・ドニ・ダハナ・阪大 伴 正隆著
シリーズ〈統計科学のプラクティス〉3
マーケティングの統計分析
12813-0 C3341　　A 5 判 200頁 本体3200円

実際に使われる統計モデルを包括的に紹介，かつRによる分析例を掲げた教科書。〔内容〕マネジメントと意思決定モデル／市場機会と市場の分析／競争ポジショニング戦略／基本マーケティング戦略／消費者行動モデル／製品の採用と普及／他

日大 田中周二著
シリーズ〈統計科学のプラクティス〉4
Rによる アクチュアリーの統計分析
12814-7 C3341　　A 5 判 208頁 本体3200円

実務のなかにある課題に対し，統計学と数理を学びつつRを使って実践的に解決できるよう解説。〔内容〕生命保険数理／年金数理／損害保険数理／確率的シナリオ生成モデル／発生率の統計学／リスク細分型保険／第三分野保険／変額年金／等

慶大 古谷知之著
シリーズ〈統計科学のプラクティス〉5
Rによる 空間データの統計分析
12815-4 C3341　　A 5 判 184頁 本体2900円

空間データの基本的考え方・可視化手法を紹介したのち，空間統計学の手法を解説し，空間経済計量学の手法まで言及。〔内容〕空間データの構造と操作／地域間の比較／分類と可視化／空間の自己相関／空間集積性／空間点過程／空間補間／他

学習院大 福地純一郎・横国大 伊藤有希著
シリーズ〈統計科学のプラクティス〉6
Rによる 計量経済分析
12816-1 C3341　　A 5 判 200頁 本体2900円

各手法が適用できるために必要な仮定はすべて正確に記述，手法の多くにはRのコードを明記する，学部学生向けの教科書。〔内容〕回帰分析／重回帰分析／不均一分析／定常時系列分析／ARCHとGARCH／非定常時系列／多変量時系列／パネル

統数研 吉本 敦・札幌医大 加茂憲一・広島大 柳原宏和著
シリーズ〈統計科学のプラクティス〉7
Rによる 環境データの統計分析
―森林分野での応用―
12817-8 C3341　　A 5 判 216頁 本体3500円

地球温暖化問題の森林資源をベースに，収集したデータを用いた統計分析，統計モデルの構築，応用までを詳説〔内容〕成長現象と成長モデル／一般化非線形混合効果モデル／ベイズ統計を用いた成長モデル推定／リスク評価のための統計分析／他

慶大 古谷知之著
統計ライブラリー
ベイズ統計データ分析
―R & WinBUGS―
12698-3 C3341　　A 5 判 208頁 本体3800円

統計プログラミング演習を交えながら実際のデータ分析の適用を詳述した教科書〔内容〕ベイズアプローチの基本／ベイズ推論／マルコフ連鎖モンテカルロ法／離散選択モデル／マルチレベルモデル／時系列モデル／R・WinBUGSの基礎

慶大 小暮厚之・野村アセット 梶田幸作監訳
ランカスター ベイジアン計量経済学
12179-7 C3041　　A 5 判 400頁 本体6500円

基本的概念から，MCMCに関するベイズ計算法，計量経済学へのベイズ応用，コンピュテーションまで解説した世界的名著。〔内容〕ベイズアルゴリズム／予測とモデル評価／線形回帰モデル／ベイズ計算法／非線形回帰モデル／時系列モデル／他

医学統計学研究センター 丹後俊郎・Taeko Becque著
医学統計学シリーズ 9
ベイジアン統計解析の実際
―WinBUGSを利用して―
12759-1 C3341　　A 5 判 276頁 本体4800円

生物統計学，医学統計学の領域を対象とし，多くの事例とともにベイジアンのアプローチの実際を紹介。豊富な応用例では，例→コード化→解説→結果という統一した構成〔内容〕ベイジアン推測／マルコフ連鎖モンテカルロ法／WinBUGS／他

上記価格（税別）は 2012 年 7 月現在